钟翔山 主编

TUJIE SHUKONG CHEXIAO RUMEN YU TIGAO

数控车削

化学工业出版社

·北京·

图书在版编目（CIP）数据

图解数控车削入门与提高/钟翔山主编．—北京：化学工业出版社，2015.4（2016.7重印）
ISBN 978-7-122-23142-0

Ⅰ.①图…　Ⅱ.①钟…　Ⅲ.①数控机床-车床-车削-加工工艺-图解　Ⅳ.①TG519.1-64

中国版本图书馆CIP数据核字（2015）第039147号

责任编辑：贾　娜　　　文字编辑：陈　喆
责任校对：边　涛　　　装帧设计：刘丽华

出版发行：化学工业出版社（北京市东城区青年湖南街13号　邮政编码100011）
印　　装：北京科印技术咨询服务公司海淀数码印刷分部
787mm×1092mm　1/16　印张13　字数360千字　2016年7月北京第1版第2次印刷

购书咨询：010-64518888（传真：010-64519686）　售后服务：010-64518899
网　　址：http://www.cip.com.cn
凡购买本书，如有缺损质量问题，本社销售中心负责调换。

定　　价：58.00元

前言

数控技术是指用数字量及字符发出指令并实现自动控制的技术。其发展和运用，开创了制造业的新时代，并使世界制造业的格局发生了巨大的变化。

数控车削是利用数控车床、刀具对工件进行切削的一种加工方法，是近代随着数控技术的快速发展而迅猛成长起来的一种机械加工技术，是机械加工现代化的重要组成部分。由于数控车床采用了数控装置或电子计算机来控制机床的运动，编程人员通过编制的程序可实现数控车床自动加工控制，自动地取代一般普通车床上人工控制的各种操作，如启动、加工顺序、主轴变速、切削用量、松夹工件、选择刀具、进刀退刀、切削液开关以及停车等，排除了人为误差因素，且加工误差还可以由数控系统通过软件技术进行补偿校正，既可降低操作人员的劳动强度，还可以提高零件的产品质量。目前，数控车床在现代汽车、拖拉机、电机、电器、电子仪表、日常生活用品、航天、航空以及国防工业等各个部门获得了广泛的运用。

随着我国经济快速、健康、持续、稳定地发展和改革开放的不断深入，对数控机床操作人员技能水平的要求也越来越高。为满足企业对具有熟练技能数控车工的迫切需要，本着加强技术工人的业务培训，满足劳动力市场的需求之目的，我们通过总结多年来的实践经验，突出操作性及实用性，精心编写了本书。

本书在介绍数控车床及刀具的基本操作、车削加工的定位与夹紧、切削用量和切削液的选择、常用量具的使用及测量方法的选用等车工基础知识的基础上，围绕数控车工加工的实际工作需要，对常见FANUC、SIEMENS数控系统的车削编程知识，数控机床的操作加工方法，常见的轴类、轮盘套类、圆锥件、螺纹等各类工件的车削编程、操作过程和操作技巧以及工艺步骤、常见加工缺陷的防止措施等方面进行了详细的讲解。为提高操作技能和解决生产中实际问题的能力，书中融入了许多成熟的实践经验，并精选了带有详细加工工艺和加工方法的典型实例。

本书在内容编排上，以工艺知识为基础，操作技能为主线，力求突出实用性和可操作性。在讲解数控车工基本知识和基本操作技能的基础上，注重专业知识与操作技能、方法的有机融合，着眼于工作能力的培养与提高。

本书由钟翔山主编，钟礼耀、钟翔屿、孙东红、钟静玲、陈黎娟任副主编，参加资料整理与编写的有曾冬秀、周莲英、周彬林、刘梅连、欧阳勇、周爱芳、周建华、胡程英、周四平、李拥军、李卫平、周六根、曾俊斌，参与部分文字处理工作的有钟师源、孙雨暄、欧阳露、周宇琼等。全书由钟翔山整理统稿，钟礼耀、钟翔屿、孙东红校审。在本书的编写过程中，得到了同行及有关专家、高级技师等的热情帮助、指导和鼓励，在此一并表示由衷的感谢。

由于水平所限，不足之处在所难免，敬请广大读者批评指正。

钟翔山

目录

第1章 数控车削加工概述

第2章 数控车削加工技术基础

第3章 数控车床编程基础

第4章 FANUC系统数控车床的编程

第5章 数控车床操作基础

第6章 用FANUC系统的数控车床车削零件

第7章 SIEMENS系统的数控车削编程与操作

参考文献

第1章

数控车削加工概述

1.1 数控车削的特点及应用

数控车削是利用数控车床、刀具对工件进行切削的一种加工方法，是近代随着数控技术（Numerical Control Technology，是指用数字量及字符发出指令并实现自动控制的技术）的快速发展而迅猛成长起来的一种机械加工技术，是机械加工现代化的重要组成部分。与普通车削加工不同的是，由于使用的是采用了数控加工技术的数控车床，因而，它能将零件加工过程所需的各种操作和步骤（如主轴变速、主轴启动和停止、松夹工件、进刀退刀、冷却液开或关等）以及刀具与工件之间的相对位移量都用数字化的代码来表示，由编程人员编制成规定的加工程序，通过输入介质（磁盘等）送入计算机控制系统，由计算机对输入的信息进行处理与运算，发出各种指令来控制机床的运动，使机床自动地加工出所需要的零件。

(1) 数控车削的加工特点

数控车削是通过数控车床实现采用数字信息对零件加工过程进行定义，并控制机床进行自动运行的一种自动化加工方法。其加工主要具有以下特点。

① 高柔性。在更换产品品种时，只需调换存在计算机内的加工程序，调整刀具数据和装夹工件即可适应不同品种零件的加工，且几乎不需要制造专用工装夹具，有利于缩短产品的研制与生产周期，适应多品种、中小批量的现代生产需要。

② 高精度。数控车床的脉冲当量一般可达到 0.001mm，高精度的数控车床可达到 0.0001mm，能确保工件的加工精度和成批生产产品尺寸的同一性。

③ 高质量。数控车床是用数字程序控制实现自动加工的，因而排除了人为误差因素，且加工误差还可以由数控系统通过软件技术进行补偿校正。因此，可以提高零件的产品质量。

④ 高效率。采用数控车床加工能有效地减少工件加工所需的机动时间和辅助时间，与普通车床相比，可提高生产效率 3～5 倍；对于复杂工件生产效率可提高十几倍，甚至几十倍。

⑤ 劳动强度减轻，责任心增强。数控车削是按事先编好的程序自动完成的，自动化程度大为提高，操作者不需要进行繁重的重复手工操作，因此，操作人员的劳动强度和紧张程度大为改善，劳动条件也相应得到改善。

由于数控车床价格相对普通车床要昂贵许多，体力劳动虽然减轻了，但对操作者的责任心要求却很高，尤其是在编程、调试操作过程中，万一发生碰撞，将发生严重的安全事故。

⑥ 有利于生产管理。数控加工可大大提高生产率，稳定加工质量，缩短加工周期，易于在工厂或车间实行计算机管理。使机械加工的大量前期准备工作与机械加工过程连为一体，使零件的计算机辅助设计（CAD）、计算机辅助工艺规划（CAPP）和计算机辅助制造（CAM）的一体化成为现实，易于实现现代化的生产管理。

(2) 数控车床的使用特点

数控车床采用计算机控制，伺服系统技术复杂，机床精度要求高。因此，要求操作、维修及管理人员具有较高的文化水平和技术素质。

数控车床是根据程序进行加工的。编制程序既要有一定的技术理论又要有一定的技巧。加工程序的编制直接关系到数控车床功能的开发和使用，并直接影响数控车床的加工精度。因此，数控车床的操作人员除了要有一定的工艺基础知识外，还应针对数控车床的结构特点、工作原理以及程序编制进行专门的技术理论培训和操作训练，经考核合格后才能上机操作，以防操作使用时发生人为事故。

正确的维护和有效的维修是提高数控车床效率的基本保证。数控车床的维修人员应有较高、较全面的数控理论知识和维修技术。维修人员应有比较宽的机、电、液专业知识，才能综合分析、判断故障根源，缩短故障停机时间，实现高效维修。因此，数控车床维修人员也必须经过专门的培训才能上岗。

使用数控车床，不但要对从事数控车削加工和维修的人员进行培训，而且对与数控车床有关的管理人员都应该进行数控加工技术知识的普及，以充分发挥数控车床的作用。

(3) 数控车床的应用范围

数控车床主要用来加工轴类零件的内外圆柱面、圆锥面、螺纹表面、成型回转体面等，对于盘套类等回转体零件可以进行钻孔、扩孔、铰孔、镗孔等。机床还可以完成车端面、切槽、倒角等加工。数控车床具有普通车床不具备的许多优点，且其应用范围正在不断扩大，但它目前并不能完全代替普通车床，也不能以最经济的方法解决机械加工中的所有问题。数控车床最适合加工具有以下特点的零件。

① 形状结构比较复杂的零件。

② 多品种、小批量生产的零件。

③ 需要频繁改型的零件。

④ 需要最短周期的急需零件。

⑤ 价值昂贵、不允许报废的关键零件。

⑥ 批量较大、精度要求高的零件。

由于机械加工劳动力费用的不断增加，数控车床的自动化加工又可减少操作工人（可以实现一人多台)，生产效率高。因此，大批量生产的零件采用数控车床（特别是经济型数控车床）加工，在经济上也是可行的。

1.2 数控车床的基本知识

数控车削的主要设备是数控车床。数控车床又称为 CNC（Computer Numerical Control）车床，是数字程序控制车床的简称，是一种高精度、高效率的自动化机床，也是目前国内使用极为广泛的一种数控机床（Numerical Control Machine Tools，是指采用数字控制技术对机床的加工过程进行自动控制的一类机床)，约占数控机床总数的 25%。数控车床加工零件的尺寸精度可达 IT5～IT6，表面粗糙度可达 1.6μm 以下。

1.2.1 数控车床的组成

数控车床一般由输入/输出设备、CNC 装置（或称 CNC 单元)、伺服单元、驱动装置（或称执行机构）及电气控制装置、辅助装置、机床本体、测量反馈装置等组成。图 1-1 所示为数控车床的组成框图（事实上，其他数控设备基本上也是由上述各部分组成的)。其中除机床本体之外的部分统称计算机数控（CNC）系统。

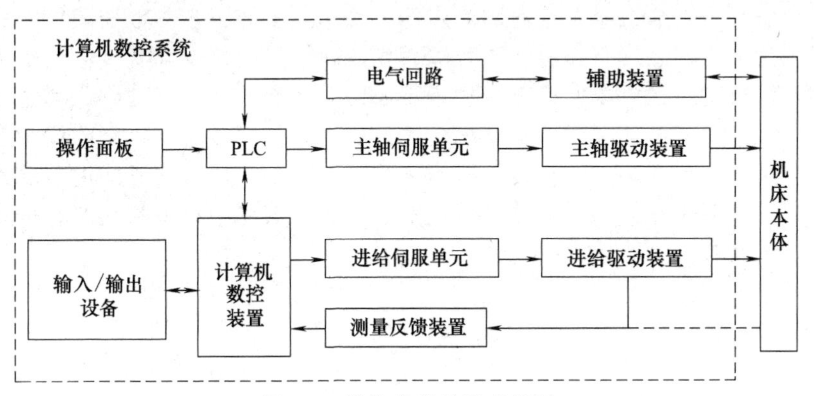

图 1-1　数控车床的组成框图

(1) 机床本体

数控机床由于切削用量大、连续加工发热量大等因素对加工精度有一定影响，加工中又是自动控制，不能像在普通机床上加工那样由人工进行调整、补偿，所以其设计要求比普通机床更严格，制造要求更精密。数控机床采用了许多新结构，以加强刚性、减小热变形、提高加工精度。

(2) 数控装置

数控装置是数控系统的核心，主要包括微处理器（CPU）、存储器、局部总线、外围逻辑电路以及与数控系统的其他组成部分联系的各种接口等。数控机床的数控系统完全由软件处理输入信息，可处理逻辑电路难以处理的复杂信息，使数字控制系统的性能大大提高。

(3) 输入/输出设备

键盘、磁盘机等是数控机床的典型输入设备。除此以外，还可以用串行通信的方式输入。数控系统一般配有 CRT 显示器或点阵式液晶显示器，显示信息丰富。有些还能显示图形，操作人员可通过显示器获得必要的信息。

(4) 伺服单元

伺服单元是数控装置和机床本体的联系环节，它将来自数控装置的微弱指令信号放大成控制驱动装置的大功率信号。根据接收指令的不同，伺服单元有数字式和模拟式之分，而模拟式伺服单元按电源种类又可分为直流伺服单元和交流伺服单元。

(5) 驱动装置

驱动装置把经放大的指令信号转变为机械运动，通过机械传动部件驱动机床主轴、刀架、工作台等精确定位或按规定的轨迹做严格的相对运动，最后加工出图样所要求的零件。与伺服单元相对应，驱动装置有步进电动机、直流伺服电动机和交流伺服电动机等。

伺服单元和驱动装置合称为伺服驱动系统，它是机床工作的动力装置，数控装置的指令要靠伺服驱动系统付诸实施。所以，伺服驱动系统是数控机床的重要组成部分。从某种意义上说，数控机床功能的强弱主要取决于数控装置，而数控机床性能的好坏主要取决于伺服驱动系统。

(6) 测量反馈装置

测量反馈装置也称反馈元件，通常安装在机床的工作台或丝杠上，相当于普通机床的刻度盘，它把机床工作台的实际位移转变成电信号反馈给数控装置，供数控装置与指令值比较，并根据比较后所产生的误差信号，控制机床向消除该误差的方向移动。因此，测量装置是高性能数控机床的重要组成部分。此外，由测量装置和显示环节构成的数显装置，可以在线显示机床移动部件的坐标值，大大提高工作效率和工件的加工精度。

1.2.2　数控车床的工作原理

数控车床的工作原理如图 1-2 所示。首先根据零件图样制订工艺方案，采用手工或计算机进行零件的程序编制，把加工零件所需的机床各种动作及全部工艺参数变成机床数控装置能接受的信息代码。然后将信息代码通过输入装置（操作面板）的按键，直接输入数控装置。另一种方法是利用计算机和数控机床的接口直接进行通信，实现零件程序的输入和输出。进入数控装置的信息，经过一系列处理和运算转变成脉冲信号。有的信号送到机床的伺服系统，通过伺服机构对其进行转换和放大，再经过传动机构驱动机床有关部件。还有的信号送到可编程序控制器中，用以顺序控制机床的其他辅助动作，如实现刀具的自动更换与变速、松夹工件、开关切削液等动作。最终加工出所要求的零件。

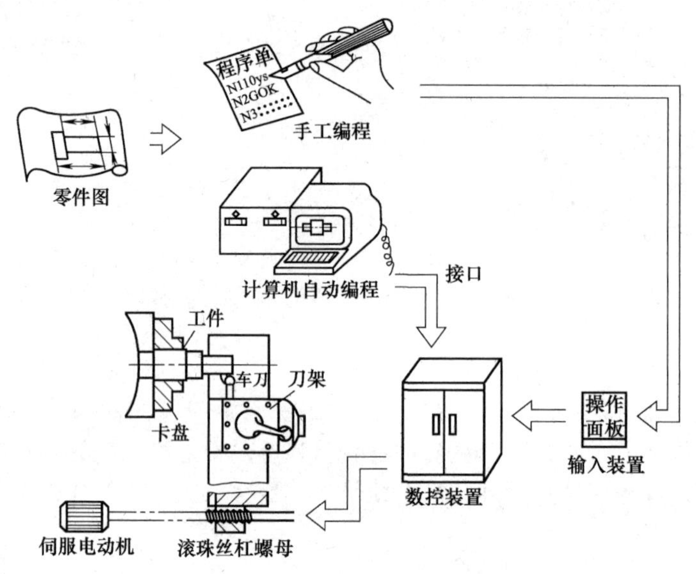

图 1-2　数控车床的工作原理

1.2.3　数控车床的种类及结构

数控车床的种类与结构和普通车床有所不同，其种类与结构主要有以下方面的内容。

(1) 数控车床的种类

1）按车床主轴位置分类

① 卧式数控车床。卧式数控车床如图 1-3（a）所示。卧式数控车床用于轴向尺寸较长或小型盘类零件的车削加工。其车床又分为数控水平导轨卧式车床和数控倾斜导轨卧式车床。其倾斜导轨结构可以使车床具有更大的刚性，并易于排除切屑。相对而言，卧式车床因结构形式多、加工功能丰富而应用广泛。

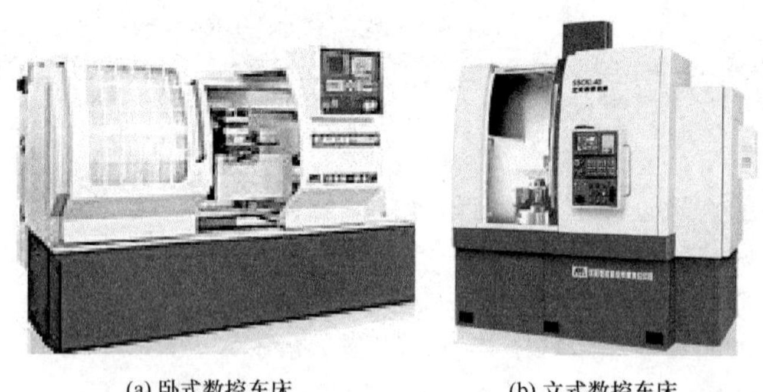

(a) 卧式数控车床　　(b) 立式数控车床

图 1-3　数控车床

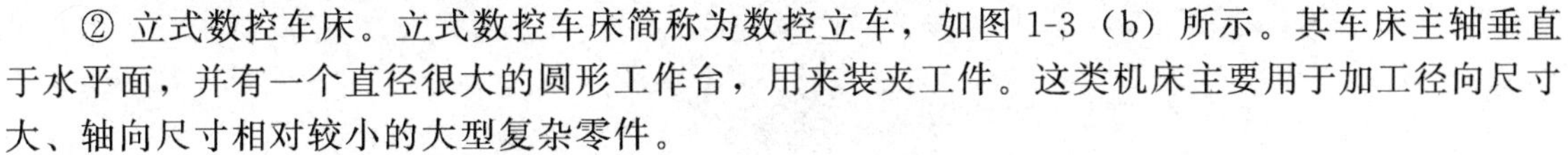

② 立式数控车床。立式数控车床简称为数控立车，如图 1-3（b）所示。其车床主轴垂直于水平面，并有一个直径很大的圆形工作台，用来装夹工件。这类机床主要用于加工径向尺寸大、轴向尺寸相对较小的大型复杂零件。

2）按加工零件的基本类型分类

① 卡盘式数控车床。这类车床没有尾座，适合车削盘类（含短轴类）零件。夹紧方式多为电动或液动控制，卡盘结构多具有可调卡爪或不淬火卡爪（即软卡爪）。

② 顶尖式数控车床。这类车床配有普通尾座或数控尾座，适合车削较长的零件及直径不太大的盘类零件。

3）按刀架数量分类

① 单刀架数控车床。数控车床一般都配置有各种形式的单刀架，如四工位卧动转位刀架或多工位转塔式自动转位刀架。

② 双刀架数控车床。这类车床其双刀架的配置可以是如图 1-4（a）所示的平行分布，也可以是如图 1-4（b）所示的相互垂直分布。

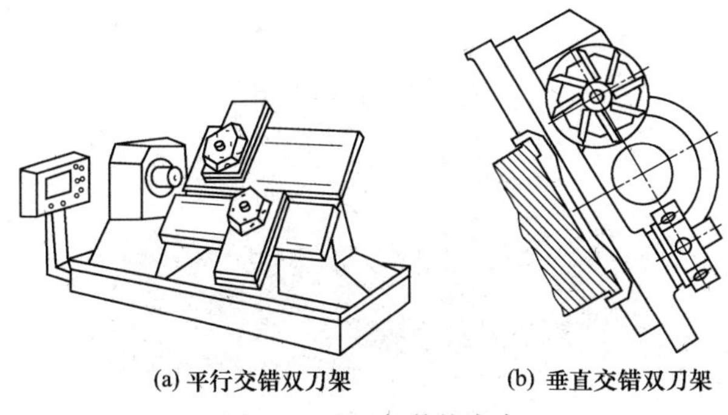

(a) 平行交错双刀架　　(b) 垂直交错双刀架

图 1-4　双刀架数控车床

4）按功能分类　按功能的不同，数控车床可分为以下几类。

① 经济型数控车床。采用步进电动机和单片机对普通车床的进给系统进行改造后形成的简易型数控车床，成本较低，一般采用开环或半闭环伺服系统。但自动化程度和功能都比较差，车削加工精度也不高，适用于要求不高的回转类零件的车削加工，图 1-5 所示为经济型数控车床。

② 全功能型数控车床。这类车床是根据车削加工要求在结构上进行专门设计并配备通用数控系统而形成的数控车床，数控系统功能强，自动化程度和加工精度也比较高，适宜加工精度高，形状复杂、工序多、品种多变的单件或中小批量工件的车削加工。这种数控车床可同时控制两个坐标轴，即 X 轴和 Z 轴。图 1-6 所示为全功能型数控车床。

图 1-5　经济型数控车床

③ 车削加工中心。在普通数控车床的基础上，增加了 C 轴和动力头，更高级的数控车床带有刀库，可控制 X、Z 和 C 三个坐标轴，联动控制轴可以是（X，Z）、（X，C）或（Z，C）。由于增加了 C 轴和铣削动力头，这种数控车床的加工功能大大增强，除可以进行一般车削外，还可以进行径向和轴向铣削、曲面铣削、中心线不在零件回转中心的孔和径向孔的钻削等加工。

数控车削中心和数控车铣中心可在一次装夹中完成更多的加工工序，提高了加工质量和生产效率，特别适用于复杂形状的回转类零件的加工。图 1-7 为车削加工中心。

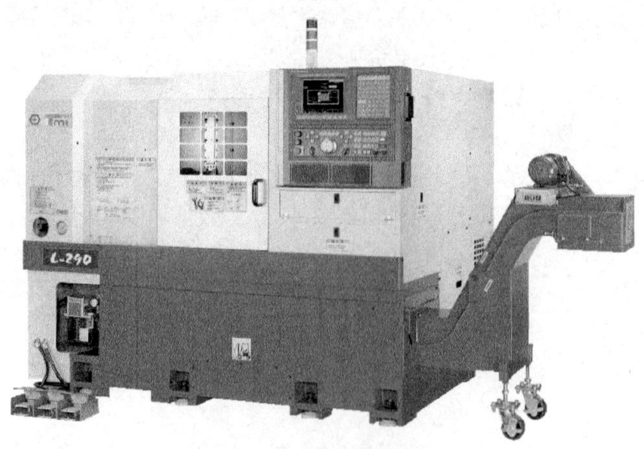

图 1-6 全功能型数控车床

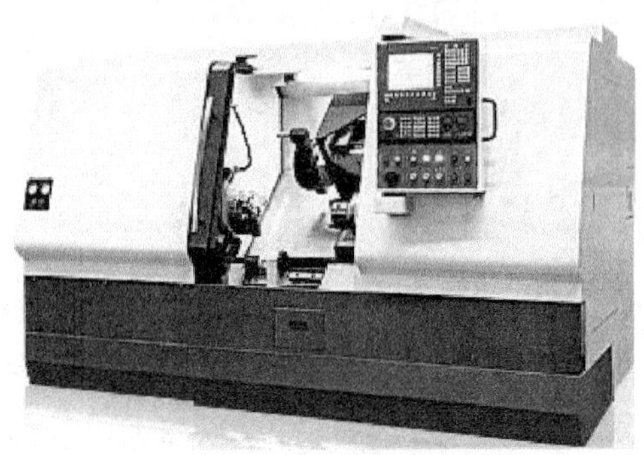

图 1-7 车削加工中心

④ FMC 车床。FMC 是英文 Flexible Manufacturing Cell（柔性加工单元）的缩写。FMC 车床实际上就是一个由数控车床、机器人等构成的系统。它能实现工件搬运、装卸的自动化和加工调整准备的自动化操作。图 1-8 为 FMC 车床示意图。

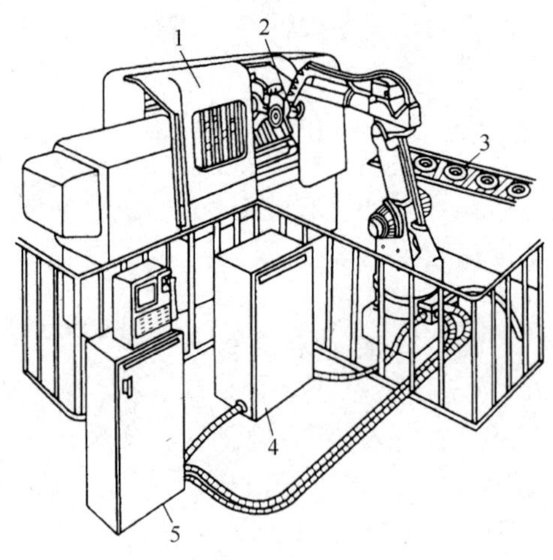

图 1-8 FMC 车床

1—NC 车床；2—卡爪；3—工件；4—NC 控制柜；5—机器手控制柜

5）按进给伺服系统控制方式分类 按进给伺服系统控制方式的不同，数控车床可分为以下几类。

① 开环控制数控车床。开环控制系统是指不带反馈的控制系统。开环控制具有结构简单、系统稳定、容易调试、成本低等优点。但是系统对移动部件的误差没有补偿和校正，所以精度低。一般适用于经济型数控机床和旧机床数控化改造。

开环控制系统如图 1-9 所示。部件的移动速度和位移量是由输入脉冲的频率和脉冲数决定的。

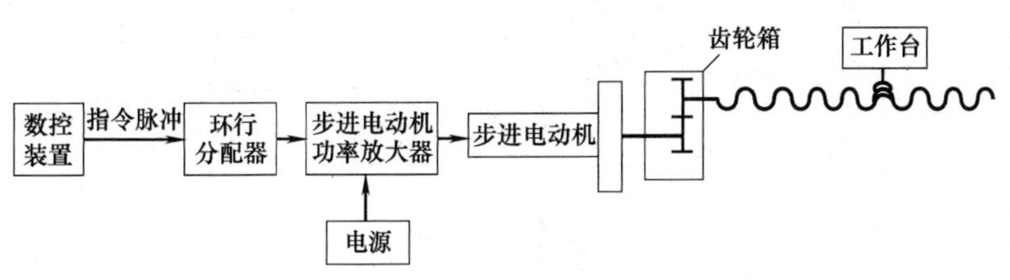

图 1-9 开环控制系统

② 半闭环控制。半闭环控制系统是在开环系统的丝杠上装有角位移测量装置，通过检测丝杠的转角间接地检测移动部件的位移，并反馈到数控系统中，由于惯性较大的机床移动部件不包括在检测之内，因而称作半闭环控制系统，如图 1-10 所示。系统闭环环路内不包括机械传动环节，可获得稳定的控制特性。机械传动环节的误差，可用补偿的办法消除，以获得满意的精度。中档数控机床广泛采用半闭环数控系统。

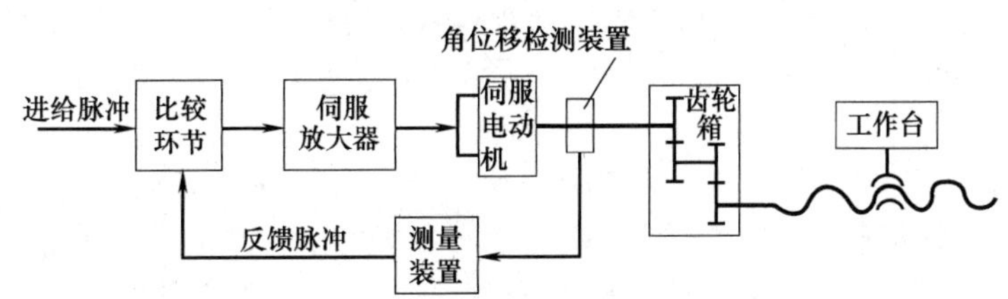

图 1-10 半闭环控制系统

③ 闭环控制。闭环控制系统在机床移动部件上直接装有位置检测装置，可将测量的结果直接反馈到数控装置中，与输入指令进行比较控制，使移动部件按照实际的要求运动，最终实现精定位，原理如图 1-11 所示。因为把机床工作台纳入了位置控制环，故称为闭环控制系统。

该系统定位精度高、调节速度快。但调试困难，系统复杂并且成本高，故适用于要求很高的数控机床，如精密数控镗铣床、超精密数控车床等。

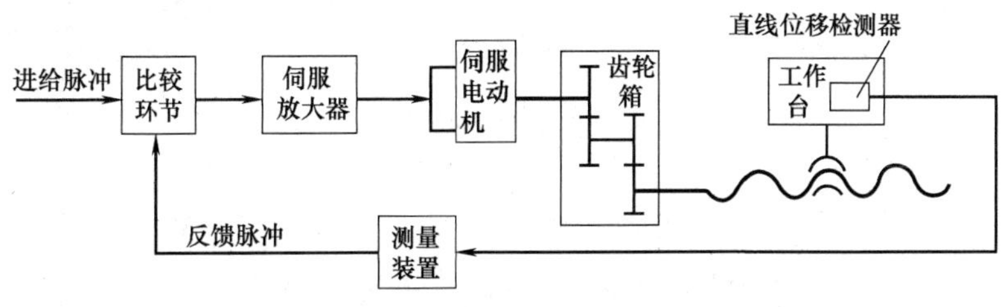

图 1-11 闭环控制系统

(2) 数控车床的结构

经济型数控车床的外形与普通车床相似，即由床身、主轴箱、刀架、进给系统、冷却和润滑系统等部分组成。但其进给系统与普通车床有质的区别。普通车床有进给箱和交换齿轮架，而数控车床是直接用伺服电动机通过滚珠丝杠驱动溜板和刀架实现进给运动的，因而进给系统的结构大为简化。图 1-12 给出了 FANUC-0i 数控车床的总体结构。

通常，数控车床总体上可划分为数控装置、伺服单元、输入/输出设备等几部分，各部分

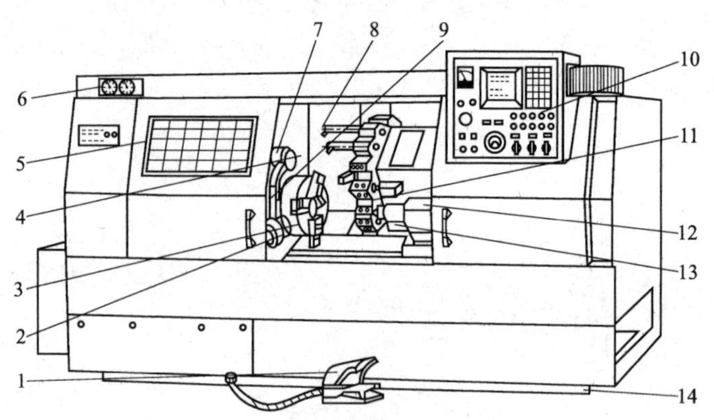

图 1-12　FANUC-0i 数控车床的总体结构

1—脚踏开关；2—对刀仪；3—主轴卡盘；4—主轴箱；5—防护门；6—压力表；
7,8—防护罩；9—转臂；10—操作面板；11—回转刀架；12—尾座；13—滑板；14—床身

的功用参见本书“1.2.1 数控车床的组成”的相关内容。以下仅对其床身和导轨的布局、刀架的布局、机械传动机构等部分的结构进行简单介绍。

① 床身和导轨的布局。FANUC-0i 数控车床属于平床身、平导轨数控车床，它的工艺性好，便于导轨面的加工。由于刀架水平布置，因此刀架运动精度高。但是水平床身由于下部空间小，故排屑困难。从结构尺寸上看，刀架水平放置使滑板横向尺寸较长，从而加大了机床宽度方向的结构尺寸。

② 刀架的布局。刀架布局分为排式刀架和回转式刀架两大类，如图 1-13 所示。目前两坐标联动数控车床多采用回转刀架，它在机床上的布局有两种形式：一种是用于加工盘类零件的回转刀架，其回转轴垂直于主轴；另一种是用于加工轴类和盘类零件的回转刀架，其回转轴平行于主轴。

(a) 4工位转位刀架

(b) 8工位转位刀架

(c) 12工位转位刀架

图 1-13　刀架的布局

③ 机械传动机构。图 1-14 所示为机械传动机构。除了部分主轴箱内的齿轮传动机构外，数控车床仅保留了普通车床的纵、横进给的螺旋传动机构。

图 1-15 所示为螺旋传动机构，数控车床中的螺旋副，是将驱动电动机所输出的旋转运动转换成刀架在纵横方向上直线运动的运动副。

构成螺旋传动机构的部件，一般为滚珠丝杠副，如图 1-16 所示。滚珠丝杠副的摩擦阻力小，可消除轴向间隙及预紧，故传动效

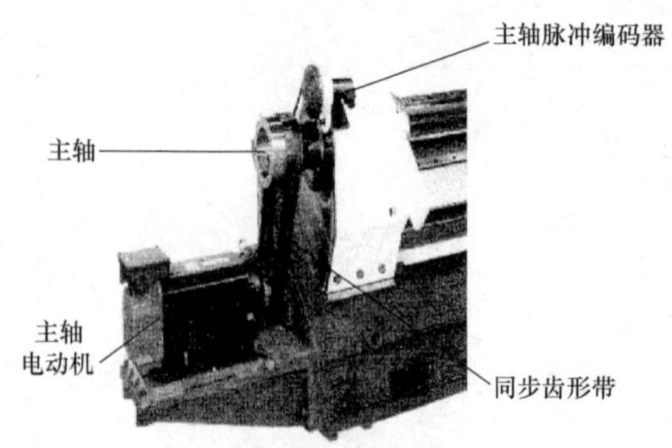

图 1-14　机械传动机构

图 1-15 螺旋传动机构

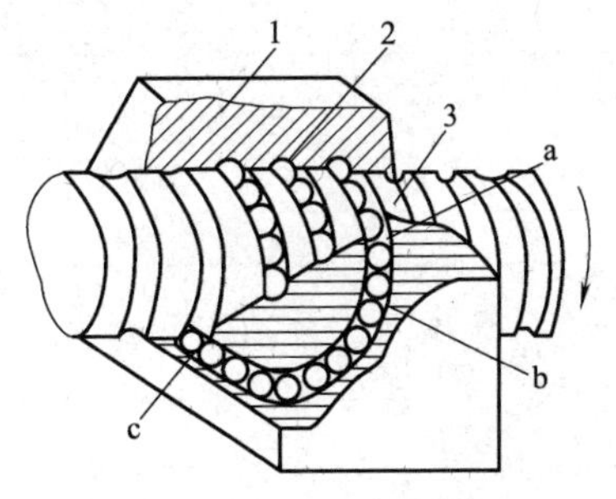

图 1-16 滚珠丝杠副原理

1—螺母；2—滚珠；3—丝杠；
a,c—滚道；b—回路管道

率及精度高，运动稳定，动作灵敏。但结构较复杂，制造技术要求高，所以成本也较高。另外，自动调整其间隙大小时，难度亦较大。

(3) 数控车床型号的编制方法

数控车床是众多车床中的一种，其型号编制方法应符合车床型号的编制要求，而车床型号又必须遵守机床型号的编制原则。

1）机床型号的编制方法　机床型号的编制是采用汉语拼音字母和阿拉伯数字按一定的规律组合排列的，用以表示机床的类别、使用与结构的特性和主要规格，机床型号的编制方法如图 1-17 所示。

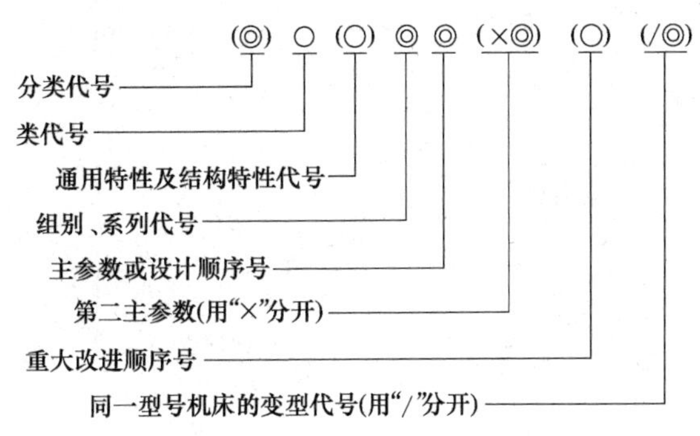

图 1-17 机床型号的编制方法

在图 1-17 中，若有"○"符号者，为大写的汉语拼音字母；有"◎"符号者，为阿拉伯数字；有"（ ）"的代号或数字，无内容时不表示，若有内容时则不带括号。

① 机床的类别代号。机床的类别代号是以汉语拼音第一个字母（大写）来表示的。如"车床"用 C 表示，钻床用"Z"表示，在型号中是第一位代号。型号中的汉语拼音字母一律按其名称读音。机床的分类及类别代号参见表 1-1。

表 1-1 机床的分类和类别代号

类别	车床	钻床	镗床	磨床			齿轮加工机床	螺纹加工机床	铣床	刨插床	拉床	电加工机床	锯床	其他机床
代号	C	Z	T	M	2M	3M	Y	S	X	B	L	D	G	Q
读音	车	钻	镗	磨	二磨	三磨	牙	丝	铣	刨	拉	电	锯	其

② 机床通用特性及结构特性代号。当某类机床除有普通型外，还有某些通用特性时，可用表 1-2 的方法表示。若此类型机床仅有表中所列通用特性而无普通特性，通用特性不予表示。一般在一个型号中只表示最主要的一个通用特性，少数机床可表示两个通用特性。

表 1-2 机床通用特性代号

通用特性	高精度	精密	自动	半自动	数控	加工中心（自动换刀）	仿形	轻型	加重型	简式
代号	G	M	Z	B	K	H	F	Q	C	J
读音	高	密	自	半	控	换	仿	轻	重	简

对主参数相同而结构不同的机床，在类别代号之后加结构代号予以区别。结构特性代号为汉语拼音字母，这些字母根据各类机床分别规定，在不同机床型号中意义可不同。通用特性代号已用的字母及“I”“O”字母不能作结构特性代号。当有通用特性代号时，结构特性代号应排在通用特性之后。

③ 机床的组别、系列代号。每类机床分为若干组别、系列，用两位阿拉伯数字组成，位于类别代号或特性代号之后。通用车床的组别、系列代号及主要参数见表 1-3 和表 1-4。

表 1-3 车床的组别

组别	车床组	组别	车床组
0	仪表车床	5	立式车床
1	单轴自动车床	6	落地及卧式车床
2	多轴自动半自动车床	7	仿形及多刀车床
3	回轮转塔车床	8	轮、轴、辊、锭及铲齿车床
4	曲轴及凸轮轴车床	9	其他车床

表 1-4 车床的组别、系列代号及主要参数

组	系	车床名称	主参数折算系数	主参数	第二主参数
4	7	凸轮轴中轴颈车床	1/10	最大工件回转直径	最大工件长度
4	8	凸轮轴端轴颈车床	1/10	最大工件回转直径	最大工件长度
4	9	凸轮轴凸轮车床	1/10	最大工件回转直径	最大工件长度
5	1	单柱立式车床	1/100	最大车削直径	最大工件高度
5	2	双柱立式车床	1/100	最大车削直径	最大工件高度
5	3	单柱移动立式车床	1/100	最大车削直径	最大工件高度
5	4	双柱移动立式车床	1/100	最大车削直径	最大工件高度
5	7	定梁单柱式立式	1/100	最大车削直径	
6	0	落地车床	1/100	最大工件回转直径	最大工件长度
6	1	卧式车床	1/10	床身上最大回转直径	最大工件长度
6	2	马鞍车床	1/10	床身上最大回转直径	最大工件长度
6	3	无丝杠车床	1/10	床身上最大回转直径	最大工件长度
6	4	卡盘车床	1/10	床身上最大回转直径	最大工件长度
6	5	球面车床	1/10	刀架上最大回转直径	最大工件长度
7	1	仿形车床	1/10	刀架上最大回转直径	最大车削长度
7	3	立式仿形车床	1/10	最大车削直径	
7	5	多刀车床	1/10	刀架上最大回转直径	最大车削长度
7	6	卡盘多刀车床	1/10	刀架上最大回转直径	
7	7	立式多刀车床	1/10	刀架上最大回转直径	
8	4	轧辊车床	1/10	最大工件直径	最大工件长度
8	9	铲齿车床	1/10	最大工件直径	最大模数
9	0	落地镗车床	1/10	最大工件回转直径	最大镗孔直径
9	1	多用车床	1/10	床身上最大工件回转直径	最大工件长度
9	2	单轴半自动车床	1/10	刀架上最大车削直径	

④ 机床主参数或设计顺序号。机床主参数用折算值（主参数乘以折算系数）表示。位于组别、系列代号之后。当折算数值大于 1 时取整数，前面不加“0”；当折算值小于 1 时，则以主参数表示，并在前面加“0”。某些通用机床，当无法用一个主参数表示时，则在型号中用设计顺序号表示。设计顺序号由 01 起始。

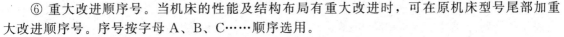

⑤ 第二主参数。第二主参数一般指主轴数、最大跨距、最大模数等，用数字表示。

⑥ 重大改进顺序号。当机床的性能及结构布局有重大改进时，可在原机床型号尾部加重大改进顺序号。序号按字母 A、B、C……顺序选用。

⑦ 同一型号机床的变型代号。当在基本型号机床的基础上仅改变部分结构时，在基本机床型号后加变型代号 1、2、3……以示区别。

2）数控车床的主要技术参数　数控车床的主要技术参数有：最大回转直径，最大车削直径，最大车削长度，最大棒料尺寸，主轴转速范围，X、Z 轴行程，X、Z 轴快速移动速度，定位精度，重复定位精度，刀架行程，刀位数，刀具装夹尺寸，主轴形式，主轴电动机功率，进给伺服电动机功率，尾座行程，卡盘尺寸，机床重量，轮廓尺寸（长×宽×高）等。

3）数控车床型号说明　图 1-18 给出了某型数控车床型号的具体说明。

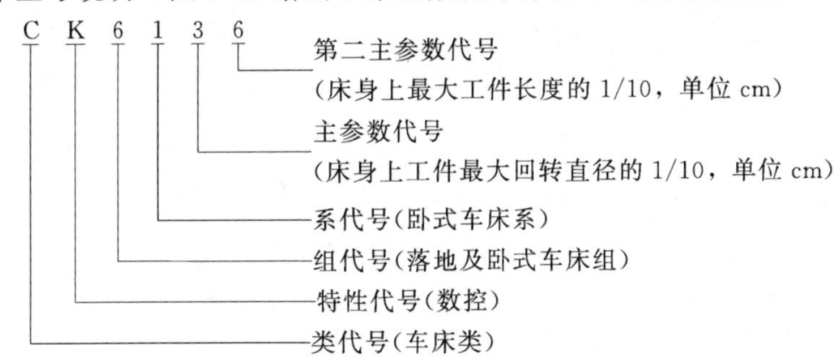

图 1-18　数控车床型号说明

1.2.4　插补原理与数控系统的基本功能

随着电子技术的发展，数控（NC）系统有了较大的发展，已从硬件数控发展成了计算机数控（Computer Numerical Control，CNC）。计算机数控系统（CNC 系统）是 20 世纪 70 年代发展起来的新的机床数控系统，它用一台计算机代替先前硬件数控所完成的功能。所以，它是一种包含有计算机在内的数字控制系统。其原理是根据计算机存储的控制程序执行数字控制功能。而对于机床数字控制来说，其核心问题就是如何控制刀具或工件的运动。

（1）插补原理

在机床的数控加工中，要控制好刀具或工件的运动，对于平面曲线的运动轨迹需要两个运动坐标协调的运动，对于空间曲线或立体曲面则要求 3 个以上运动坐标产生协调的运动，才能走出其轨迹。数控加工时，只要按规定将信息送入数控装置就能进行控制。输入信息可以用直接计算的方法得出，如 $y=f(x)$ 的轨迹运动，可以按精度要求递增给出 x 值，然后按函数式算出 y 值。只要定出 x 的范围，就能得到近似的轨迹，正确控制 x、y 向速比，就能走出精确的轨迹来。但是，这种直接计算方法，曲线阶次越高，计算就越复杂，速比也越难控制。另外，还有一些用离散数据表示的曲线，曲面（列表曲线、曲面）又很难计算。所以数控加工不采用这种直接计算方法作为控制信息的输入。

1）插补的概念　机床上进行轮廓加工的各种工件，一般都是由一些简单的、基本的几何元素（直线、圆弧等）构成的。若加工对象由其他二次曲线和高次曲线组成，则采用一小段直线或圆弧来拟合（有些场合，需要抛物线或高次曲线拟合），就可以满足精度要求。这种拟合的方法就是“插补”（Interpolation）。它实质上是根据有限的信息完成“填补空白”的“数据密化”的工作，即数控装置依据编程时的有限数据，按照一定方法产生基本线型（直线、圆弧等），并以此为基础完成所需要轮廓轨迹的拟合工作。

可见数控系统可以根据零件轮廓线型的有限信息，计算出刀具的一系列加工点，完成所谓的“数据密化”工作。插补有两层意思：一是用小线段逼近产生基本线型（如直线、圆弧等）；二是用基本线型拟合其他轮廓曲线。

无论是普通数控（硬件数控 NC）系统，还是计算机数控（CNC、MNC）系统，都必须有完成“插补”功能的部分，能完成插补工作的装置叫插补器。NC 系统中插补器由数字电路组成，称为硬件插补；而在 CNC 系统中，插补器功能由软件来实现，称为软件插补。

2）插补的方法　在数控系统中，常用的插补方法有逐点插补法、数字积分法、时间分割法等。其中逐点比较法又是数控系统中用得最多的方法，逐点比较法的插补过程和直线圆弧插补运算方法主要有以下内容。

逐点比较法又称代数运算法、醉步法。这种方法的基本原理是：计算机在控制加工过程中，能逐点地计算和判别加工误差，并将其与规定的运动轨迹进行比较，由比较结果决定下一步的移动方向。逐点比较法既可以作直线插补，又可以作圆弧插补。这种算法的特点是，运算直观，插补误差小于一个脉冲当量，输出脉冲均匀，而且输出脉冲的速度变化小，调节方便，因此在两坐标联动的数控机床中应用较为广泛。

逐点比较法的插补原理可概括为“逐点比较，步步逼近”八个字。逐点比较法的插补过程分为四个步骤。

偏差判别。根据偏差值判断刀具当前位置与理想线段的相对位置，以确定下一步的走向。

坐标进给。根据判别结果，使刀具向 x 或 y 方向移动一步。

偏差计算。当刀具移到新位置时，再计算与理想线段间的偏差，以确定下一步的走向。

终点判别。判断刀具是否到达终点，未到终点，则继续进行插补；若已达终点，则插补结束。

① 直线插补。如图 1-19 所示是应用逐点比较法插补原理进行直线插补的情形。机床在某一程序中要加工一条与 x 轴夹角为 α 的 OA 直线，在数控机床上加工时，刀具的运动轨迹不是完全严格地走 OA 直线的，而是一步一步地走阶梯折线的，折线与直线的最大偏差不超过加工精度允许的范围，因此这些折线可以近似地认为是 OA 直线。规定如下：当加工点在 OA 直线上方或在 OA 直线上时，该点的偏差值 $F_n \geqslant 0$；若在 OA 直线的下方，即偏差值 $F_n < 0$。机床数控装置的逻辑功能，根据偏差值能自动判别走步。当 $F_n \geqslant 0$ 时，朝 $+x$ 方向进给一步；当 $F_n < 0$ 时，朝 $+y$ 方向进给一步，每走一步自动比较一下，边判别边走步，刀具依次以折线 O-1-2-3-4-…-A 逼近 OA 直线。就这样，从 O 点起逐点穿插进给一直加工到 A 点为止。这种具有沿平滑直线分配脉冲的功能叫作直线插补，实现这种插补运算的装置叫作直线插补器。

② 圆弧插补。如图 1-20 所示是应用逐点比较法插补原理进行圆弧插补的情形。机床在某一程序中要加工半径为 R 的 AB 圆弧，在数控机床上加工时，刀具的运动轨迹也是一步一步地走阶梯折线的，折线与圆弧的最大偏差不超过加工精度允许的范围，因此这些折线可以近似地认为是 AB 圆弧。规定如下：当加工点在 AB 圆弧外侧或在 AB 圆弧上时，偏差值（该点到原点 O 的距离与半径 R 的比值）$F_n \geqslant 0$；若该点在圆弧 AB 的内侧，即偏差值 $F_n < 0$。加工时，当 $F_n \geqslant 0$ 时，朝 $-x$ 方向进给一步；当 $F_n < 0$ 时，朝 $+y$ 方向进给一步，刀具沿折线 A-

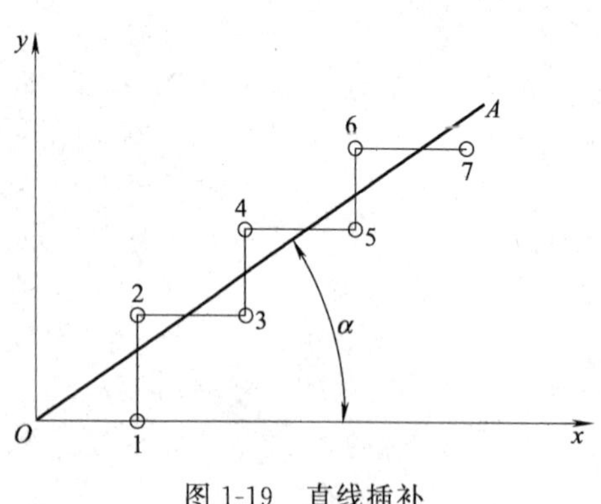

图 1-19　直线插补

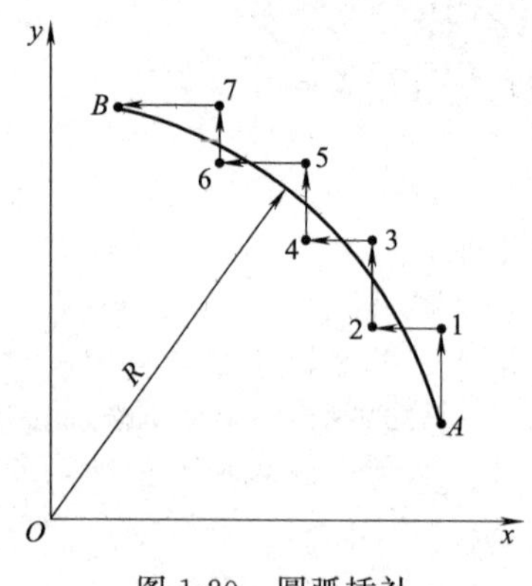

图 1-20　圆弧插补

1-2-3-4-…-B 依次逼近 AB 圆弧，从 A 点起逐点穿插进给一直加工到 B 点为止。这种沿圆弧分配脉冲的功能叫作圆弧插补，实现这种插补运算的装置叫作圆弧插补器。

③ 逐点比较法的象限处理。

a. 分别处理法。4 个象限的直线插补，会有 4 组计算公式；对于 4 个象限的逆时针圆弧插补和 4 个象限的顺时针圆弧插补，会有 8 组计算公式，见图 1-21。

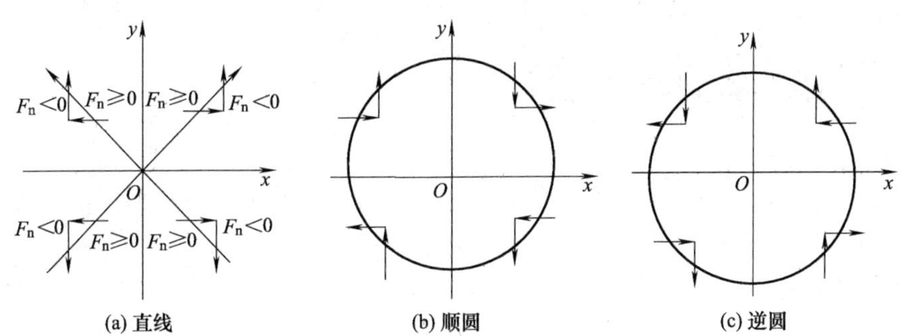

图 1-21　直线插补和圆弧插补的 4 个象限进给方向

插补运算具有实时性，直接影响刀具的运动。插补运算的速度和精度是数控装置的重要指标。插补原理也叫轨迹控制原理。

b. 坐标变换法。用第一象限逆圆插补的偏差函数进行第三象限逆圆和第二、四象限顺圆插补的偏差计算，用第一象限顺圆插补的偏差函数进行第三象限顺圆和第二、四象限逆圆插补的偏差计算。

(2) 数控系统的基本功能

用来实现数字化信息控制的硬件和软件的整体称为数控系统。由于现代数控系统一般都采用了计算机进行控制，因此将这种数控系统称为 CNC 系统。数控系统是数控机床的核心。数控机床根据功能和性能要求的不同，可配置不同的数控系统。

1）常见的数控系统　我国在数控车床上常用的数控系统有日本 FANUC（发那科或法那科）公司的 0T、0iT、3T、5T、6T、10T、11T、0TC、0TD、0TE 等，德国 SIEMENS（西门子）公司的 802S、802C、802D、840D 等，以及美国 ACRAMATIC 数控系统、西班牙 FAGOR 数控系统等。

国产普及型数控系统产品有：广州数控设备厂 GSK980T 系列、华中数控公司的世纪星 21T、北京机床研究所的 1060 系列、无锡数控公司的 8MC/8TC 数控系统、北京凯恩帝数控公司 KND-500 系列、北京航天数控集团的 CASNUC-901（902）系列、大连大森公司的 R2F6000 型等。

2）数控系统的主要功能　目前的数控系统在数控车床上主要能实现以下功能。

① 两轴联动。联动轴数是指数控系统按加工要求控制同时运动的坐标轴数。该系统可实现 X、Z 两轴联动。

② 插补功能。指数控机床能够实现的线型能力。机床的档次越高插补功能越多，说明能够加工的轮廓种类越多，一般系统可实现直线、圆弧插补功能。

③ 进给功能。可实现快速进给、切削进给、手动连续进给、点动进给、进给倍率修调、自动加减带等功能。

④ 刀具功能。可实现刀具的自动选择和换刀。

⑤ 刀具补偿。可实现刀具在 X、Z 轴方向的尺寸、刀尖半径/刀位等补偿。

⑥ 机械误差补偿。可自动补偿机械传动部件因间隙产生的误差。

⑦ 程序管理功能。可实现对加工程序的检索、编制、修改插入、删除、更名、在线编辑

及程序的存储等功能。

⑧ 图形显示功能。利用监视器（CRT）可监视加工程序段、坐标位置、加工时间等。

⑨ 操作功能。可进行单程序段的执行、试运行、机床闭锁、暂停和急停等功能。

⑩ 自诊断报警功能。可对其软、硬件故障进行自我诊断，用于监视整个加工过程是否正常并及时报警。

⑪ 通信功能。该系统配有 RS-232C 接口，为进行高速传输设有缓冲区。

1.3 数控车床的维护

(1) 安全操作规程

要使数控车床能充分发挥其作用，必须严格按照数控车床操作规程去操作，避免因操作不当而造成的安全事故和经济损失。主要要做好以下方面的工作。

① 操作人员必须熟悉机床使用说明书上的有关资料，如主要技术参数、传动原理、主要结构、润滑部位及维护保养等一般知识。

② 开机前应对机床进行全面细致的检查，确认无误后方可操作。

③ 机床通电后，检查各开关、按钮和键是否正常、灵活，机床有无异常现象。

④ 检查电压、气压、油压是否正常，有手动润滑的部位要先进行手动润滑。

⑤ 机床空运转达 15min 以上，使机床达到热平衡状态。

⑥ 加工前使各坐标轴手动回零（机床原点）。

⑦ 程序输入后，应认真核对，确保无误，其中包括对代码、指令、地址、数值、正负号、小数点及语法的查对。

⑧ 正确测量和计算工件坐标系，并对所得结果进行验证和验算。

⑨ 将工件坐标系输入到偏置页面，并对坐标、坐标值、正负号、小数点进行认真校对。

⑩ 未装工件以前，空运行一次程序，看程序能否顺利执行，刀具长度的选取和夹具的安装是否合理，有无超程现象。

⑪ 刀具补偿值（位置、半径）输入偏置页面后，要对刀补号、补偿值、正负号、小数点进行认真核对。

⑫ 检查各刀头的安装方向及各刀具旋转方向是否合乎程序要求。

⑬ 查看各刀杆后部位的形状和尺寸是否合乎程序要求。

⑭ 无论是首次加工的零件，还是周期性重复加工的零件，首件都必须对照图样工艺、程序和刀具调整卡，进行逐段程序的试切。

⑮ 单段试切时，快速倍率开关必须打到最低挡。

⑯ 每把刀首次使用时，必须先验证它的实际长度与所给刀补值是否相符。

⑰ 在程序运行中，要观察数控系统上的坐标显示，了解目前刀具运动点在机床坐标系及工件坐标系中的位置；了解程序段的位移量，还剩余多少位移量等。

⑱程序运行中也要观察数控系统工作寄存器和缓冲寄存器显示，查看正在执行的程序段各状态指令和下一个程序段的内容。

⑲ 在程序运行中要重点观察数控系统上的主程序和子程序，了解正在执行的主程序段的具体内容。

⑳ 试切和加工中，刃磨刀具和更换刀具后，一定要重新测量刀长并修改好刀补值和刀补号。

㉑ 程序检索时应注意光标所指位置是否合理、准确，并观察刀具与机床运动方向坐标是否正确。

㉒ 程序修改后，对修改部分一定要仔细计算和认真核对。

㉓ 手摇进给和手动连续进给操作时，必须检查各种开关所选择的位置是否正确，弄清正、负方向，认准按键，然后进行操作。

㉔ 在确认工件夹紧后才能启动机床，严禁工件转动时测量、触摸工件。

㉕ 操作中出现工件跳动、打抖、异常声音、夹具松动等异常情况时必须立即停机处理。

㉖ 自动加工过程中，不允许打开机床防护门。

㉗ 严禁盲目操作或误操作。工作时穿好工作服、安全鞋，戴好工作帽、防护镜；不可戴手套、领带操作机床。

㉘ 加工镁合金工件时，应戴防护面罩，注意及时清理加工中产生的切屑。

㉙ 一批零件加工完成后，应核对程序、偏置页面、调整卡及工艺中的刀具号、刀补值，并做必要的整理、记录。

㉚ 做好机床卫生清扫工作，擦净导轨面上的切削液，并涂防锈油，以防导轨生锈。

㉛ 依次关闭机床操作面板上的电源开关和总电源开关。

(2) 数控车床的日常维护及保养

1) 每日维护及保养要点

① 擦拭机床丝杠和导轨的外露部分，用轻质油洗去污物和切屑。

② 擦拭全部外露限位开关的周围区域，仔细擦拭各传感器的齿轮、齿条、连杆和检测头。

③ 检查润滑油箱和液压油箱及油压、油温、油雾和油量。

④ 使电气系统和液压系统至少升温 30min，检查各参数是否正常，气压压力是否正常，有无泄漏。

⑤ 空运转使各运动部件得到充分润滑防止卡死。

⑥ 检查刀架转位、定位情况。

2) 每月维护及保养要点　每月维护及保养主要有以下方面的要点。

① 清理控制柜内部。

② 检查、清洗或更换通风系统的空气过滤器。

③ 检查按钮及指示灯是否正常。

④ 检查全部电磁铁和限位开关是否正常。

⑤ 检查并紧固全部电线接头有无腐蚀破损。

⑥ 全面检查安全防护设施是否完整牢固。

3) 六个月维护及保养要点

① 对液压油化验，根据化验结果，对液压油箱进行清洗换油，疏通油路，清洗或更换滤油器。

② 检查机床工作台是否水平，检查锁紧螺钉及调整垫铁是否锁紧，并按要求调整水平。

③ 检查镶条、滑块的调整机构，调整间隙。

④ 检查并调整全部传动丝杠负荷，清扫滚动丝杠并涂新油。

⑤ 拆卸、清扫电动机，加注润滑油脂，检查电动机轴承，并予以更换。

⑥ 检查、清洗并重新装好机械式联轴器。

⑦ 检查、清洗和调整平衡系统，并更换钢缆或钢丝绳。

⑧ 清扫电气柜、数控柜及电路板，更换维持 RAM 内容的失效电池。

(3) 数控系统的日常维护

不同数控车床的数控系统，其使用、维护方法，在随机所带的说明书中一般都有明确的规定。总的来说，应注意以下几点。

① 制订严格的设备管理制度，定岗、定人、定机，严禁无证人员随便开机。

② 制订数控系统的日常维护的规章制度。根据各种部件的特点，确定各自保养条例。

③ 严格执行机床说明书中的通断电顺序。一般来讲，通电时先强电后弱电；先外围设备

(如通信 PC 机)，后数控系统。断电时，与通电顺序相反。

④ 应尽量少开数控柜和强电柜的门。因为机加工车间空气中一般都含有油雾、飘浮的灰尘甚至金属粉末，一旦它们落在数控装置内的印制电路板或电子器件上，就容易引起元器件间绝缘电阻下降，并导致元器件及印制电路板的损坏。为使数控系统能超负荷长期工作，采取打开数控装置柜门散热的降温方法更不可取，其最终结果是导致系统的加速损坏。因此，除进行必要的调整和维修外，不允许随便开启柜门，更不允许敞开柜门加工。

⑤ 定时清理数控装置的散热通风系统。应每天检查数控装置上各个冷却风扇工作是否正常，并视工作环境的状况，每半年或每季度检查一次风道过滤网是否有堵塞现象。如过滤网上灰尘积聚过多，应及时清理，否则将会引起数控装置内部温度过高（一般不允许超过 55～60℃)，致使数控系统不能可靠地工作，甚至发生过热报警现象。

⑥ 数控系统的输入/输出装置的定期维护。软驱和通信接口是数控装置与外部进行信息交换的一个重要的途径。如有损坏，将导致读入信息出错。为此，软驱仓门应及时关闭；通信接口应有防护盖，以防止灰尘、切屑落入。

⑦ 经常监视数控装置用的电网电压。数控装置通常允许电网电压在额定值的±(10～15)%的范围内，频率在±2Hz 内波动，如果超出此范围就会造成系统不能正常工作，甚至会引起数控系统内的电子部件损坏。必要时可增加交流稳压器。

⑧ 存储器电池的定期更换。存储器一般采用 CMOS RAM 器件，设有可充电电池维持电路，防止断电期间数控系统丢失存储的信息。

在正常电路供电时，由+5V 电源经一个二极管向 CMOS RAM 供电，同时对可充电电池进行充电。当电源停电时，则改由电池供电保持 CMOS RAM 的信息。在一般情况下，即使电池尚未失效，也应每年更换一次，以确保系统能正常地工作。注意，更换电池时应在 CNC 装置通电状态下进行，以避免系统数据丢失。

⑨ 数控系统长期不用时的维护。若数控系统长期闲置，则要经常给系统通电，特别是在环境湿度较大的梅雨季节更是如此。在机床锁住不动的情况下，让系统空运行，一般每月通电 2～3 次，通电运行时间不少于 1h。利用电气元件本身的发热来驱散数控装置内的潮气，以保证电气元件性能的稳定可靠及充电电池的电量。实践表明，在空气湿度较大的地区，经常通电是降低故障率的一个有效措施。

⑩ 备用印制电路板的维护。印制电路板长期不用是很容易出故障的。因此，对于已购置的备用印制电路板应定期装到数控装置上通电运行一段时间，以防损坏。

1.4 数控车床的常见故障及处理

数控车床是复杂的机电一体化产品，涉及机、电、液、气、光等多项技术，在运行使用中不可避免地要产生各种故障，关键问题是如何迅速诊断、确定故障部位，及时排除解决，保证正常使用，提高生产率。

(1) 数控车床故障分类

数控车床发生的故障，按其产生故障的部件、性质、有无报警显示等不同，有不同的分类，对不同的故障应针对性地采取不同措施。

1）按数控机床发生故障的部件分类　按数控机床发生故障部件的不同，通常有以下几类故障。

① 主机故障。数控机床的主机部分，主要包括机械、润滑、冷却、排屑、液压、气动与防护等装置。

常见的主机故障有：因机械安装、调试及操作使用不当等原因引起的机械传动故障或导轨运动摩擦过大的故障。其表现为传动噪声大，加工精度差，运行有阻力。例如轴向传动链的挠

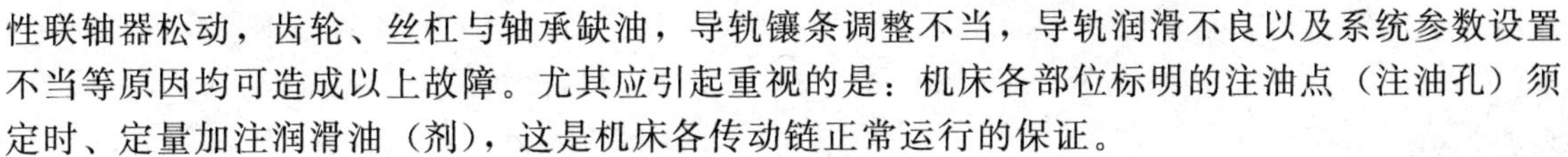

性联轴器松动，齿轮、丝杠与轴承缺油，导轨镶条调整不当，导轨润滑不良以及系统参数设置不当等原因均可造成以上故障。尤其应引起重视的是：机床各部位标明的注油点（注油孔）须定时、定量加注润滑油（剂），这是机床各传动链正常运行的保证。

另外，液压、润滑与气动系统的故障现象主要是管路阻塞和密封不良，因此，数控机床更应加强治理和根除三漏现象的发生。

② 电气故障。电气故障分弱电故障与强电故障。弱电部分主要指 CNC 装置、PLC 控制器、CRT 显示器以及伺服单元、输入/输出装置等电子电路，这部分又有硬件故障与软件故障之分。

硬件故障主要是指上述各装置印制电路板上的集成电路芯片、分立元件、接插件以及外部连接组件等发生的故障。

常见的软件故障有：加工程序出错、系统程序和参数的改变或丢失、计算机的运算出错等。

强电部分是指断路器、接触器、继电器、开关、熔断器、电源变压器、电动机、电磁铁、行程开关等元器件及其所组成的电路，这部分的故障特别常见，必须引起足够的重视。

2）按数控机床发生的故障性质分类

① 系统性故障。系统性故障通常是指只要满足一定的条件或超过某一设定的限度，工作中的数控机床必然会发生的故障。这一类故障现象极为常见。例如液压系统的压力值随着液压回路过滤器的阻塞而降到某一设定参数时，必然会发生液压报警使系统断电停机；润滑系统由管路泄漏引起油标下降到使用限值时，必然会发生液位报警使机床停机；机床加工中因切削量过大达到某一限值时，必然会发生过载或超温报警，致使系统迅速停机。因此，正确使用与精心维护是杜绝或避免这类系统性故障发生的根本途径。

② 随机性故障。随机性故障通常是指数控机床在同样的条件下工作时偶然发生一次或两次的故障，也称此为“软故障”。由于此类故障在各种条件相同的状态下只偶然发生一两次，因此，随机性故障的原因分析与故障诊断较其他故障困难得多。一般而言，这类故障的发生往往与安装质量、组件排列、参数设定、元器件品质、操作失误与维护不当，以及工作环境影响等诸多因素有关。例如，接插件与连接组件因疏忽未加锁定，印制电路板上的元器件松动变形或焊点虚脱，继电器触点、各类开关触头因污染锈蚀以及直流电动机电刷不良等所造成的接触不可靠等。另外，工作环境温度过高或过低、湿度过大、电源波动与机械振动、有害粉尘与气体污染等原因均可引发此类偶然性故障。因此，加强数控系统的维护检查，确保电气箱门的密封，严防工业粉尘及有害气体的侵袭等，均可避免此类故障的发生。

3）按故障发生后有无报警显示分类

① 有报警显示的故障。这类故障又分为硬件报警显示与软件报警显示两种。

其中硬件报警显示通常是指各单元装置上的警示灯（一般由 LED 发光管或小型指示灯组成）的指示。在数控系统中有许多用以指示故障部位的警示灯，如控制操作面板、位置控制印制电路板、伺服控制单元、主轴单元、电源单元等外设装置上常设有这类警示灯。一旦数控系统的这些警示灯指示故障状态后，借助相应部位上的警示灯均可大致分析判断出故障发生的部位与性质，这无疑给故障分析诊断带来了极大方便。因此，维修人员日常维护和排除故障时应认真检查这些警示灯的状态是否正常。

软件报警显示通常是指 CRT 显示器上显示出来的报警号和报警信息。由于数控系统具有自诊断功能，一旦检测到故障，即按故障的级别进行处理，同时在 CRT 上以报警号形式显示该故障信息。这类报警显示常见的有存储器警示、过热警示、伺服系统警示、运动轴超程警示、程序出错警示、主轴警示、过载警示以及断线警示等，通常少则几十种，多则上百种，这无疑为故障判断和排除提供了极大的帮助。

上述软件报警有来自 CNC 的报警和来自 PLC 的报警，前者为数控部分的故障报警，可通过所显示的报警号，对照维修手册中有关CNC故障报警及原因方面内容，来确定可能产生该故障的原因。PLC报警显示由PLC的报警信息文本所提供，大多数属于机床侧的故障报警，可通过所显示的报警号，对照维修手册中有关PLC故障报警信息、PLC接口说明以及PLC程序等内容，检查PLC有关接口和内部继电器状态，确定该故障所产生的原因。通常，PLC报警发生的可能性要比CNC报警高得多。

② 无报警显示的故障。这类故障发生时无任何硬件或软件的报警显示，因此分析诊断难度较大。例如，机床通电后，在手动方式或自动方式运行 X 轴时出现爬行现象，无任何报警显示；机床在自动方式运行时突然停止，而CRT显示器上无任何报警显示；在运行机床某轴时发生异常声响，一般也无故障报警显示。一些早期的数控系统由于自诊断功能不强，尚未采用PLC控制器，无PLC报警信息文本，出现无报警显示的故障情况会更多一些。对于无报警显示故障，通常要具体情况具体分析，要根据故障发生的前后变化状态进行分析判断。例如，X 轴在运行时出现爬行现象时，应首先判断是数控部分故障还是伺服部分故障，具体做法是：在手摇脉冲进给方式中，可均匀地旋转手摇脉冲发生器，同时分别观察比较CRT显示器上 Y 轴、Z 轴与 X 轴进给数字的变化速率。通常，如果数控部分正常，一个轴的上述变化速率应基本相同，从而可确定爬行故障是 X 轴的伺服部分造成的还是机械传动所造成的。

4）按故障发生的原因分类

① 数控机床自身故障。这类故障的发生是由数控机床自身的原因引起的，与外部使用环境条件无关。数控机床所发生的绝大多数故障均属此类故障。但也应区别有些故障并非本身而是外部原因所造成的。

② 数控机床外部故障。这类故障是由外部原因造成的。例如，数控机床的供电电压过低、波动过大、相序不对或三相电压不平衡；周围的环境温度过高，有害气体、潮气、粉尘侵入；外来振动和干扰，如电焊机所产生的电火花干扰等，均有可能使数控机床发生故障。还有人为因素所造成的故障，如操作不当，手动进给过快造成超程报警，自动切削进给过快造成过载报警；又如操作人员不按时按量给机床机械传动系统加注润滑油，易造成传动噪声或导轨摩擦因数过大，而使工作台进给电动机超载。

除上述常见故障分类外，还可按故障发生时有无破坏性来分，可分为破坏性故障和非破坏性故障；按故障发生的部位分，可分为数控装置故障，进给伺服系统故障，主轴系统故障，刀架、刀库、工作台故障等。

（2）检测故障的常规方法

1）调查故障现场，充分掌握故障信息　数控系统出现故障后，不要急于动手盲目处理，首先要查看故障记录，向操作人员询问故障出现的全过程。在确认通电对系统无危险的情况下，再通电亲自观察，特别要注意确定以下主要故障信息。

① 故障发生时报警号和报警提示是什么？那些指示灯和发光管指示了什么报警？

② 如无报警，系统处于何种工作状态？系统的工作方式诊断结果（如FANUC-0T系统的700、701、712号诊断内容）是什么？

③ 故障发生在哪个程序段？执行何种指令？故障发生前进行了何种操作？

④ 故障发生在何种速度下？轴处于什么位置？与指令值的误差量有多大？

⑤ 以前是否发生过类似故障？现场有无异常现象？故障是否重复发生？

2）分析故障原因，确定检查的方法和步骤　在调查故障现象，掌握第一手材料的基础上分析故障的起因。故障分析可采用归纳法和演绎法。归纳法从故障原因出发摸索其功能联系，调查原因对结果的影响，即根据可能产生该种故障的原因分析，看其最后是否与故障现象相符来确定故障点。演绎法是从所发生的故障现象出发，对故障原因进行分割式的分析方法。即从故障现象开始，根据故障机理，列出多种可能产生该故障的原因，然后对这些原因逐点进行分析，排除不正确的原因，最后确定故障点。

分析故障原因时应注意以下几点。

① 要在充分调查现场，掌握第一手材料的基础上，把故障问题正确地列出来。

② 思路要开阔，无论是数控系统，强电部分，还是机、液、气等，都要将有可能引起故障的原因以及每一种可能解决的方法全部列出来，进行综合、判断和筛选。

③ 在对故障进行深入分析的基础上，预测故障原因并拟定检查的内容、步骤和方法。

(3) 数控车床故障的诊断和排除原则

在故障诊断过程中，应充分利用数控系统的自诊断功能，如系统的开机诊断、运行诊断、PLC 的监控功能，根据需要随时检测有关部分的工作状态和接口信息。同时还应灵活应用数控系统故障检查的一些行之有效的方法，如交换法、隔离法等。在诊断排除故障中还应掌握以下若干原则。

① 先外部后内部。数控机床是机、液、电一体化的机床，故其故障的发生必然要从机、液、电这三者综合反映出来。数控机床的检修要求维修人员掌握先外部后内部的原则，即当数控机床发生故障后，维修人员应先采用望、闻、听、问等方法，由外向内逐一进行检查。比如，数控机床的行程开关、按钮、液压气动元件以及印制电路板插头座、边缘接插件与外部或相互之间的连接部位、电控柜插座或端子排这些机电设备之间的连接部位，因其接触不良造成的信号传递失灵是产生数控机床故障的重要因素。此外，工业环境中温度、湿度的较大变化，油污或粉尘对元器件及印制电路板的污染，机械的振动等，对于信号传送通道的接插件都将产生严重影响。在检修中重视这些因素，首先检查这些部位就可以迅速排除较多的故障。另外，应尽量避免随意地启封、拆卸，不适当的大拆大卸，往往会扩大故障，使机床大伤元气，丧失精度，降低性能。

② 先机械后电气。由于数控机床是一种自动化程度高、技术复杂的先进机械加工设备，机械故障一般较易察觉，而数控系统故障的诊断则难度要大些。先机械后电气是指首先检查机械部分是否正常，行程开关是否灵活，气动、液压部分是否存在阻塞现象等。因为数控机床的故障中有很大部分是由机械运作失灵引起的。所以，在故障检修之前，首先注意排除机械性的故障，往往可以达到事半功倍的效果。

③ 先静后动。维修人员本身要做到先静后动，不可盲目动手，应先询问机床操作人员故障发生的过程及状态，阅读机床说明书、图样等资料后，方可动手查找故障。其次，对有故障的机床也要本着先静后动的原则，先在机床断电的静止状态，通过观察、测试、分析，确认为非恶性循环性故障或非破坏性故障后，方可给机床通电，在运行工况下，进行动态的观察、检验和测试，查找故障。然而对于恶性的破坏性故障，必须先行处理排除危险后，方可进行通电，在运行工况下进行动态诊断。

④ 先公用后专用。公用性的问题往往影响全局，而专用性的问题只影响局部。如机床的几个进给轴都不能运动，这时应先检查和排除各轴公用的 CNC、PLC、电源、液压等公用部分的故障，然后设法排除某轴的局部问题。又如电网或主电源故障是全局性的，因此一般应首先检查电源部分，看看断路器或熔断器是否正常，直流电压输出是否正常。总之，只有先解决影响一大片的主要矛盾，局部的、次要的矛盾才有可能得到解决。

⑤ 先简单后复杂。当出现多种故障互相交织掩盖、一时无从下手时，应先解决容易的问题，后解决较大的问题。常常在解决简单故障的过程中，难度大的问题也可能变得容易，或者在排除容易故障时受到启发，对复杂故障的认识更为清晰，从而也有了解决办法。

⑥ 先一般后特殊。在排除某一故障时，要先考虑最常见的可能原因，然后分析很少发生的特殊原因。例如，一台 FANUC-0T 数控车床 Z 轴回零不准，常常是由降速挡块位置窜动所造成的，一旦出现这一故障，应先检查该挡块位置，在排除这一常见的可能性之后，再检查脉冲编码器、位置控制等环节。

(4) 数控车床常见故障的处理（表 1-5）

表 1-5 数控车床常见故障的处理

故障现象	故障原因及排除
数控系统开启后显示屏无任何画面显示	①检查与显示屏有关的电缆及其连接，若电缆连接不良，应重新连接 ②检查显示屏的输入电压是否正常 ③如果此时还伴有输入单元的报警灯亮，则故障原因往往是＋24V 负载有短路现象 ④如此时显示屏无其他报警而机床不能移动，则其故障是由主印制电路板或控制 ROM 板的问题引起的 ⑤如果显示屏无显示但机床却正常地工作，这种现象说明数控系统的控制部分正常，仅是与显示器有关的连接或印制电路板出了故障
机床不能动作	机床不能动作的原因可能是数控系统的复位按钮被接通，数控系统处于紧急停止状态。若程序执行时，显示屏有位置显示变化，而机床不动，应检查机床是否处于锁住状态，进给速度设定是否有错误，系统是否处于报警状态
机床不能正常返回零点，且有报警产生	该类故障的产生原因一般是脉冲编码器的反馈信号没有输入到主印制电路板，如脉冲编码器断线或与脉冲编码器连接的电缆断线
面板显示值与机床实际进给值不符	此故障多与位置检测元件有关，快速进给时丢脉冲所致
系统开机后死机	此故障一般是由于机床数据混乱或偶然因素使系统进入死循环。关机后再重新启动。若还不能排出故障，需要将内存全部清除，重新输入机床参数
刀架连续运转不停或在某规定刀位不能定位	此故障产生原因可能有发信盘接地线或电源线断路，霍尔元件断路或短路，需要修理或更换相关元件
刀架突然停止运转，电动机抖动而不运转	对此类故障，可采取以下措施：手动转动手轮，若某位置较重或出现卡死现象，则为机械问题，如滚珠丝杠滚道内有异物等；若全长位置均较轻，则判断为切削过深或进给速度太快
电动刀架工作不稳定	此故障的产生原因有：切屑、油污等进入刀架体内；撞刀后，刀体松动变形；刀具夹紧力过大，使刀具变形；刀杆过长，刚性差
超程处理	在手动、自动加工过程中，若机床移动部件超出其运动的极限位置（软件行程限位或机械限位），则系统出现超程报警，如蜂鸣器尖叫或报警灯亮，且机床锁住。处理的方法一般为：手动将超程部件移至安全行程内，然后按复位键解除报警
报警处理	一般当屏幕有出错报警号时，可查阅维修手册的“错误代码表”，找出产生效障的原因，采取相应措施

第2章

数控车削加工技术基础

2.1 数控车削加工工艺概述

数控车削加工工艺是利用数控车床对零件进行具体加工步骤和方法的一种指导性文件。它通常以普通车削加工工艺为基础，结合数控车床的特点，并综合运用多方面的知识来解决生产中的数控加工问题。

2.1.1 数控车床加工的主要对象

数控车削是数控加工中用得最多的加工方法之一。由于数控车床具有加工精度高、能作直线和圆弧插补等优点，还有部分车床数控装置具有某些非圆曲线插补功能以及在加工过程中能自动变速等特点，因此其工艺范围较普通车床宽得多。针对数控车床的特点，下列零件最适合数控车削加工。

① 精度要求高的回转体零件。由于数控车床刚性好，制造和对角精度高，并且能方便和精确地进行人工补偿和自动补偿，所以能加工尺寸精度要求较高的零件。在有些场合可以以车代磨。此外，数控车削的刀具运动是通过高精度插补运算和伺服驱动来实现的，再加上机床的刚性好和制造精度高，所以它能加工对母线直线度、圆度、圆柱度等形状精度要求高的零件。对于圆弧以及其他曲线轮廓，加工出的形状与图纸上所要求的几何形状的接近程度比用仿形车床要高得多。不少位置精度要求高的零件用普通车床车削时，因机床制造精度低，工件装夹次数多而达不到要求，只能在车削后用磨削或其他方法弥补。例如图 2-1 所示的轴承内圈，若采用液压半自动车床和液压仿形车床加工，需多次装夹，因而会造成较大的壁厚差，达不到图纸要求。如果改用数控车床加工，一次装夹即可完成滚道和内孔的车削，壁厚差大为减小，加工质量稳定。

② 表面粗糙度要求高的回转体零件。某些数控车床具有恒线速切削功能，能加工出表面粗糙度值小而均匀的零件。在材质、精车余量和刀具已选定的情况下，表面粗糙度取决于进给量和切削速度。在普通车床上车削锥面和端面时，由于转速恒定不变，致使车削后的表面粗糙度不一致，只有某一直径处的粗糙度值最小。使用数控车床的恒线速切削功能就可选用最佳线速度来切削锥面和端面，使车削后的表面粗糙度值既小又一致。数控车床还适合于车削各部位表面粗糙度要求不同的零件。粗糙度要求不高的部位选用大的进给量，要求高的部位选用小的进给量。

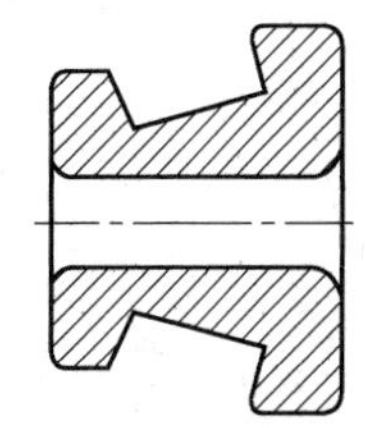

图 2-1 轴承内圈

③ 轮廓形状特别复杂或难以控制尺寸的回转体零件。由于数控车床具有直线和圆弧插补功能，部分车床数控装置还有某些非圆曲面插补功能，所以可以车削由任意直线和平面曲线组成的形状复杂的回转体零件。如图 2-2 所示的壳体零件封闭内腔的成型面“口小肚大”，在普

通车床上是无法加工的，而在数控车床上则很容易加工出来。

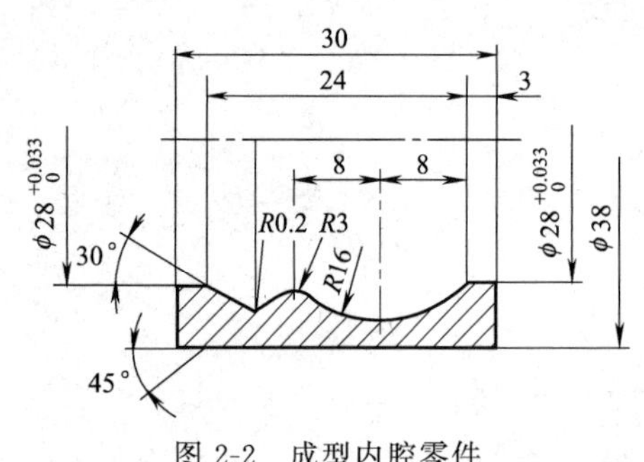

图 2-2　成型内腔零件

组成零件轮廓的曲线可以是数学方程式描述的曲线，也可以是列表曲线。对于由直线或圆弧组成的轮廓，直接利用机床的直线或圆弧插补功能。对于由非圆曲线组成的轮廓，可以用非圆曲线插补功能；若所选机床没有非圆插补功能，则应先用直线或圆弧去逼近，然后用直线或圆弧插补功能进行插补切削。

④ 带特殊螺纹的回转体零件。普通车床所能车削的螺纹相当有限，它只能车等导程的直、锥面的公、英制螺纹，而且一台车床只能限定加工若干种导程的螺纹。数控车床不但能车削任何等导程的直、锥面螺纹和端面螺纹，而且能车增导程、减导程及要求等导程与变导程之间平滑过渡的螺纹，还可以车高精度的模数螺旋零件（如圆柱、圆弧蜗杆）和端面（盘形）螺旋零件等。数控车床还可以配备精密螺纹切削功能，再加上一般采用硬质合金成型刀具以及可以使用较高的转速，所以车削出来的螺纹精度高，表面粗糙度小。

2.1.2　数控车床加工工艺的基本特点

与普通车削加工一样，数控车削加工的工艺规程也是工人在加工时的指导性文件。但因数控车削加工自动化程度高、控制功能强、设备费用高，因此也就相应形成了数控车削加工工艺的自身特点。

① 数控车削加工的工艺内容十分具体。由于普通车床受控于操作工人，因此，在普通车床上用的工艺规程实际上只是一个工艺过程卡，车床的切削用量、走刀线路、工序的工步等往往都是由操作工人自行选定的。数控车床加工的程序是数控车床的指令性文件。数控车床受控于程序指令，加工的全过程都是按程序指令自动进行的。因此，数控车床加工程序与普通车床工艺规程有较大差别，涉及的内容也较广。

数控车床加工程序不仅要包括零件的工艺过程，而且还要包括切削用量、走刀路线、刀具尺寸以及车床的运动过程。因此，要求编程人员对数控车床的性能、特点、运动方式、刀具系统、切削规范以及工件的装夹方法都非常熟悉。工艺方案的好坏不仅会影响车床效率的发挥，而且将直接影响到零件的加工质量。

② 数控车削加工工艺制订严密。数控车削虽然自动化程度较高，但自适应能力差，它不像普通车床在加工中可以根据加工过程中出现的问题，比较灵活自由地适时进行人为调整。因此，加工工艺制订是否先进、合理，在很大程度上关系到加工质量的优劣。又由于数控车削加工过程是自动连续进行的，不能像普通车削加工（如车削中的切断）时，操作者可以适时地随意调整。因此，在编制加工程序时，必须认真分析加工过程中的每一个细小环节（如钻孔时，孔内是否塞满了切屑），稍有疏忽或经验不足就会发生错误，甚至酿成重大机损、人伤及质量事故。编程人员除了必须具备扎实的工艺基础知识和丰富的实践经验外，还应具有细致、严谨的工作作风。

2.1.3　数控车床加工工艺的主要内容

在数控车床上加工零件，首先要考虑的是工艺问题。数控车削加工工艺与普通车削加工工艺大体相同，只是数控车削加工的零件通常相对于普通车削加工的零件要复杂得多，而且数控车床具备一些普通车床所不具备的功能。为了充分发挥数控车床的优势，必须熟悉其性能、掌握其特点及使用方法，并在编程前正确地制订加工工艺方案，进行工艺设计并优化后再进行编程。数控车削加工工艺的内容较多，概括起来主要包括如下内容。

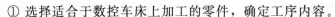

① 选择适合于数控车床上加工的零件，确定工序内容。

② 分析被加工零件的图纸，明确加工内容及技术要求。

③ 确定零件的加工方案，制订数控加工工艺路线。如划分工序、安排加工顺序、处理与非数控加工工序的衔接等。

④ 加工工序的设计。如选取零件基准的定位、装夹方案的确定、工步划分、刀具选择和切削用量的确定等。

⑤ 确定各工序的加工余量，计算工序尺寸及公差。

⑥ 数控加工程序的编制及调整。如选取对刀点和换刀点、确定刀具补偿及确定加工路线等。

⑦ 数控加工专用技术文件的编写。

2.1.4 数控加工常见的工艺文件

将工艺规程的内容填入一定格式的卡片中，用于生产准备。工艺管理和指导工人操作等各种技术文件称之为工艺文件。它是编制生产计划、调整劳动组织、安排物质供应、指导工人加工操作及技术检验等的重要依据。编写数控加工技术文件是数控加工工艺设计的内容之一。这些文件既是数控加工和产品验收的依据，也是操作者需要严格遵守和执行的规程。数控加工工艺文件还作为加工程序的具体说明或附加说明，其目的是让操作者更加明确程序的内容、安装与定位方式、各加工部位所选用的刀具及其他需要说明的事项，以保证程序的正确运行。

数控加工工艺文件的种类和形式多种多样，常见的工艺文件主要包括数控加工工序卡、数控加工进给路线图、数控刀具调整单、零件加工程序单、加工程序说明卡等。目前，这些文件尚无统一的国家标准，但在各企业或行业内部已有一定的规范可循，一般具有以下内容。

(1) 数控加工工序卡

数控加工工序卡与普通加工工序卡有许多相似之处，但不同的是该卡中应反映使用的辅具、刃具切削参数、切削液等，它是操作人员配合数控程序进行数控加工的主要指导性工艺资料，主要包括：工步顺序、工步内容、各工步所用刀具及切削用量等。工序卡应按已确定的工步顺序填写。若在数控机床上只加工零件的一个工步时，也可不填写工序卡。在工序加工内容不十分复杂时，可把零件草图反应在工序卡上。

图 2-3 所示为轴承套零件，该零件表面由内外圆柱面、内圆锥面、顺圆弧、逆圆弧及外螺

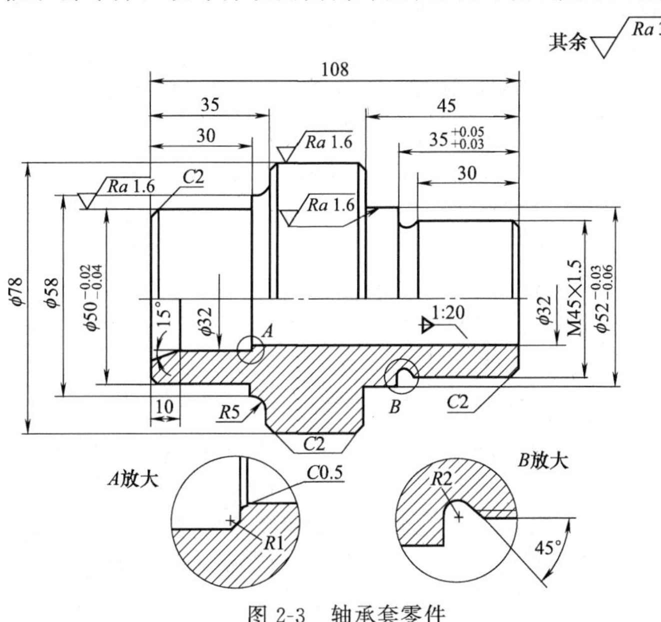

图 2-3 轴承套零件

纹等表面组成，其中多个直径尺寸与轴向尺寸有较高的尺寸精度和表面粗糙度要求。零件图尺寸标注完整，符合数控加工尺寸标注要求，轮廓描述清楚完整，零件材料为45钢，切削加工性能较好，无热处理和硬度要求。表2-1为轴承套数控加工工序卡。

表2-1 轴承套数控加工工序卡

公司名称		产品名称或代号		零件名称		零件图号	
				轴承套			
工序号	程序编号	夹具名称		使用设备		车间	
001		三爪自定心卡盘和自制心轴		CJK6240		数控中心	
工步号	工步内容	刀具号	刀具规格/mm	主轴转速/(r/mm)	进给速度/(mm/min)	背吃刀量/mm	备注
1	平端面	T01	25×25	320		1	手动
2	钻 ϕ5mm 中心孔	T02	ϕ5	950		2.5	手动
3	钻底孔	T03	ϕ26	200		13	手动
4	粗镗 ϕ32mm 内孔、15°斜面及 C0.5 倒角	T04	20×20	320	40	0.8	自动
5	精镗 ϕ32mm 内孔、15°斜面及 C0.5 倒角	T04	20×20	400	25	0.2	自动
6	掉头装夹粗镗1∶20锥孔	T04	20×20	320	40	0.8	自动
7	精镗1∶20锥孔	T04	20×20	400	20	0.2	自动
8	心轴装夹从右至左粗车外轮廓	T05	25×25	320	40	1	自动
9	从左至右粗车外轮廓	T06	25×25	320	40	1	自动
10	从右至左精车外轮廓	T05	25×25	400	20	0.1	自动
11	从左至右精车外轮廓	T06	25×25	400	20	0.1	自动
12	卸心轴，改为三爪装夹，粗车M45螺纹	T07	25×25	320	480	0.4	自动
13	精车M45螺纹	T07	25×25	320	480	0.1	自动
编制		审核		批准		共 页	第 页

(2) 数控加工进给路线图

在数控加工中，特别要防止刀具在运动中与夹具、工件等发生意外碰撞，为此必须设法在加工工艺文件中告诉操作者关于程序中的刀具路线图，如从哪里进刀、退刀或斜进刀等，使操作者在加工前就了解并计划好夹紧位置及控制夹紧元件的尺寸，以避免发生事故。

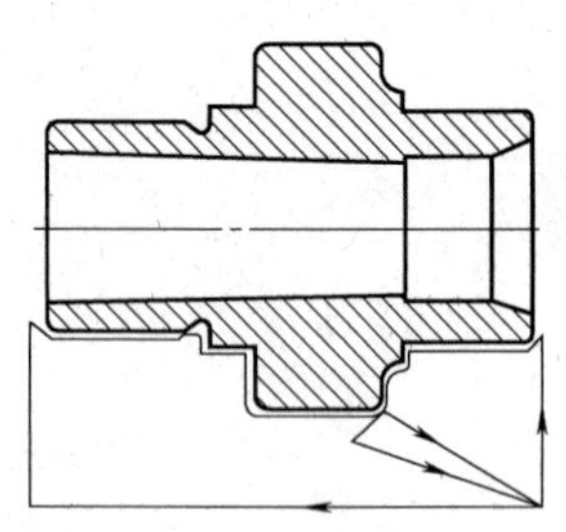

图2-4 外轮廓加工进给路线图

根据图2-3所示轴承套零件的结构特征，可先加工内孔各表面，然后加工外轮廓表面。由于该零件为小批量生产，进给路线设计不必考虑最短进给路线或最短空行程路线，外轮廓表面车削进给路线可沿零件轮廓顺序进行，如图2-4所示。

(3) 数控刀具调整单

数控刀具调整单主要包括数控刀具卡片（简称刀具卡）和数控刀具明细表（简称刀具表）两部分。

数控加工时，对刀具的要求十分严格，一般要在机外对刀仪上，事先调整好刀具直径和长度。刀具卡主要反映刀具编号、刀具结构、加工部位、刀片型号和材料等，它是组装刀具和调整刀具的依据。数控刀具明细表是调刀人员调整刀具输入的主要依据。刀具明细表格式见表2-2。

表 2-2 轴承套数控加工刀具明细表

产品名称或代号		刀具规格名称	零件名称	轴承套	零件图号	备注
序号	刀具号		数量	加工表面	刀尖半径/mm	
1	T01	45°硬质合金端面车刀	1	车端面	0.5	25mm×25mm
2	T02	ϕ5mm 中心钻	1	钻 ϕ45mm 中心孔		
3	T03	ϕ26mm 钻头	1	钻底孔		
4	T04	镗刀	1	镗内孔各表面	0.4	20mm×20mm
5	T05	93°右偏刀	1	从右至左车外表面	0.3	25mm×25mm
6	T06	93°左偏刀	1	从左至右车外表面	0.2	25mm×25mm
7	T07	60°外螺纹车刀	1	车 M45 螺纹	0.1	25mm×25mm
编制		审核	批准		共 页	第 页

(4) 数控加工程序单

数控加工程序单是编程员根据工艺分析情况，经过数值计算，按照机床特点的指令代码编制的。它是记录数控加工工艺过程、工艺参数、位移数据的清单，以及手动数据输入（MDI）和制备控制介质、实现数控加工的主要依据。数控加工程序单则是数控加工程序的具体体现，通常应作出硬拷贝或软拷贝保存，以便于检查、交流或下次加工时调用。

(5) 数控加工程序说明卡

实践证明，仅用加工程序单和工艺规程来进行指导实际数控加工会有许多问题。由于操作者对程序的内容不够清楚，对编程人员的意图理解不够，经常需要编程人员在现场说明和指导。因此，对加工程序进行详细说明是必要的，特别是对那些需要长时间保存和使用的程序尤其重要。根据实践，一般应作说明的主要内容如下。

① 所用数控设备型号及控制器型号。

② 对刀点与编程原点的关系以及允许的对刀误差。

③ 加工原点的位置及坐标方向。

④ 所用刀具的规格、型号及其在程序中所对应的刀具号，必须按刀具尺寸加大或缩小补偿值的特殊要求（如用同一个程序、同一把刀具，用改变刀具半径补偿值方法进行粗精加工），更换刀具的程序段序号等。

⑤ 整个程序加工内容的顺序安排（相当于工步内容说明与工步顺序）。

⑥ 对程序中编入的子程序应说明其内容。

⑦ 其他需要特殊说明的问题。如需要在加工中调整夹紧点的计划停机程序段号、中间测量用的计划停机程序段号、允许的最大刀具半径和位置补偿值、切削液的使用与开关。

2.2 数控车削加工工艺分析

工艺分析是数控车削加工的前期工艺准备工作。工艺制订得合理与否，对程序编制、机床的加工效率和零件的加工精度都有重要影响。因此，在数控车削加工零件时，除应遵循一般机械加工工艺基本原则外，还要结合数控车床的特点，尤其应着重考虑零件图的工艺性分析，此外，还需考虑工件在车床上的装夹，刀具、夹具和切削用量的选择，刀具的进给路线等。

2.2.1 数控车削加工零件的工艺性分析

数控车削加工零件的工艺性分析主要包括零件图样分析及结构工艺性分析。

(1) 零件图样分析

零件图样分析是制订数控车削工艺的首要工作，主要包括以下内容。

1）尺寸标注方法分析　零件图上尺寸标注方法应适应数控车床加工的特点，如图 2-5 所示，应以同一基准标注尺寸或直接给出坐标尺寸。这种标注方法既便于编程，又有利于设计基准、工艺基准、测量基准和编程原点的统一。

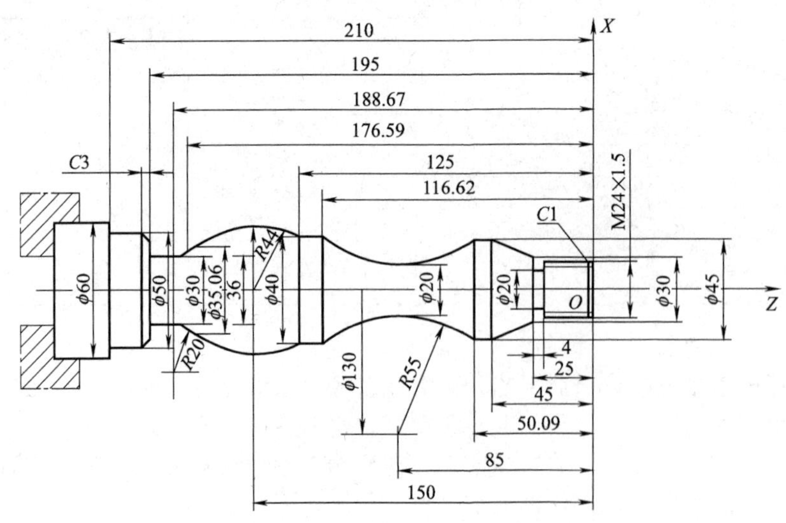

图 2-5　零件尺寸标注分析

2）轮廓几何要素分析　在手工编程时，要计算每个节点坐标；在自动编程时，要对构成零件轮廓的所有几何元素进行定义。因此在分析零件图时，要分析几何元素的给定条件是否充分。由于设计等多方面的原因，可能在图样上出现构成加工零件轮廓的条件不充分，尺寸模糊不清且有缺陷，增加了编程工作的难度，有的甚至无法编程。总之，图样上给定的尺寸要完整，且不能自相矛盾，所确定的加工零件轮廓是唯一的。

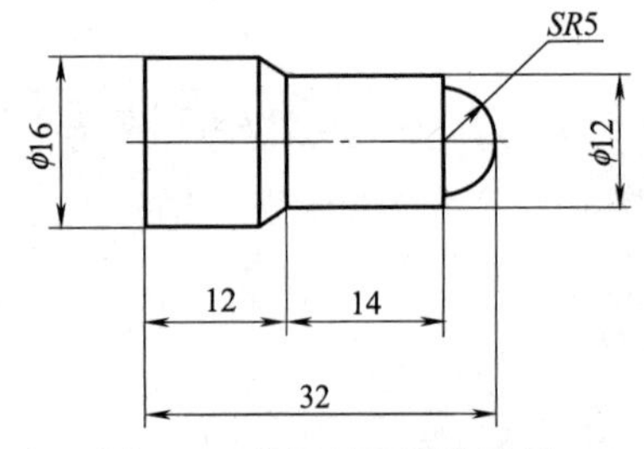

图 2-6　几何要素缺陷示例

如图 2-6 所示的几何要素，图样上给定几何条件自相矛盾，总长不等于各段长度之和。

3）精度及技术要求分析　对被加工零件的精度及技术要求进行分析是零件工艺性分析的重要内容，只有在分析零件尺寸精度和表面粗糙度的基础上，才能正确合理地选择加工方法、装夹方式、刀具及切削用量等。精度及技术要求分析的主要内容有以下几点。

① 分析精度及各项技术要求是否齐全，是否合理。

② 分析本工序的数控车削加工精度能否达到图样要求，若达不到，需采取其他措施（如磨削）弥补时，则应给后续工序留有余量。

③ 找出图样上有位置精度要求的表面，这些表面应在一次安装下完成。

④ 对表面粗糙度要求较高的表面，应确定用恒线速切削。

(2) 结构工艺性分析

零件的结构工艺性是指零件对加工方法的适应性，即所设计的零件结构应便于加工成型。在数控车床上加工零件时，应根据数控车削的特点，认真审视零件结构的合理性。如图 2-7（a）所示零件，需用三把不同宽度的切槽刀切槽，如无特殊需要，显然是不合理的。

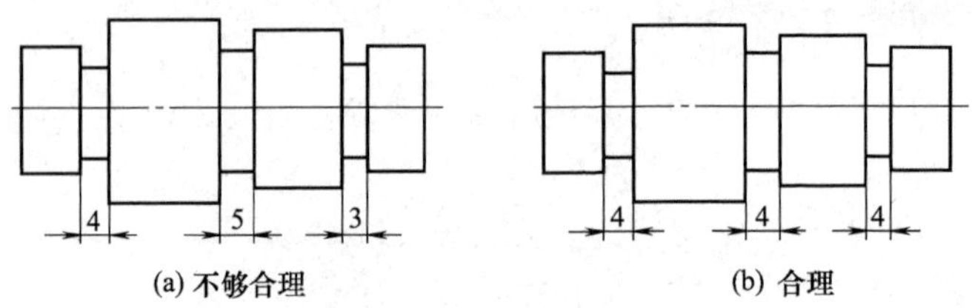

图 2-7　结构工艺性示例

若改成图 2-7（b）所示结构，只需一把刀即可切出三个槽，既减少了刀具数量，少占了刀架刀位，又节省了换刀时间。在结构分析时，若发现问题应向设计人员或有关部门提出修改意见。

2.2.2 典型零件的加工工艺分析

常见数控车削加工零件主要有：轴类、套类及盘类零件。此类零件的车削加工工艺分析主要有以下内容。

（1）轴类零件的车削工艺分析

1）零件图分析　一般通过零件的名称可初步了解零件的作用，如传动轴上两轴颈有配合要求，用于安装滚动轴承（安装轴承处的外圆称为支承轴颈，齿轮或带轮的外圆称为配合轴颈），因此要求较高。

轴类零件的材料以 45 钢、40Cr 钢用得最多，要求较高的轴，可用 40MnB、40CrMnMo 钢等，它们的强度高。对某些形状复杂的轴，也可采用球墨铸铁。通过材料可了解零件的力学性能和切削加工性。

轴类零件的毛坯若是圆钢料或锻件，则要进一步了解零件材料的热处理状态，为选择刀具材料提供科学根据。

2）轴的结构分析　轴类零件中，台阶轴是用得最多的一种。台阶轴一般由外圆、轴肩、螺纹、螺纹退刀槽、砂轮越程槽和键槽等组成。外圆用于安装轴承、齿轮、带轮等；轴肩用于轴上零件和轴本身的轴向定位；砂轮越程槽的作用是磨削时避免砂轮与工件轴肩相撞；螺纹退刀槽供加工螺纹时退刀用；键槽用于安装键，以传递转矩；螺纹用于安装各种螺母。此外，轴的端面和轴肩一般都有倒角，以便于装配；轴肩根部有的需要倒圆角，以减少应力集中和因淬火导致使用中断裂的倾向。

3）轴的技术要求　轴的技术要求可从以下方面进行分析。

① 尺寸公差、几何公差。尺寸公差、几何公差是衡量轴的精度等级的主要依据，也是确定轴类零件加工方案的重要依据。如尺寸公差等级要求较高、表面粗糙度值较小的轴类工件，车削时需分粗车、精车两个阶段进行。而几何公差则是确定工件的定位基准和定位方法的出发点。

② 热处理。工件的热处理要求是确定加工顺序的重要依据。如一般铸、锻毛坯的退火是为了消除内应力，改善切削性能，所以应安排在粗加工之前进行，调质处理是为了提高工件材料的综合力学性能，但工件调质以后，其硬度、强度升高而降低了切削性能，所以调质处理应安排在粗车之后进行。

4）车削步骤的选择　车削步骤可从以下几方面进行考虑。

① 根据工件的形状、精度和数量，选择加工时的装夹方法，检测方法及所需的工、夹、量具。

② 根据工件的形状、工艺要求来选择刀具的材料、刀具的几何角度和切削用量范围。

③ 确定工艺过程和编制加工步骤。在确定车削步骤时，要根据工件的不同结构和装夹方式来安排。安排加工步骤时，应注意以下几点。

a. 在车削短小的轴类零件时，一般先车端面，这样便于确定长度方向的尺寸。

b. 用两顶尖装夹车削轴类零件，一般要三次装夹。即粗车第一端，调头再粗车和精车另一端，最后精车第一端。

c. 车削台阶轴时，宜先车直径大的一端，以免降低工件的刚度。

d. 轴上的沟槽切削，一般安排在粗车和半精车之后，精车之前。但必须注意槽的深度应加入精车余量。

e. 轴上的螺纹一般应在半精车以后车削，车好螺纹以后再精车各级外圆。如果轴颈的同轴度要求不高，螺纹也可放在最后车削。

f. 如果轴类零件在车削之后还要进行磨削，那么在粗车和半精车之后不必再精车，但需有磨削余量。

(2) 套类零件的车削工艺分析

套类零件在机械中应用很多，其主要功用是支承和导向或在工作中承受径向力或轴向力。套类零件的共同特点是：主要表面为同轴度要求较高的内、外旋转表面，长度一般大于直径，端面和轴线要求垂直，零件壁厚较薄，容易变形。

1）套类零件的基本结构类型　套类零件的基本结构类型可以分为三种，如图 2-8 所示。

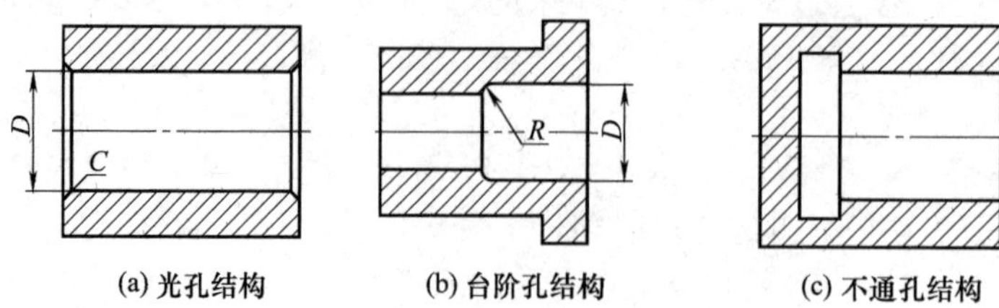

图 2-8　套类零件的基本结构

① 光孔结构。这类零件的内孔是由同一直径的圆柱面组成的，结构简单，加工比较容易。这类零件有滑动轴承、轴套等。

② 台阶孔结构。这类零件的内孔是由两个或两个以上不同直径的内圆柱面组成的。内阶台处有圆弧过渡，它的作用是避免在热处理和使用过程中因应力集中而损坏。

③ 不通孔（也称盲孔）结构。这种零件的结构特征主要是：其内孔不贯通，除了有一个起主要作用的内圆柱表面外，其孔的底部有一个起退刀作用的内沟槽。

2）套类零件的技术要求（见图 2-9）。套类零件的技术要求包括以下几个方面。

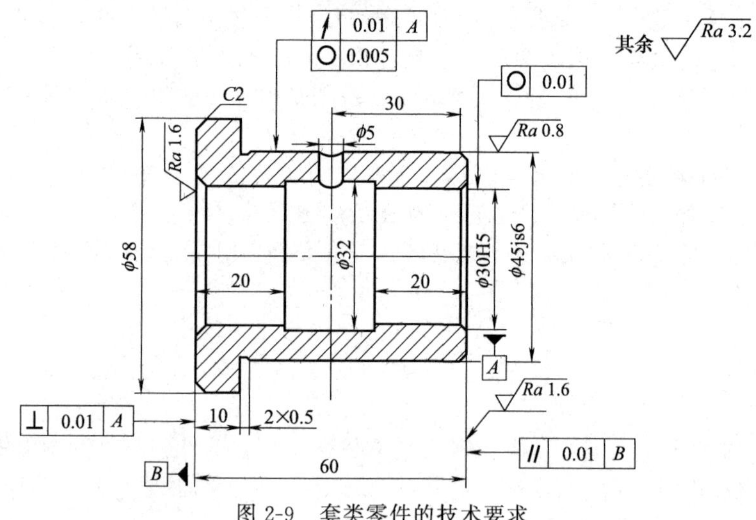

图 2-9　套类零件的技术要求

① 尺寸精度。指套的主要内、外回转表面等尺寸应达到的要求。

② 形状精度。指套的外圆与内孔表面的圆度、圆柱度等。

③ 位置精度。指套的各表面之间的相互位置精度，如径向跳动、端面跳动、垂直度及同轴度等。

④ 表面粗糙度。指套的各表面应达到设计要求的表面粗糙度。

3）套类零件加工的特点。套类零件的主要表面是各内圆表面。车削内圆要比车削外圆困难得多，原因如下。

① 内圆加工是在工件内部进行的，不易观察切削情况，尤其是当孔很小时，根本看不见内部的情况。

② 刀杆刚度差。车孔刀杆由于受孔径的限制，不能做得太粗，又不能太短。特别是直径小而长的孔，刀杆刚度差的情况更突出。

③ 排屑和冷却困难。

④ 当工件壁厚较薄时，容易因装夹和车削产生变形。

⑤ 圆柱孔的测量比外圆困难得多。

(3) 盘类零件的车削工艺分析

盘类零件是指直径尺寸相对长度尺寸较大的工件。

1）零件图分析　盘类零件的毛坯一般是锻件或气割件，所以应先安排退火处理，提高切削加工性能。盘面的平面度是盘类零件的重要技术指标，在加工过程中要注意保证。

2）车削盘类零件的注意事项

① 车削时需分粗车、精车两个阶段加工工件的各加工表面，以保证各表面的位置精度。

② 根据工件的形状、工艺要求来选择刀具的材料、刀具的几何角度和切削用量范围。

③ 确定工艺过程和编制加工步骤。在确定车削步骤时，要根据工件的不同结构和装夹方式来安排。对于锻件毛坯，平面应分几次车削，以免“误差复映”现象影响工件的平面度。对有中凹要求的平面，应在编程时利用编程保证工件的形状精度。

2.3　零件的定位与装夹

使工件在机床上或夹具中占有正确位置的过程称为定位。使工件在机床上占有正确位置并将工件夹紧的过程，称为工件的装夹。

与普通车床的车削加工一样，数控车削加工时，也必须保证所需加工的零件在车削加工前后，在数控车床或夹具中都能占有同一位置。在工件的机械加工工艺过程中，合理地选择定位基准并实施合理的装夹对保证工件的尺寸精度和相互位置精度起重要的作用。

2.3.1　工件定位的原理及装夹的要求

工件的定位是通过工件的定位基准与通用或专用夹具中的定位元件接触来实现的，工件的夹紧通过夹紧装置来固定工件，使其保持正确的位置。当切削加工时，不使零件因切削力的作用而产生位移，从而保证零件的加工质量。

由于加工零件外形结构、生产批量、技术要求不同，因此，所用的定位及夹紧方式也有所不同。

(1) 六点定位原理及要求

工件的定位原理是按工件的加工要求，用定位元件限制影响加工精度的自由度，使工件得到正确的加工位置，而确定工件位置总的原则是按照六点定位原理来设计、布置的。

由六点定位原理可知：在空间处于自由状态的刚体，有六个自由度，如图 2-10 所示。即沿着 X、Y、Z 三个坐标轴的移动，和绕着这三个坐标轴的转动。因此，要使这个物体在空间占有一定的位置，就必须消除这六个自由度。也就是说，当工件在夹具内定位时，必须限制这六个自由度，才能使工件正确地定位。

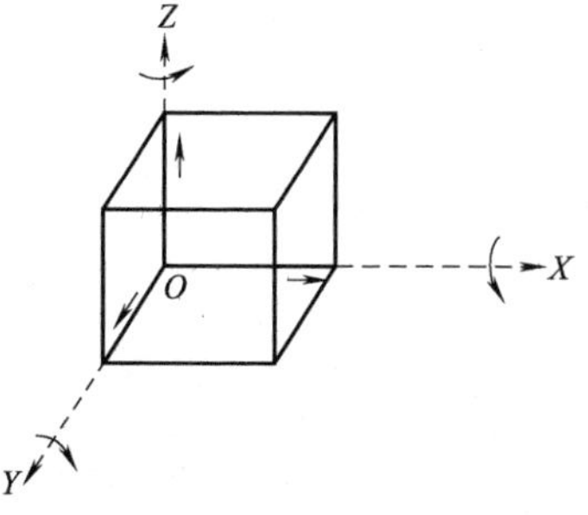

图 2-10　物体在空间的六个自由度

限制工件自由度的典型方法，就是在夹具上按一定规律设置六个支承点，如图 2-11 所示。先把工件平放在 XOZ 平面上，它有三个支承点限制了工件的三个自由度（即绕 X、Z 轴的转动和沿 Y 轴的移动）。再把工件靠紧 YOZ 平面，它有两个支承点，限制了两个自由度（即沿 X 轴的移动和绕 Y 轴的转动）。最后将工件靠向 XOY 平面，它有一个支承点，限制了一个自由度（即沿 Z 轴的移动）。用六个支承点限制工件的六个自由度，使工件在夹具中的位置完全确定，这就是六点定位原理。

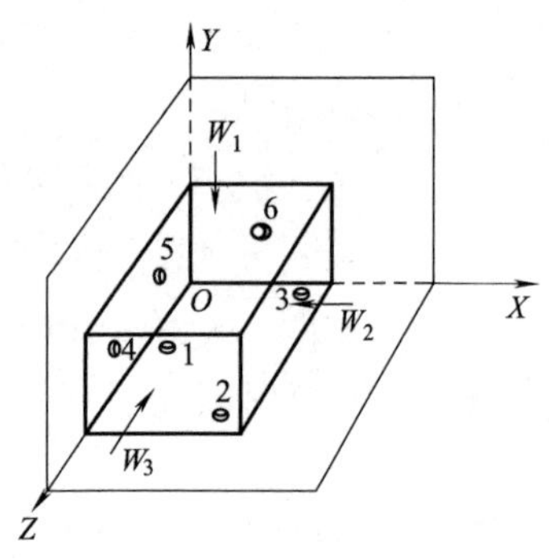

图 2-11　工件的六点定位

如果所用的夹具限制了工件的六个自由度，则这种定位叫作工件的完全定位。但是在许多情况下，不需要对工件的所有自由度都限制，只限制那些对加工后位置精度有影响的自由度就可以了，这样的定位叫作工件的不完全定位。采用不完全定位可简化夹具的结构。

如果一个定位结构所限制工件的自由度，没有完全包括必须限制的自由度，就会发生工件定位的不足，这种现象叫作欠定位。欠定位不能满足工件加工的要求，这种现象不允许出现。

如果限制的自由度超过了六点，就会有某个方向的自由度经过了重复限制，这种情况就叫作过定位。过定位也不会使工件得到正确的定位。因为同批工件在夹具中被先后夹紧定位之后，不可能得到确定一致的位置，从而引起工件变形，或者出现应该接触的定位面而没有接触的情况。这样工件的位置就不稳固，加工质量也得不到保证。

在工件的定位及相关夹具的设计中，提倡不完全定位，不允许出现欠定位，最好不出现过定位（对于采用精基准定位的较高坯料质量工件的加工定位，适当的过定位是允许的）。

(2) 夹紧的基本要求

工件定位后被固定，使其在加工过程中保持定位位置不变的操作，称为夹紧。夹具中使工件在加工过程中保持定位位置不变的装置，称为夹紧装置。

不论采用何种夹紧装置，在工件的夹紧过程中，必须满足以下基本要求。

① 保证加工精度，即夹紧时不能破坏工件的定位准确，夹紧后，应保证工件在加工过程中的位置不发生变化，夹紧准确、安全、可靠，并使工件在加工过程中不产生振动和工件的受压面积最小。

② 夹紧机构操作时安全省力、迅速方便，以减轻工人劳动强度，缩短辅助时间，提高生产效率。夹紧时，夹紧力的方向应符合下列基本要求。

第一，夹紧力的方向应尽可能垂直于主要定位基准面。这样可使夹紧稳定可靠，保证加工精度。

第二，夹紧力方向应尽可能与切削力、工件重力方向一致，使夹紧更为牢固。

③ 夹紧力的大小要适当，过大会造成工件变形；过小会使工件在加工过程中的位置发生变化，破坏工件的定位。夹紧力的作用点应符合下列原则。

第一，应尽可能地落在主要定位面上，以保证夹紧稳定可靠。

第二，应与支承件对应，并尽量作用在工件刚性好的部位，如图 2-12 所示。

第三，应尽量靠近加工表面，防止切削时工件产生振动。如无法靠近，则应采用辅助支承，防止工件产生变形，如图 2-13 所示。

④ 手动夹紧机构要有自锁作用，即原始作用力消除后，工件仍能保持夹紧状态而不会松开。

⑤结构简单、紧凑，并具有足够的刚度。

2.3.2　定位基准的选择

定位基准有粗基准和精基准两种。毛坯在开始加工时，都是以未加工的表面定位的，这种

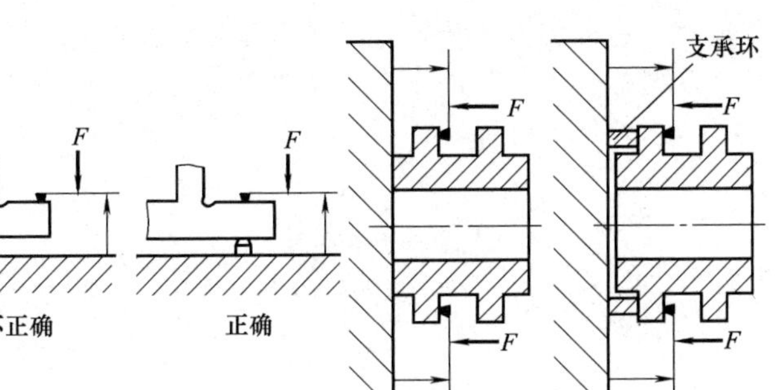

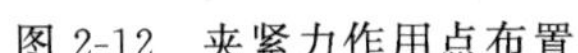

图 2-12 夹紧力作用点布置

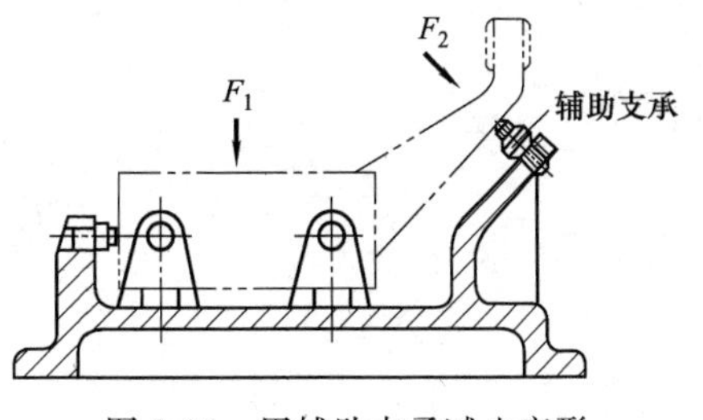

图 2-13 用辅助支承减少变形

基准面称为粗基准；用已加工后的表面作为定位基准面称为精基准。

(1) 粗基准的选择

选择粗基准时，必须要达到以下两个基本要求：其一，应保证所有加工表面都有足够的加工余量；其二，应保证工件加工表面和不加工表面之间具有一定的位置精度。粗基准的选择原则如下。

① 当加工表面与不加工表面有位置精度要求时，应选择不加工表面为粗基准。如图 2-14 所示的手轮，因为铸造时有一定的形位误差，在第一次装夹车削时，应选择手轮内缘的不加工表面作为粗基准，加工后就能保证轮缘厚度 a 基本相等，如图 2-14（a）所示。如果选择手轮外圆（加工表面）作为粗基准，加工后因铸造误差不能消除，使轮缘厚薄明显不一致，如图 2-14（b）所示。也就是说，车削前应该找正手轮内缘，或用三爪自定心卡盘反撑在手轮的内缘上进行车削。

② 对所有表面都需要加工的工件，应根据加工余量最小的表面找正，这样不会因位置的偏移而造成余量太少的部位加工不出来。

如图 2-15 所示的台阶轴是锻件毛坯，A 段余量较小，B 段余量较大，粗车时应找正 A 段，再适当考虑 B 段的加工余量。

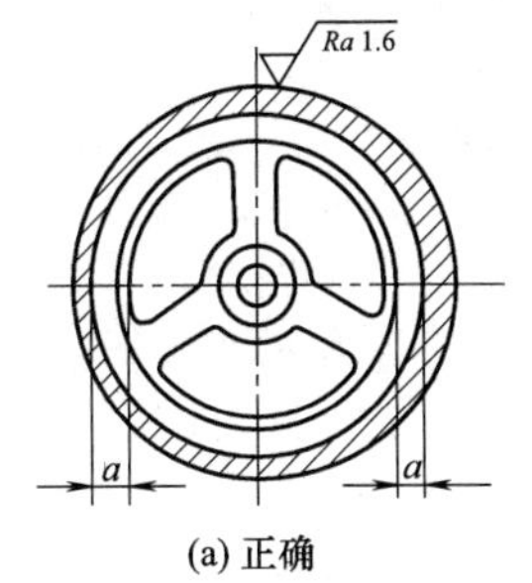

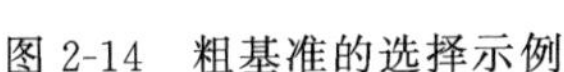

图 2-14 粗基准的选择示例

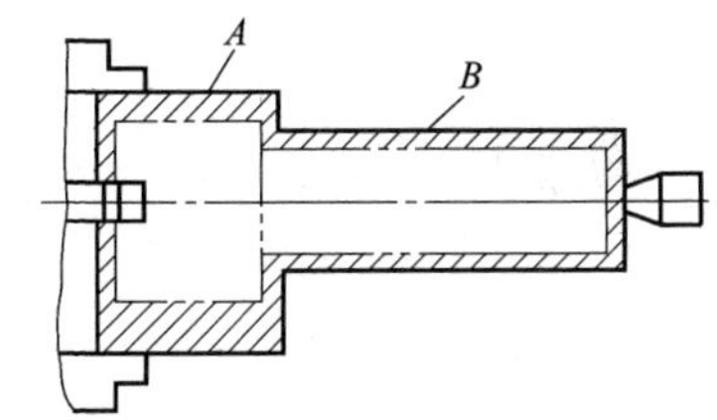

图 2-15 根据余量小的表面找正

③ 应选用工件上强度、刚性好的表面作为粗基准，否则会将工件夹坏或松动。

④ 粗基准应选择平整光滑的表面，铸件装夹时应让开浇冒口部分。

⑤ 粗基准不能重复使用。

(2) 精基准的选择

精基准的选择原则如下。

① 尽可能采用设计基准或装配基准作为定位基准。一般的套、齿轮坯和带轮，精加工时一般利用心轴以内孔作为定位基准来加工外圆及其他表面［如图 2-16（a）～图 2-16（c）所示］。在车配三爪自定心卡盘法兰时［如图 2-16（d）所示］，一般先车好内孔和螺纹，然后把它安装在主

轴上再车配安装三爪自定心卡盘的凸肩和端面。这种加工方法，定位基准与装配基准重合，使装配精度容易达到满意的结果。应该说明的是：图 2-16 中“⌐√⌐”为定位基准符号。

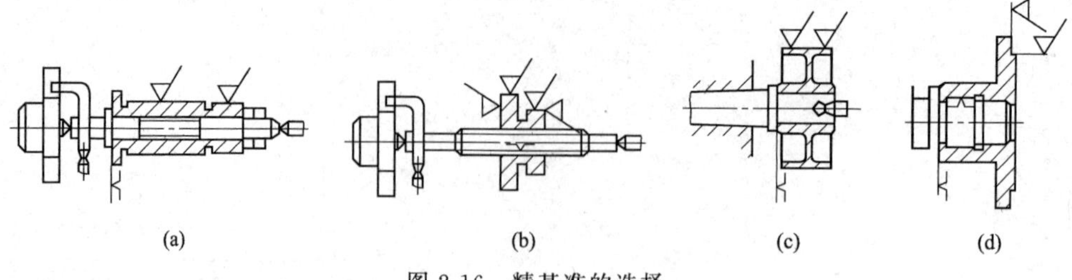

图 2-16　精基准的选择

② 尽可能使定位基准和测量基准重合。如图 2-17（a）所示的套，A 和 B 之间的长度公差为±0.1mm，测量基准面为 A。如图 2-17（b）所示心轴加工时，因为轴向定位基准是 A 面，这样定位基准跟测量基准重合，使工件容易达到长度公差要求。如图 2-17（c）用 C 面作为长度定位基准，由于 C 面与 A 面之间也有一定误差，这样就产生了间接误差，一旦误差累计后，很难保证（40±0.1)mm 的要求。

③ 尽可能使基准统一。除第一道工序外，其余加工表面尽量采用同一个精基准，因为基准统一后，可减少定位误差，提高加工精度，使装夹方便。如一般轴类工件的中心孔，在车、铣、磨等工序中，始终用它作为精基准。又如齿轮加工时，应先把内孔加工好，然后始终以孔作为精基准。必须指出，当本原则与上述原则②相抵触而不能保证加工精度时，就必须放弃这个原则。

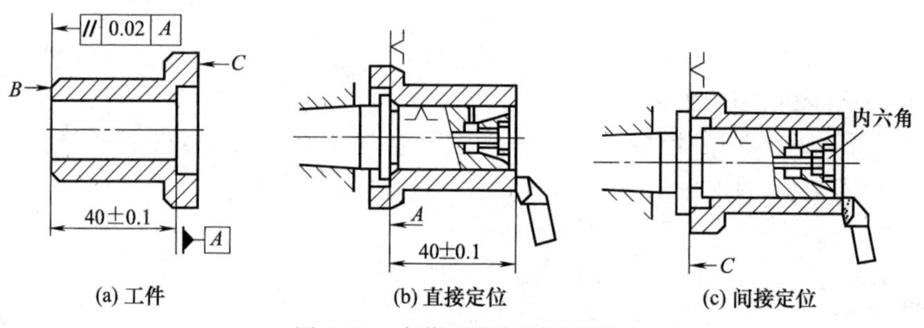

图 2-17　定位基准与测量基准

④ 选择精度较高、形状简单和尺寸较大的表面作为精基准。这样可以减少定位误差，使定位稳固，还可使工件减少变形。如图 2-18（a）所示的内圆磨具套筒，外圆长度较长，形状复杂，在车削和磨削内孔时，应以外圆作为定位精基准。

车内孔和内螺纹时，应一端用软卡爪夹住，以外圆作为精基准，如图 2-18（b）所示。磨削两端内孔时，把工件安装在如图 2-18（c）所示的 V 形块中，同样以外圆作为精基准。

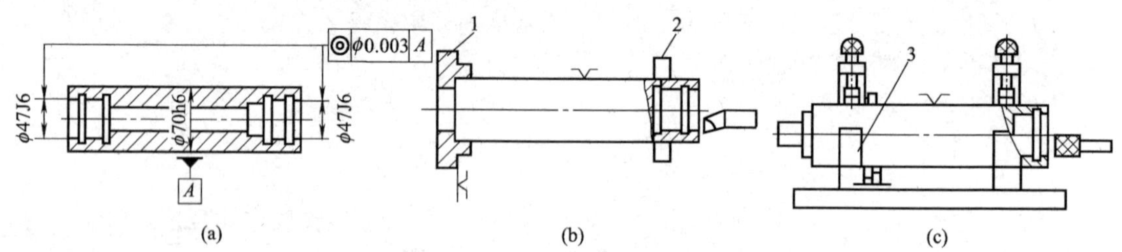

图 2-18　内圆磨具套筒精基准的选择

1—软卡爪；2—中心架；3—V 形块

又如内孔较小、外径较大的V带轮，就不能以内孔安装在心轴上车削外圆上的V形槽。这是因为心轴刚度不够，容易引起振动［如图2-19（a）所示］，切削用量无法提高。因此车削直径较大的V带轮时，可采用图2-19（b）所示的反撑的方法，使内孔和各条V形槽在一次装夹中加工完毕，或先把外圆、端面及V形槽车好后，装夹在软爪中以外圆为精基准加工内孔，如图2-19（c）所示。

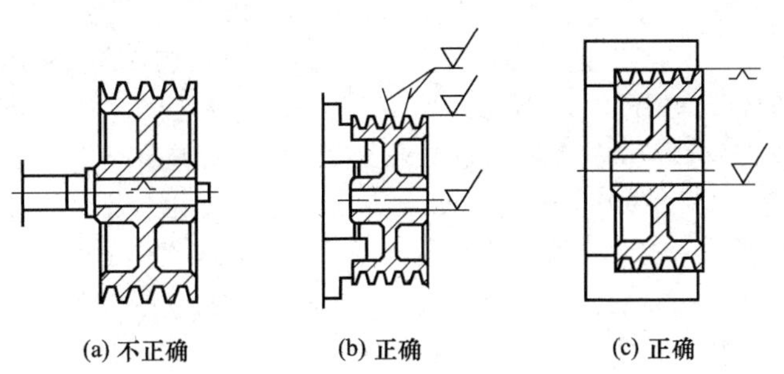

图2-19　车削V带轮时精基准的选择

2.3.3　常见轴及套盘类零件的定位方法

工件的定位，一般应依据零件的形状及精度要求来确定，常见的轴及套类零件的定位基准选择与定位方法主要有以下方面。

(1) 轴类零件的定位基准选择与定位方法

轴类零件通常以自身的外圆柱面作定位基准来定位。按定位元件不同，又有以下几种。

① 自动定心定位。如用三爪自定心卡盘车削轴类零件就是这种定位方式。

② 定位套定位。这种定位方式将定位元件做成定位套（图2-20），工件以外圆柱面作定位基准，在定位套中定位。这种定位方法结构简单，适用于精基准定位。

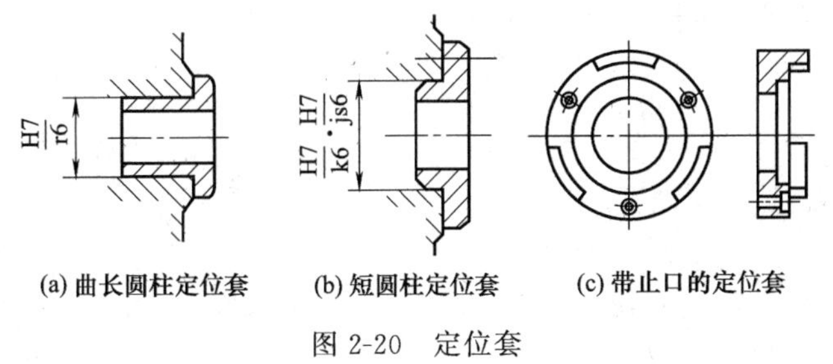

图2-20　定位套

③ 在V形架中定位。V形架是常用的定位元件，如图2-21所示。用V形架对工件外圆柱面定位，具有自动对中的功能，能使工件的定位基准轴线与V形架两斜面的中心平面自动重

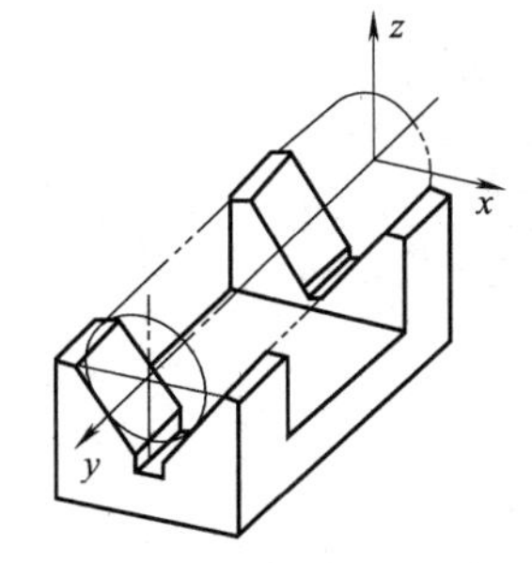

图2-21　工件在V形架中定位

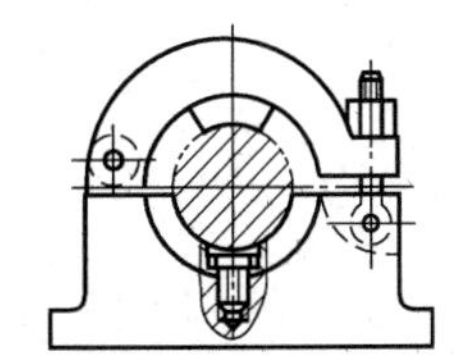

图2-22　工件在半圆孔中定位

合，且不受直径误差的影响（V形架垂直放置）。

④ 在半圆孔中定位。这种定位方法如图2-22所示。定位元件的下半圆起定位作用，上半圆起夹紧作用。由于定位元件与工件表面接触面积大，故不易损伤工件表面，常用于大型轴类及不便于轴向安装的工件的精基准定位。

(2) 套盘类零件的定位基准选择与定位方法

套盘类零件通常以内孔为定位基准，按定位元件不同有以下几种。

① 在圆柱心轴上定位。加工套类零件时，常用工件的孔在圆柱心轴上定位。孔与心轴常用H7/h6或H7/g6配合，如图2-23所示。

② 在小锥度心轴上定位。将圆柱心轴改成锥度很小的锥体（$C=1/1000\sim1/5000$）时，就成为了“小锥度心轴”。工件在小锥度心轴上定位，消除了径向间隙，提高了心轴的定心精度。定位时，工件楔紧在心轴上，靠楔紧产生的摩擦力带动工件，不需要再夹紧，且定心精度高（可达0.005～0.01mm）。缺点是工件在轴向不能定位。适用于工件的定位孔精度较高（IT7以上）的精加工及磨削加工，如图2-24所示。

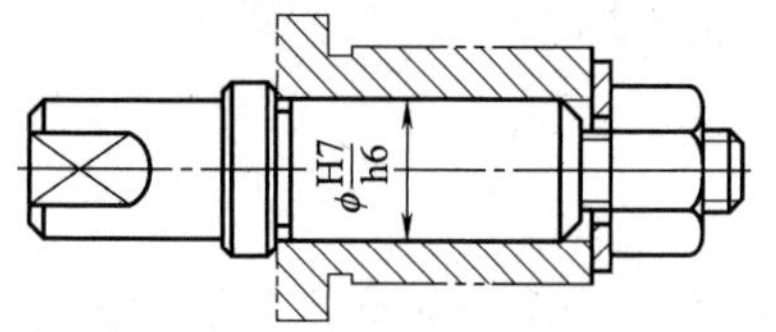

图2-23　工件在圆柱心轴上定位

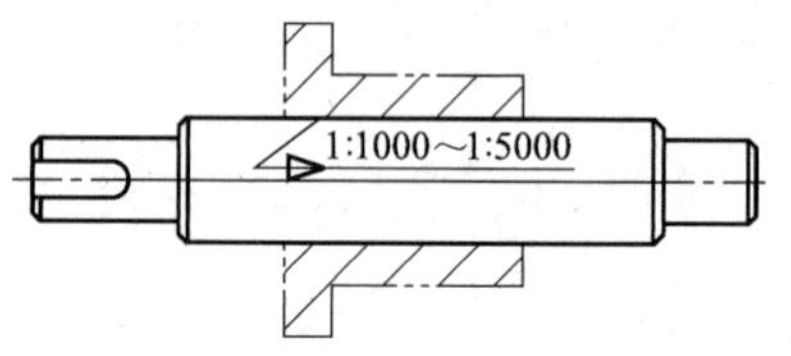

图2-24　小锥度心轴定位

③ 在圆锥心轴上定位。当工件的内孔为圆锥孔时，可用与工件内孔锥度相同的圆锥心轴定位，如图2-25(a)所示。如圆锥半角小于自锁角（锥度$C<1/4$）时，为了便于卸下工件，可在心轴大端配上一个旋出工件的螺母，如图2-25(b)所示。

④ 在螺纹心轴上定位。当工件的内孔是螺孔时，可用螺纹心轴定位。简易螺纹心轴见图2-26(a)。工件旋紧以后，以其端面顶在心轴支承肩面上定位。为了拆卸工件方便，螺纹心轴上装有带旋出工件的螺母，如图2-26(b)所示。

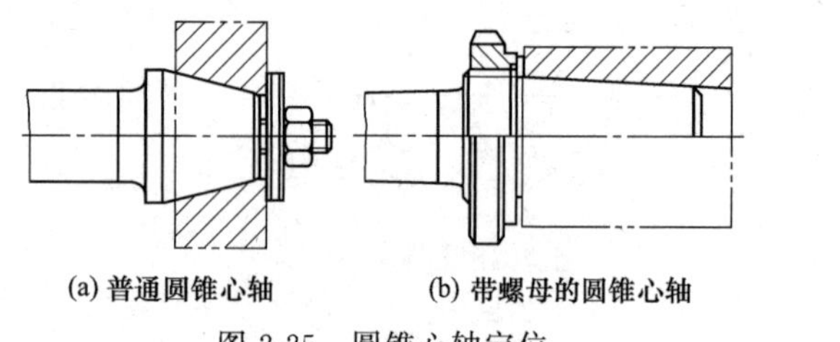
(a) 普通圆锥心轴　(b) 带螺母的圆锥心轴

图2-25　圆锥心轴定位

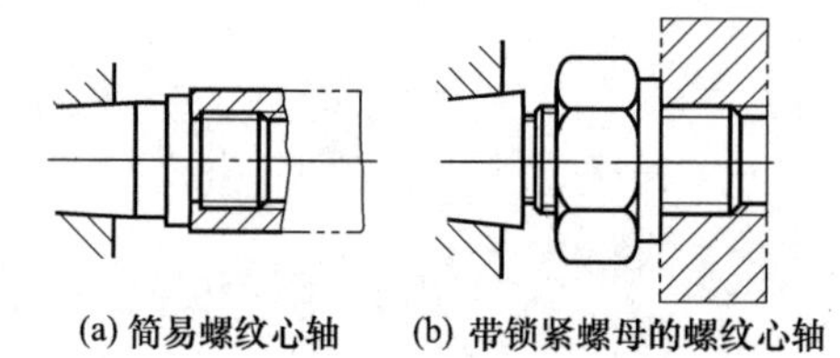
(a) 简易螺纹心轴　(b) 带锁紧螺母的螺纹心轴

图2-26　螺纹心轴定位

⑤ 在花键心轴上定位。带有花键孔的工件，为了保证工件的外圆、端面与花键孔三者之间的位置精度，一般以花键心轴（图2-27）定位车外圆和端面。为了保证定心精度和装卸工件方便，心轴工作部分外圆常制有1/1000～1/5000的锥度。

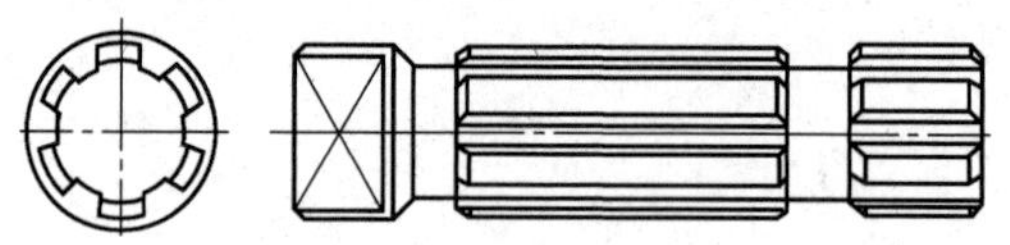
图2-27　花键心轴定位

2.3.4　工件的装夹与找正

与普通车削加工一样，在数控车削操作过程中，专用车床夹具、组合夹具的设计、制造是由专门的工艺人员完成的，其操作、使用也有相应的操作工艺卡指导。因此，对车工来讲，应用最广泛、最应该掌握的还是通用夹具。

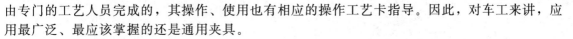

(1) 三爪自定心卡盘

如图 2-28 所示，三爪自定心卡盘是车床上最常用的自定心夹具。它夹持工件时一般不需要找正，装夹速度较快。但在装夹较长的工件时，工件离卡盘夹持部分较远处的旋转中心不一定与车床主轴旋转中心重合，这时必须找正。当三爪自定心卡盘使用时间较长，已失去应有精度，而工件的加工精度又要求较高时，也需要找正。

将三爪自定心卡盘略加改进，还可以方便地装夹方料及其他形状的材料，如图 2-29 所示；同时还可以装夹小直径的圆棒料如图 2-30 所示。

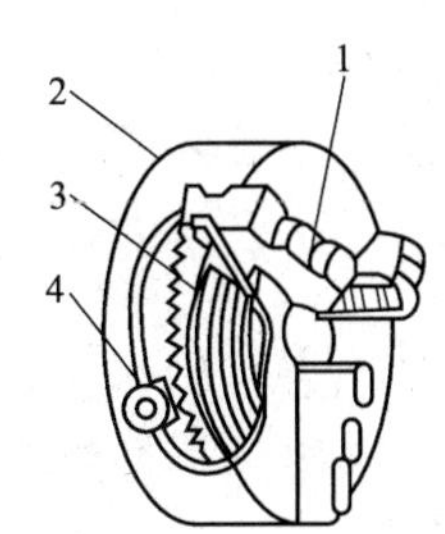

图 2-28　三爪自定心卡盘

1—卡爪；2—卡盘体；
3—锥齿端面螺纹圆盘；4—小锥齿轮

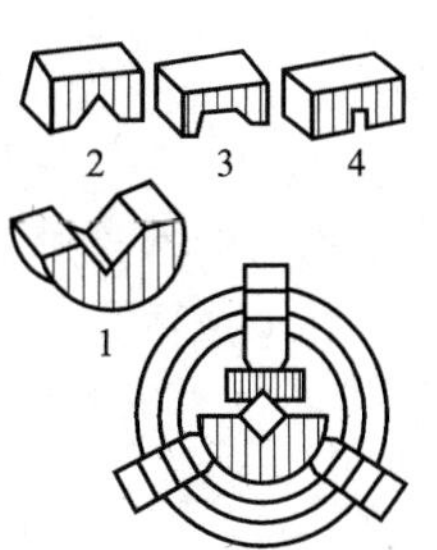

图 2-29　装夹方料

1—带 V 形槽的半圆体；2—带 V 形槽的矩形体；
3,4—带其他形状的矩形件

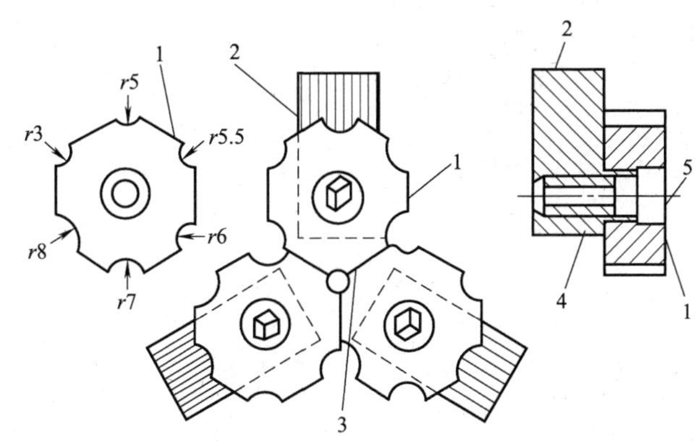

图 2-30　装夹小直径的圆棒料

1—附加软六方卡爪；2—三爪自定心卡盘的卡爪；3—垫片；4—凸起定位键；5—螺栓

(2) 四爪单动卡盘

四爪单动卡盘如图 2-31 所示，是车床上常用的夹具，它适用于装夹形状不规则或大型的工件，夹紧力较大，装夹精度较高，不受卡爪磨损的影响，但装夹不如三爪自定心卡盘方便。装夹圆棒料时，如在四爪单动卡盘内放上一块 V 形块（图 2-32），装夹就快捷多了。

1）装夹操作注意事项

① 应根据工件被装夹处的尺寸调整卡爪，使其相对两爪的距离略大于工件直径即可。

② 工件被夹持部分不宜太长，一般以 10～15mm 为宜。

③ 为了防止工件表面被夹伤和找正工件时方便，装夹位置应垫 0.5mm 以上的铜皮。

④ 在装夹大型、不规则工件时，应在工件与导轨面之间垫放防护木板，以防工件掉下，损坏机床表面。

2）装夹后的找正

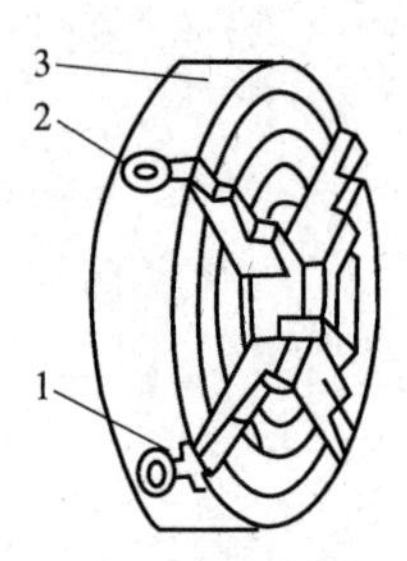

图 2-31　四爪单动卡盘

1—卡爪；2—螺杆；3—卡盘体

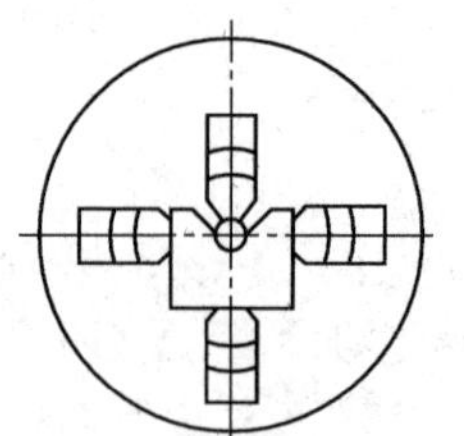

图 2-32　V 形块装夹圆棒料

① 找正操作须知。一是不能同时松开两只卡爪，以防工件掉下；二是灯光视线角度与针尖要配合好，以减小目测误差；三是工件找正后，四爪的夹紧力要基本相同，否则车削时工件容易发生位移；四是找正近卡爪处的外圆，发现有极小的误差时，不要盲目地松开卡爪，可把相对应卡爪再夹紧一点来作微量调整。

② 盘类工件的找正方法（图 2-33）。对于盘类工件，既要找正外圆，又要找正平面［如图 2-33（a）所示 A 点、B 点］。找正 A 点外圆时，用移动卡爪来调整，其调整量为间隙差值的一半，如图 2-33（b）所示；找正 B 点平面时，用铜锤或铜棒敲击，其调整量等于间隙差值，如图 2-33（c）所示。

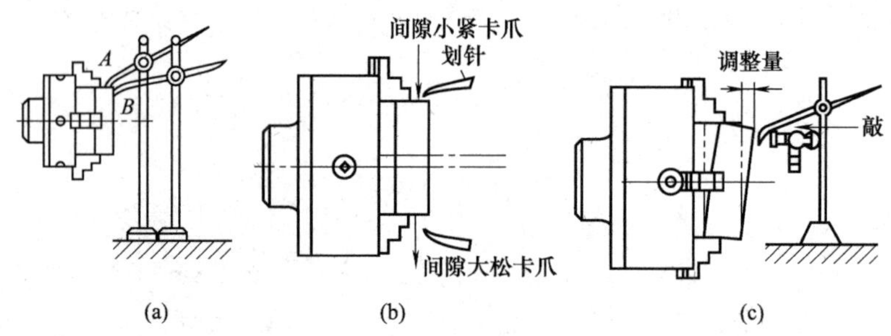

图 2-33　盘类工件找正方法

③ 轴类工件的找正方法（图 2-34）。对于轴类工件通常是找正外圆 A、B 两点。其方法是先找正外圆 A 点，再找正外圆 B 点。找正外圆 A 点时，应调整相应的卡爪，调整方法与盘类工件外圆找正方法一样；而找正外圆 B 点时，采用铜锤或铜棒敲击。

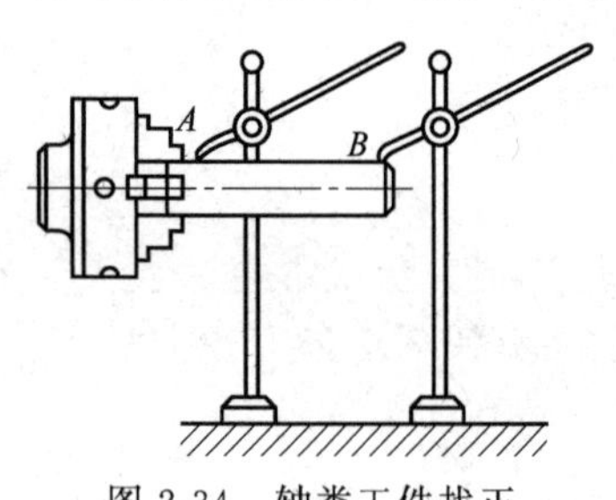

图 2-34　轴类工件找正

④ 找十字线（图 2-35）。先用手转动工件，找正 A（A_1）B（B_1）线；调整划针高度，使针尖通过 AB，然后工件转过 180°。可能出现下列情况：一是针尖仍然通过 AB 线，这表明针尖与主轴中心一致，且工件 AB 线也已经找正，如图 2-35（a）所示；二是针尖在下方与 AB 线相差距离 Δ，如图 2-35（b）所示，这表明划针应向上调整 $\Delta/2$，工件 AB 线向下调整 $\Delta/2$；三是针尖在上方与 AB 线相距 Δ，如图 2-35（c）所示，这时划针应向下调整 $\Delta/2$，AB 线向上调整 $\Delta/2$；工件这样反复调转 180°进行找正，直至划针的针尖通过 AB 线为止。

划针高度调整好后，再找十字线时，就容易得多了。工件上 $A(A_1)$ 和 $B(B_1)$ 线找平后，如在划针针尖上方，工件就往下调；反之，工件就往上调。找十字线时，要十分注意综合考虑，一般应该是先找内端线，后找外端线；如图 2-35 中所示的两条十字线 $A(A_1)$ $B(B_1)$、$C(C_1)$ $D(D_1)$ 要同时找调，反复进行，全面检查，直至找正为止。

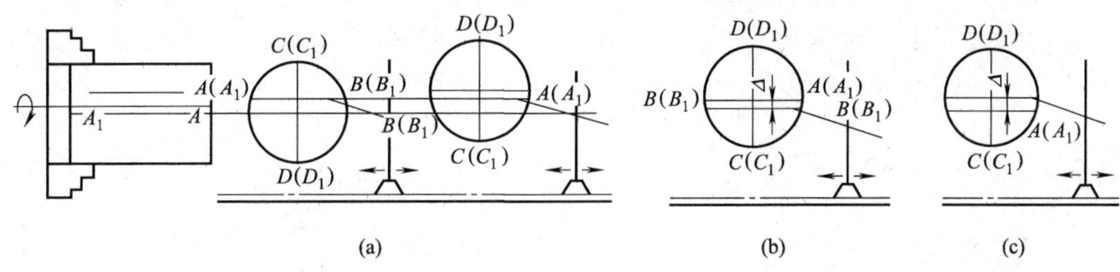

图 2-35　找十字线的方法

⑤ 两点目测找正法。选择四爪单动卡盘正面的标准圆环作为找正的参考基准，如图 2-36 所示；再把对称卡爪上第一个台阶的端点作为目测找正的辅助点，按照"两点成一线"的原理，利用枪支射击瞄准的办法，去目测辅助点 A 与参照基准上的点，把卡盘转过 180°，再与对应辅助点 B 与同一参照基准上的点进行比较，并把它们与同一参照基准两者距离之差的一半作为调整距离，进行调整，反复几次就能把第一对称卡爪校好；同理，可找正另一对相应卡爪。此法经过一段时间的练习，即可在 2～3min 的时间内，使找正精度达到 0.15～0.20mm 的水平。不过这种方法还只适用于精度要求不高的工件或粗加工工件，而对于高精度要求的工件，这种方法只能作为粗找正。

⑥ 百分表、量块找正法。为保证高精度的工件达到要求，采用百分表、量块找正法是较佳的方法，其具体方法如下。

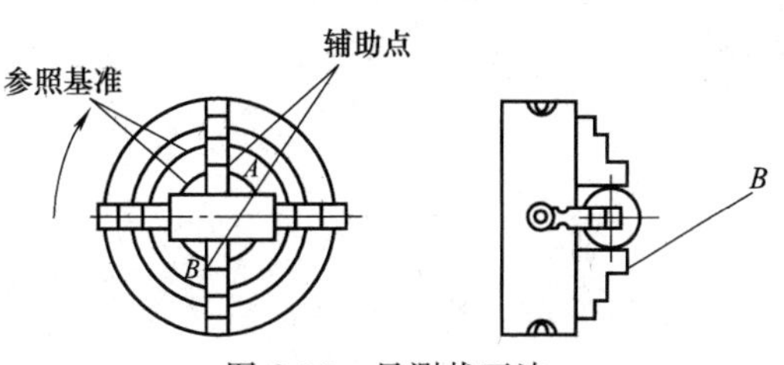

图 2-36　目测找正法

在粗找正结束后，把百分表装夹在中溜板上（图 2-37），向前移动中溜板使百分表表头与工件的回转轴线相垂直，用手转动卡盘至读数最大值，记下中溜板的刻度值和此时百分表的读数值；然后提起百分表表头，向后移动中溜板，使百分表离开工件，退至安全位置；用手把卡盘转 180°，向前移动中溜板，摇到原位（与上次刻度值重合），再转动卡盘到读数最大值，比较对应两点的读数值，若两点的读数值不重合，出现了读数差，则应把其差值除以 2 作为微调量进行微调；若两者读数值重合，则表明工件在这个方向上的回转中心已经与主轴的轴线相重合。应用这种方法，一般只需反复 2～3 次就能使一对卡爪达到要求。同理可找正另一对卡爪。

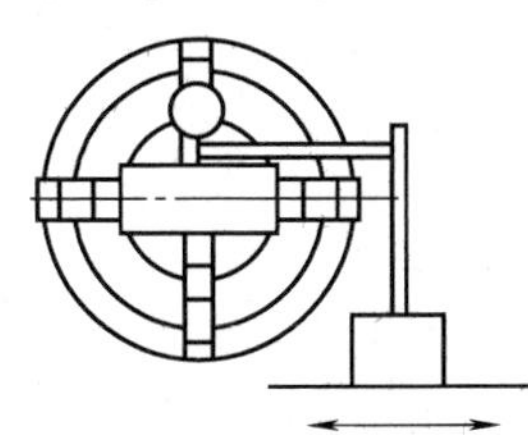

图 2-37　百分表找正法

用四爪单动卡盘找正偏心工件（单件或少量）比三爪自动定心卡盘方便，而且精度高，尤其是在双重偏心工件加工中更能显出优势。一般情况下，工件的偏心矩在 4.5mm 范围以内时，直接运用百分表按上述找正办法即可完成找正工作；而当工件的偏心距大于 4.5mm 时，0～10mm 范围百分表的量程就受到了局限。要解决这个问题，就得借助量块进行辅助，其找正办法与前面百分表找正方法是一致的，所不同的是需垫量块辅助找正处，即要先在工件表面垫上量块，再拉起百分表的表头使其接触，压表范围控制在 1mm 以内，转到最大值。记住读数值，再拉起表头，拿出量块，退出百分表，余下的操作与前述的相同。

(3) 心轴和堵头

车削套类零件时，需要保证内外圆的同轴度要求。一般的工艺路线是先将工件内孔加工好，然后以工件内表面为定位基准加工外圆。这时就需要使用心轴或堵头装夹工件了。

心轴两端有中心孔，将心轴装夹在机床前后顶尖中间，卡头则夹在心轴外圆上进行外圆加工，一般用于较长的套类工件车削或多件磨削，如图 2-38 所示。

对于定位精度要求高的工件，用小锥度心轴装夹工件，心轴锥度为 1∶1000～1∶1500，如图 2-39 所示。这种心轴制造简单，定位精度高，靠工件装在心轴上所产生的弹性变形来定位并胀紧工件。缺点是承受切削力小，装夹工件不太方便。

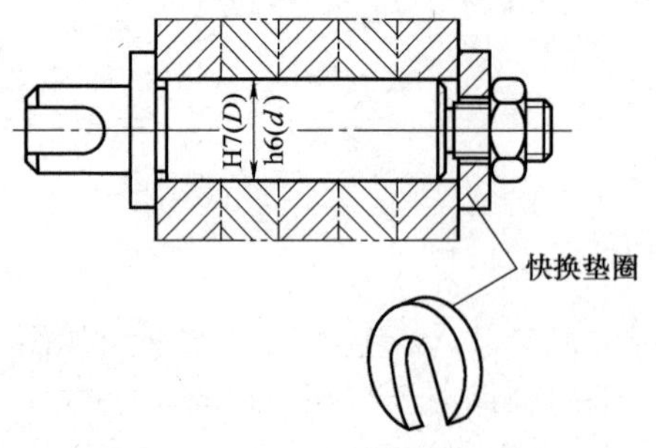

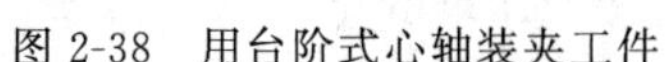

图 2-38 用台阶式心轴装夹工件

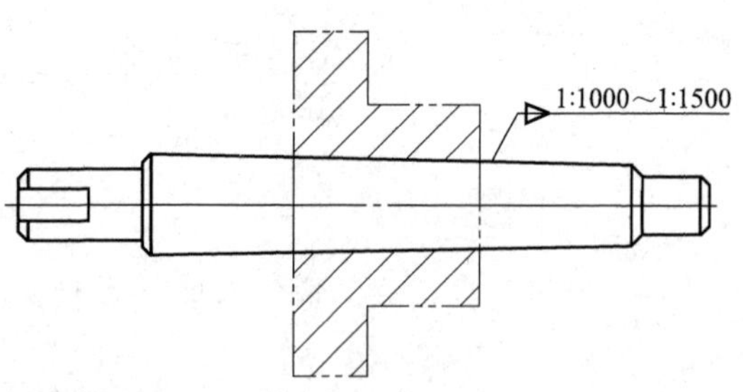

图 2-39 用小锥度心轴装夹工件

用胀力心轴装夹工件的情况如图 2-40 所示。胀力心轴依靠材料弹性变形所产生的胀力来夹紧工件，由于装夹工件方便，定位精度高，使用广泛。

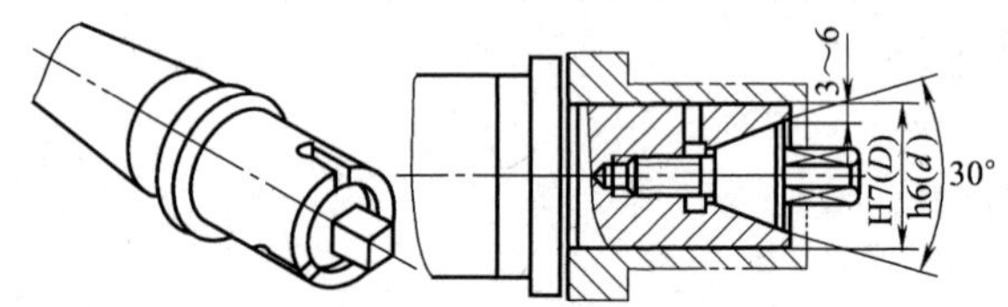

图 2-40 用胀力心轴装夹工件

加工较长的空心工件时，不便使用心轴装夹，可在工件两端装上堵头，如图 2-41 所示。堵头上有中心孔，左端的堵头 1 压紧在工件孔中，右端堵头 2 以圆锥面紧贴在工件锥孔中，堵头上的螺纹供拆卸时用。

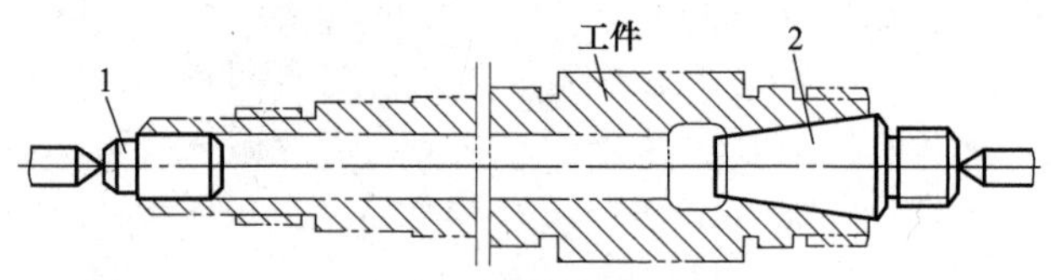

图 2-41 圆柱、圆锥堵头

如图 2-42 所示的法兰盘式堵头，适用于两端孔径较大的工件。

如图 2-43 所示为可胀式中心孔柱塞。通过螺母 3 推动可胀套 2 沿圆锥塞体轴向移动，在圆锥面的作用下，可胀套 2 径向胀开，从而夹紧工件。该夹具适用于套筒类零件，或两端孔径较大的轴类零件加工。

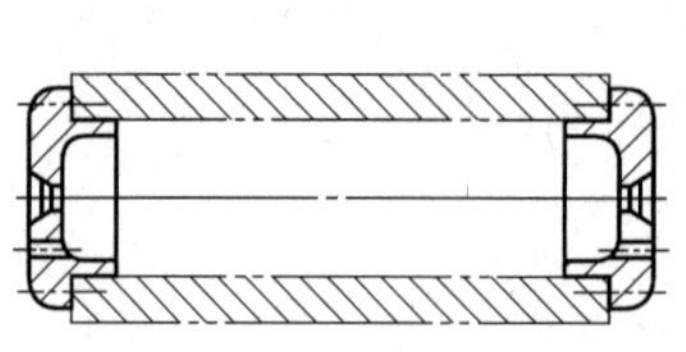

图 2-42 法兰盘式堵头

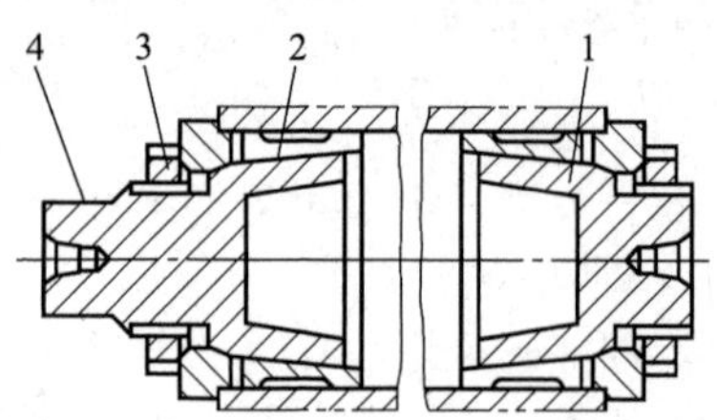

图 2-43 可胀式中心孔柱塞

1—组合塞；2—可胀套；3—圆螺母；4—圆锥塞体

(4) 通用夹具

常用的通用夹具类型有：顶尖、卡头、卡盘、心轴、拨盘、花盘等，各类型的结构及使用特点主要有以下方面。

1）顶尖　顶尖一般与卡头拨盘配合使用，顶尖与工件上的中心孔定位，卡头夹住工件的一端，拨盘与机床主轴连接，并通过拨杆带动卡头和工件转动。常用顶尖的类型如下。

① 固定顶尖。固定顶尖一般固定在机床上，工件的中心孔与顶尖接触并相对转动，其形式与结构参数如图 2-44 所示。

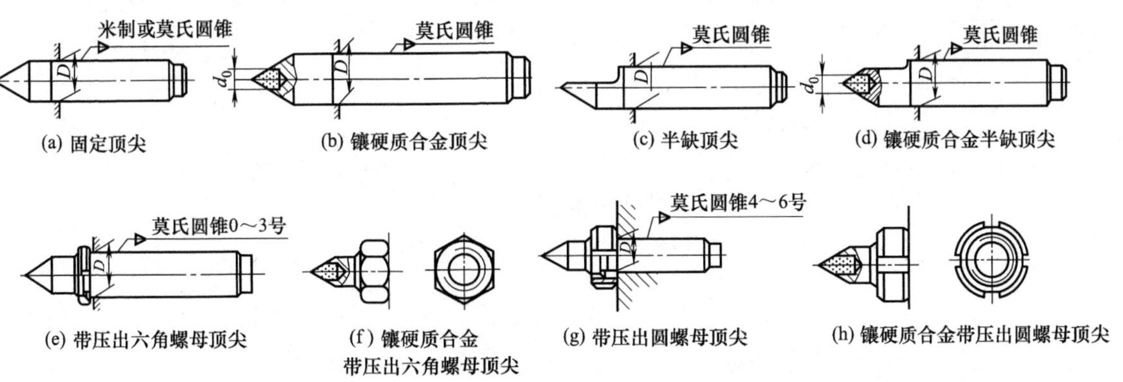

图 2-44　固定顶尖的形式与规格尺寸

② 回转顶尖。回转顶尖具有转动功能，其结构形式如图 2-45 所示。

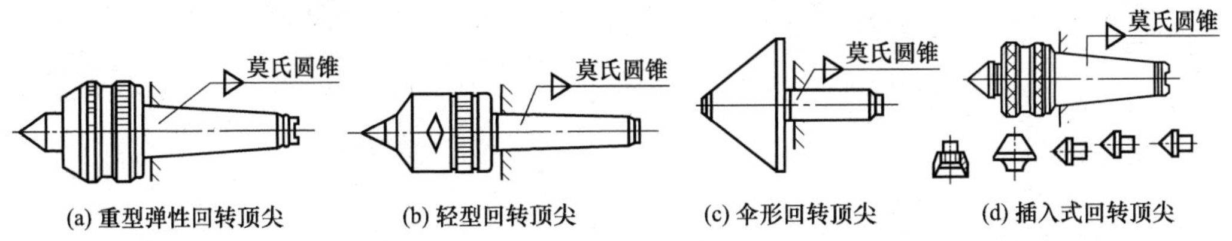

图 2-45　回转顶尖

③ 内拨顶尖。内拨顶尖的外锥面上开有沟槽，与工件上的内锥面接触精度高，其结构形式如图 2-46 所示。

④ 夹持式内拨顶尖。夹持式内拨顶尖是削边的圆柱柄，锥面同内拨顶尖，其结构形式如图 2-47 所示。

图 2-46　内拨顶尖

图 2-47　夹持式内拨顶尖

⑤ 外拨顶尖。外拨顶尖的内锥面上开有槽，与工件的外锥面接触，其结构形式如图 2-48 所示。

2）卡头　卡头用来夹紧工件，在拨盘或拨杆的带动下使工件旋转，其类型主要有鸡心卡头、卡环、夹板和快换卡头。

① 鸡心卡头。鸡心卡头夹紧工件的形式和结构参数如图 2-49 所示。

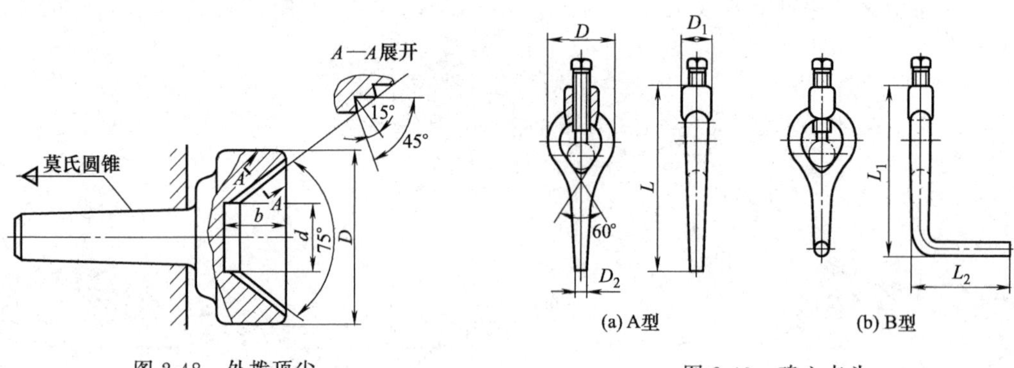

图 2-48　外拨顶尖

图 2-49　鸡心卡头

② 卡环。卡环夹紧工件的形式和结构参数如图 2-50 所示。

③ 夹板。夹板夹紧工件的形式和结构参数如图 2-51 所示。

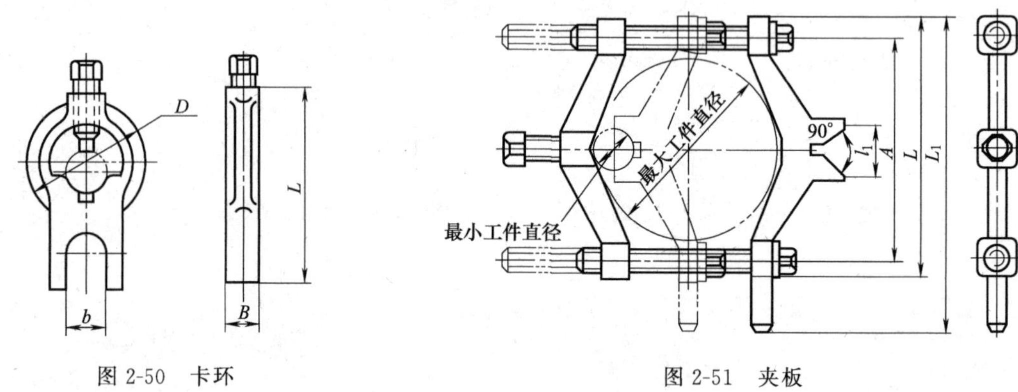

图 2-50　卡环

图 2-51　夹板

2.4　数控车削刀具的确定

在数控车削加工中，产品质量和劳动生产率在相当大的程度上受到刀具的制约。虽然数控车削的切削原理与普通车床基本相同，但由于数控加工特性的要求，在刀具的选择上，特别是切削部分的几何参数，对刀具的形状就须做到特别的处理，才能满足数控车床的加工要求，充分发挥数控车床的效益。

(1) 数控车床对刀具的要求

1）刀具性能

① 强度高。为适应刀具在粗加工或对高硬度材料的零件加工时，能大切深和快进给，要求刀具必须具有较高的强度；对于刀杆细长的刀具（如深孔车刀），还应有较好的抗振性能。

② 精度高。为适应数控加工的高精度和自动换刀等要求，刀具及其刀夹都必须具有较高的精度。

③ 切削和进给速度高。为提高生产效率并适应一些特殊加工的需要，刀具应能满足高切削速度的要求。如采用聚晶金刚石复合车刀加工玻璃或碳纤维复合材料时，其切削速度高达 100m/min 以上。

④ 可靠性高。为保证数控加工中不会因发生刀具意外损坏及潜在缺陷而影响到加工的顺利进行，要求刀具及与之组合的附件必须具有很好的可靠性和较强的适应性。

⑤ 使用寿命高。刀具在切削过程中的不断磨损，会造成加工尺寸的变化，伴随刀具的磨

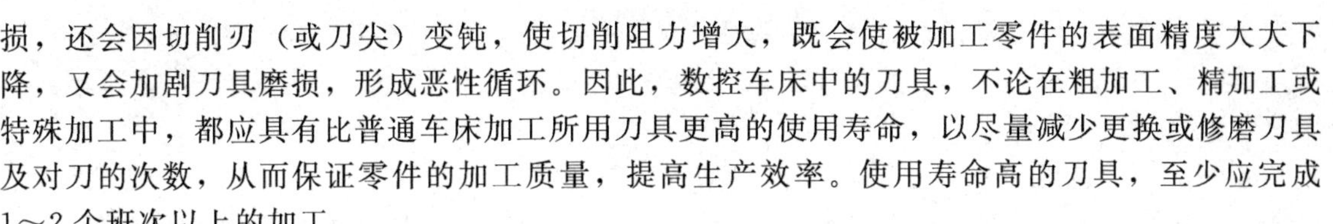

损，还会因切削刃（或刀尖）变钝，使切削阻力增大，既会使被加工零件的表面精度大大下降，又会加剧刀具磨损，形成恶性循环。因此，数控车床中的刀具，不论在粗加工、精加工或特殊加工中，都应具有比普通车床加工所用刀具更高的使用寿命，以尽量减少更换或修磨刀具及对刀的次数，从而保证零件的加工质量，提高生产效率。使用寿命高的刀具，至少应完成1～2个班次以上的加工。

⑥ 断屑及排屑性能好。有效地进行断屑及排屑的性能，对保证数控车床顺利、安全地运行具有非常重要的意义。

如果车刀的断屑性能不好，车出的螺旋形切屑就会缠绕在刀头、工件或刀架上，既可能损坏车刀（特别是刀尖），还可能割伤已加工的表面，甚至会发生伤人和设备事故。因此，数控车削加工所用的硬质合金刀片上，常常采用三维断屑槽，以增大断屑范围，改善断屑性能。另外，车刀的排屑性能不好，会使切屑在前刀面或断屑槽内堆积，加大切割刃（刀尖）与零件间的摩擦，加快其磨损，降低零件的表面质量，还可能产生积屑瘤，影确车刀的切削性能。故应常对车刀采取减小前刀面（断屑槽）的摩擦因数等处理措施（如特殊涂层处理及改善刃磨效果等）。对于内孔车刀，需要时还可以考虑从刀体或刀杆的里面引入冷却液，并具有从刀头附近喷出的冲排切屑的结构。

2）刀具材料　刀具材料是指刀具切削部分的材料。金属切削时，刀具切削部分直接和工件及切屑相接触，承受着很大的切削压力和冲击，并受到工件及切屑的剧烈摩擦，产生很高的切削温度，也就是说刀具切削部分是在高温、高压及剧烈摩擦的恶劣条件下工作的。

① 基本性能

a. 高硬度。刀具材料的硬度必须高于被加工工件材料的硬度。否则在高温高压下，就不能保持刀具锋利的几何形状，这是刀具材料应具备的最基本的性能。高速钢的硬度为63～70HRC。硬质合金的硬度为89～93HRA。

b. 足够的强度和韧度。刀具切削部分的材料在切削时要承受很大的切削力和冲击力。例如，车削45钢时，当背吃刀量 $a_p=4\text{mm}$，进给量 $f=0.5\text{mm/r}$ 时，刀片要承受约4000N的切削力。因此，刀具材料必须要有足够的强度和韧度。

c. 高的耐磨性和耐热性。刀具材料的耐磨性是指抵抗磨损的能力。一般来说，刀具材料硬度越高，耐磨性也越好。刀具材料的耐磨性还和金相组织有关，金相组织中碳化物越多，颗粒越细，分布越均匀，其耐磨性也就越高。

刀具材料的耐磨性和耐热性也有着密切的关系。耐热性通常用它在高温下保持较高硬度的性能来衡量，即高温硬度，或叫“热硬性”。高温硬度越高，表示耐热性越好，刀具材料在高温时抗塑变的能力和耐磨损的能力也就越强。耐热性差的刀具材料，由于高温下硬度显著下降而会很快磨损乃至发生塑性变形，丧失其切削能力。

d. 良好的导热性。导热性好的刀具材料，其耐热冲击和抗热龟裂的性能也都能增强，这种性能对采用脆性刀具材料进行断续切削，特别是在加工导热性能差的工件时显得非常重要。

e. 良好的工艺性。为了便于制造，要求刀具材料有较好的可加工性，包括锻压、焊接、切削加工、热处理和可磨性等。

f. 较好的经济性。经济性是评价新型刀具材料的重要指标之一，也是正确选用刀具材料、降低产品成本的主要依据之一。刀具材料的选用应结合我国资源状况，以降低刀具的制造成本。

g. 抗粘接性和化学稳定性。刀具材料应具备较高的抗粘接性和化学稳定性。

② 刀具材料的类型。在金属切削领域中，金属切削机床的发展和刀具材料的开发具有相辅相成的关系。刀具材料的发展在一定程度上推动着金属切削加工技术的进步。刀具材料从碳素工具钢到今天的硬质合金和超硬材料（陶瓷、立方氮化硼、聚晶金刚石等）的出现，都是随机床主轴转速的提高、功率的增大、主轴精度的提高、机床刚性的增强而逐步发展的。同时，

新的工程材料的不断出现，也对切削刀具材料的发展起到了促进作用。

目前金属切削工艺中应用的刀具材料主要是：高速钢刀具、硬质合金刀具、陶瓷刀具、立方氮化硼刀具和聚晶金刚石刀具。

a. 高速钢。高速钢可以承受较大的切削力和冲击力。并且高速钢还具有热处理变形小、可锻造、易磨出较锋利的刃口等优点，特别适合于制造各种小型及形状复杂的刀具，如成型车刀和螺纹刀具等。高速钢已从单纯的 W 系列发展到了 WMo 系、WMoAl 系、WMoCo 系，其中 WMoAl 系是我国独创的品种。同时，由于高速钢刀具热处理技术的进步以及成型金属切削工艺的发展，高速钢刀具的热硬性、耐磨性和表面涂层质量都得到了很大的提高和改善。因此，高速钢仍是数控车床选用的刀具材料之一。

b. 硬质合金。硬质合金高温碳化物的含量已超过高速钢，具有硬度高（大于 89HRA）、熔点高、化学稳定性好和热稳定性好等特点，切削效率是高速钢刀具的 5～10 倍。但硬质合金韧度差、脆性大，承受冲击和振动的能力低。硬质合金现在仍是主要的刀具材料。常用的牌号有以下几种。

钨钴类硬质合金（YG），如 YG3、YG3X、YG6、YG6X、YG8、YG8C 等，其中的数字代表 Co 的百分含量，X 代表细颗粒，C 代表粗颗粒。此类硬质合金强度好，但硬度和耐磨性较差，主要用于加工铸铁及有色金属。钨钴类硬质合金中 Co 含量越高，韧度越好，适合粗加工，而含 Co 量少者用于精加工。

钨钛钴类硬质合金（YT），如 YT5、YT14、YT15、YT30 等，数字代表 TiC（碳化钛）的含量。此类硬质合金硬度、耐磨性、耐热性都明显提高，但其韧度、抗冲击振动性能差，主要用于加工钢料。钨钛钴类硬质合金中含 TiC 量多的，含 Co 量少的，耐磨性好，适合精加工；含 TiC 量少，含 Co 量多的，承受冲击性能好，适合粗加工。

通用硬质合金（YW）。这种硬质合金是在上述两类硬质合金基础上，添加某些碳化物使其性能提高的。如在钨钴类硬质合金（YG）中添加 TaC（碳化钽）或 NbC（碳化铌），可细化晶粒，提高其硬度和耐磨性，而韧度不变，还可以提高合金的高温硬度、高温强度和抗氧化能力，如 YG6A、YG8N、YG8P3 等。在钨钛钴类硬质合金（YT）中添加某些合金可提高抗弯强度、冲击韧度、耐热性、耐磨性及高温强度和抗氧化能力等，既可用于加工钢料，又可用于加工铸铁和有色金属，被称为通用合金。

碳化钛基硬质合金（YN），又称金属陶瓷。碳化钛基硬质合金的主要特点是硬度高达 90～95HRA，有较好的耐磨性，有较好的耐热性与抗氧化能力，在 1000～1300℃高温下仍能进行切削，切削速度可达 300～400m/min。适合高速精加工合金钢、淬火钢等。该硬质合金缺点是抗塑变性能差，抗崩刃性能差。

c. 陶瓷。近几年来，陶瓷刀具无论在品种方面，还是在使用领域方面都有较大的发展。一方面由于高硬度难加工材料的不断增多，迫切需要解决刀具寿命问题。另一方面也是由于钨资源的日渐缺乏，钨矿的品位越来越低，而硬质合金刀具材料中要大量使用钨，这在一定程度上也促进了陶瓷刀具的发展。

陶瓷刀具是以 Al_2O_3（氧化铝）或以 Si_3N_4（氮化硅）为基体再添加少量的金属，在高温下烧结而成的一种刀具材料。其硬度可达 91～95HRA，耐磨性比硬质合金高十几倍，适用于加工冷硬铸铁和淬火钢。陶瓷刀具具有良好的抗粘性能，它与多种金属的亲和力小，化学稳定性好，即使在熔化时与钢也不起化合作用。

陶瓷刀具最大的缺点是脆性大、抗弯强度和冲击韧度低、热导率差。近几十年来，人们在改善陶瓷材料的性能方面作了很大努力。主要措施是：提高原材料的纯度、亚微细颗粒、喷雾制粒、真空加热、热压法（HP）、热等静压法（HIP）等工艺。加入碳化物、氮化物、硼化物、纯金属等，以提高陶瓷刀具性能。

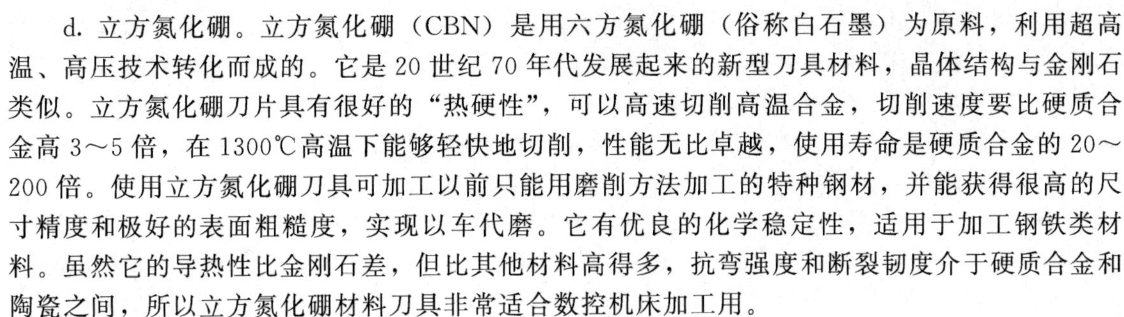

d. 立方氮化硼。立方氮化硼（CBN）是用六方氮化硼（俗称白石墨）为原料，利用超高温、高压技术转化而成的。它是20世纪70年代发展起来的新型刀具材料，晶体结构与金刚石类似。立方氮化硼刀片具有很好的“热硬性”，可以高速切削高温合金，切削速度要比硬质合金高3～5倍，在1300℃高温下能够轻快地切削，性能无比卓越，使用寿命是硬质合金的20～200倍。使用立方氮化硼刀具可加工以前只能用磨削方法加工的特种钢材，并能获得很高的尺寸精度和极好的表面粗糙度，实现以车代磨。它有优良的化学稳定性，适用于加工钢铁类材料。虽然它的导热性比金刚石差，但比其他材料高得多，抗弯强度和断裂韧度介于硬质合金和陶瓷之间，所以立方氮化硼材料刀具非常适合数控机床加工用。

e. 金刚石。金刚石刀具可分为天然金刚石、人造聚晶金刚石和复合金钢石刀片三类。金刚石有极高的硬度、良好的导热性及小的摩擦因素。该刀具有优秀的使用寿命（比硬质合金刀具寿命高几十倍以上），稳定的加工尺寸精度（可加工几千到几万件），以及良好的工件表面粗糙度（车削有色金属可达到 $Ra=0.06\mu m$ 以上），并可在纳米级稳定切削。金刚石刀具超精密加工广泛用于激光扫描器和高速摄影机的扫描棱镜、特形光学零件、电视、录像机、照相机零件、计算机磁盘、电子工业的硅片等领域。除少数超精密加工及特殊用途外，工业上多使用人造聚晶金刚石（PCD）作为刀具材料或磨具材料。

人造聚晶金刚石（PCD）是用人造金刚石颗粒通过添加Co、硬质合金、NiCr、Si-SiC以及陶瓷结合剂在高温（1200℃以上）、高压下烧结成型的刀具。PCD刀具主要加工对象是有色金属。如铝合金、铜合金、镁合金等，也用于加工钛合金、金、银、铂、各种陶瓷制品。

对于各种非金属材料，如石墨、橡胶、塑料、玻璃、含有 Al_2O_3 层的竹木材料，使用PCD刀具加工效果很好。PCD刀具加工铝制工件具有刀具寿命长、金属切除率高等优点。其缺点是刀具价格昂贵，加工成本高。这一点在机械制造业已形成共识。但近年来PCD刀具的发展与应用情况已发生了许多变化，PCD刀具的价格已下降50%以上。上述变化趋势将导致PCD刀具在铝材料加工中的应用日益增多。

(2) 刀具的选用

① 应尽可能选通用的标准刀具，不用或少用特殊的非标准刀具。

② 尽量使用不重磨刀片，少用焊接刀片。

③ 尽量选用标准的模块化刀夹（刀柄和刀杆等）。

④ 不断推进可调式刀具的开发和应用。

2.5 切削用量的确定

数控车削加工编程时，编程人员必须确定每道工序的切削用量，并以指令的形式写入程序中。切削用量包括主轴转速、背吃刀量及进给速度等。对于不同的加工方法，需要选用不同的切削用量。切削用量的选用原则是：保证工件加工精度和表面粗糙度，充分发挥刀具切削性能，保证合理的刀具使用寿命，并充分发挥机床的性能，最大限度提高生产率，降低成本。

(1) 切削用量的选用原则

① 粗车时，首先考虑选择一个尽可能大的背吃刀量 a_p，其次选择一个较大的进给量 f，最后确定一个合适的切削速度 v_c。增大背吃刀量 a_p 可使进给次数减少，增大进给量有利于断屑，因此根据以上原则选择粗车切削用量对于提高生产效率、减少刀具消耗、降低成本是有利的。

② 精车时，加工精度和表面粗糙度要求较高，加工余量不大均匀，因此选择较小（但不太小）的背吃刀量和进给量，并选用切削性能好的刀具材料和合理的几何参数，以尽可能提高切削速度。

③ 在安排粗、精车切削用量时，应注意机床说明书给定的允许范围。对于主轴采用交流变频调速的数控车床，由于主轴在低速时转矩降低，尤其应注意此时的切削用量选择。

总之，切削用量的具体数值应根据机床性能、相关的手册并结合实际经验用类比法确定。同时，使主轴转速、背吃刀量及进给速度三者能相互适应，以形成最佳的切削过程。

(2) 背吃刀量 a_p 的确定

背吃刀量 a_p 根据机床、工件和刀具的刚度来决定，在刚度允许的条件下，应尽可能使背吃刀量等于工件的加工余量，这样可以减少进给次数，提高生产率。当工件的精度要求较高时，则应考虑适当留出精车余量，其所留精车余量一般比普通车削时所留余量小，常取0.2～0.5mm。

(3) 主轴转速的确定

数控车削时，主轴的转速应根据所加工材料的种类、品质以及加工工序内容的不同有针对性地选用。

1）光车时主轴转速　车削加工主轴转速 n 应根据允许的切削速度 v_c 和工件直径 d 来选择，按式 $v_c=\pi dn/1000$ 计算。切削速度 v_c 单位为 m/min，由刀具的使用寿命决定，计算时可参考表 2-3 或切削用量手册选取。对有级变速的车床，必须按车床说明书选择与所计算转速 n 接近的转速。

表 2-3　硬质合金外圆车刀的切削速度

工件材料	热处理状态	$a_p=0.3\sim2$mm $f=0.08\sim0.3$mm/r	$a_p=2\sim6$mm $f=0.3\sim0.6$mm/r	$a_p=6\sim10$mm $f=0.6\sim1$mm/r
		v_c/(m/min)		
低碳钢 易切削钢	热轧	140～180	100～120	70～90
中碳钢	热轧	130～160	90～110	60～80
	调质	100～130	70～90	50～70
合金结构钢	热轧	100～130	70～90	50～70
	调质	80～110	50～70	40～60
工具钢	退火	90～120	60～80	50～70
灰铸铁	<190HBW	90～120	60～80	50～70
	190～225HBW	80～110	50～70	40～60
高锰钢($\omega_{Mn}=13\%$)			10～20	
铜及铜合金		200～250	120～180	90～120
铝及铝合金		300～600	200～400	150～200
铸铝合金($\omega_{Si}=13\%$)		100～180	80～150	60～100

注：切削钢及灰铸铁时刀具使用寿命约为 60min。

2）车螺纹时的主轴转速　数控车床加工螺纹时，因其传动链的改变，原则上其转速只要能保证主轴每转一周时，刀具沿主进给轴（多为 Z 轴）方向位移一个导程即可，不应受到限制。但加工螺纹时，会受到以下几方面的影响。

① 螺纹加工程序段中指令的螺距值，相当于以进给量 f（mm/r）表示的进给速度 F，如果将机床的主轴转速选择得过高，其换算后的进给速度 v_f（mm/min）则必定大大超过正常值。

② 刀具在其位移过程中，都将受到伺服驱动系统升/降频率和数控装置插补运算速度的约束，由于升/降频特性满足不了加工需要等原因，则可能因主进给运动产生出的“超前”和“滞后”而导致部分螺牙的螺距不符合要求。

③ 车削螺纹必须通过主轴的同步运行功能而实现，即车削螺纹需要有主轴脉冲发生器（编码器）。当其主轴转速选择过高时，通过编码器发出的定位脉冲（即主轴每转一周时所发出的一个基准脉冲信号）将可能因“过冲”（特别是当编码器的质量不稳定时）而导致工件螺纹产生乱纹（俗称“烂牙”）。

鉴于上述原因，不同的数控系统车螺纹时推荐使用不同的主轴转速范围。大多数经济型数控车床推荐车螺纹时主轴转速 n 为：

$$n \leqslant \frac{1200}{P} - K$$

式中 P——螺纹的螺距或导程，单位为 mm；

K——保险系数，一般取 80。

(4) 进给速度 f 的确定

进给速度 f 是数控车床切削用量中的重要参数，主要根据工件的加工精度、表面粗糙度要求、刀具与工件的材料性质选取。最大进给速度受机床刚度和进给系统的性能限制。确定进给速度的原则有以下几种。

① 当工件的质量要求能够得到保证时，为提高生产效率，可选择较高的进给速度。一般在 100～200mm/min 范围内选取。

② 在切断、车削深孔或用高速钢刀具车削时，宜选择较低的进给速度，一般在 20～50mm/min 范围内选取。

③ 当加工精度、表面粗糙度要求较高的工件时，进给速度应选得小些，一般在 20～50mm/min 范围内选取。

④ 刀具空行程，特别是远距离“回零”时，可以设定该机床数控系统所允许的最高进给速度。

⑤ 进给速度应与主轴转速和背吃刀量相适应。

2.6 数控车削加工方案的拟订

数控车削加工方案的拟定主要包括加工工艺路线的拟定及工件加工时刀具走刀路线的确定等方面的内容。

2.6.1 数控车削加工工艺路线的拟订

数控车削加工工艺路线的拟定是制订数控车削加工工艺规程的重要内容之一，其主要内容包括：选择各加工表面的加工方法、加工阶段的划分、工序的划分以及安排工序的先后顺序等。设计者应根据从生产实践中总结出来的一些综合性工艺原则，结合本厂的实际生产条件，提出几种方案，通过对比分析，从中选择最佳方案。

(1) 加工方法的选择

机械零件的结构形状是多种多样的，但它们都是由平面、外圆柱面、内圆柱面或曲面、成型面等基本表面组成的。每一种表面都有多种加工方法，在数控车床上，能够完成内外回转体表面的车削、钻孔、镗孔、铰孔和攻螺纹等加工操作，具体选择时应根据零件的加工精度、表面粗糙度、材料、结构形状、尺寸及生产类型等因素，选用相应的加工方法和加工方案。

(2) 加工阶段的划分

当零件的加工质量要求较高时，往往不可能用一道工序来满足其要求，而要用几道工序逐步达到所要求的加工质量。为保证加工质量和合理地使用设备、人力，零件的加工过程通常按工序性质不同，可分为粗加工、半精加工、精加工和光整加工四个阶段。

① 粗加工阶段。其任务是切除毛坯上大部分多余的金属，使毛坯在形状和尺寸上接近零件成品。因此，其主要目标是提高生产率。

② 半精加工阶段。其任务是使主要表面达到一定的精度，留有一定的精加工余量，为主要表面的精加工（如精车、精磨）做好准备。并可完成一些次要表面的加工，如扩孔、攻螺纹、铣键槽等。

③ 精加工阶段。其任务是保证各主要表面达到规定的尺寸精度和表面粗糙度要求。主要目标是全面保证加工质量。

④ 光整加工阶段 对零件上精度和表面粗糙度要求很高（IT6 级以上，表面粗糙度为 $Ra0.21\mu m$ 以下）的表面，需进行光整加工，其主要目的是提高尺寸精度、减小表面粗糙度值。一般不用来提高位置精度。

划分加工阶段主要具有以下目的。

① 保证加工质量。工件在粗加工时，切除的金属层较厚，切削力和夹紧力都比较大，切削温度也比较高，将会引起较大的变形。

如果不划分加工阶段，粗、精加工混在一起，就无法避免上述原因引起的加工误差。按加工阶段加工，粗加工造成的加工误差可以通过半精加工和精加工来纠正，从而保证零件的加工质量。

② 合理使用设备。粗加工余量大，切削用量大，可采用功率大、刚度好、效率高但精度低的机床。精加工切削力小，对机床破坏小，采用高精度机床。这样发挥了设备的各自特点，既能提高生产率，又能延长精密设备的使用寿命。

③ 便于及时发现毛坯缺陷。对毛坯的各种缺陷，如铸件的气孔、夹砂和余量不足等，在粗加工后即可发现，便于及时修补或决定报废，以免继续加工下去，造成浪费。

④ 便于安排热处理工序。如粗加工后，一般要安排去应力热处理，以消除内应力。精加工前要安排淬火等最终热处理，其变形可以通过精加工予以消除。

加工阶段的划分也不应绝对化，应根据零件的质量要求、结构特点和生产纲领灵活掌握。对加工质量要求不高、工件刚性好、毛坯精度高、加工余量小、生产纲领不大时，可不必划分加工阶段。

对刚性好的重型工件，由于装夹及运输很费时，也常在一次装夹下完成全部粗、精加工。对于不划分加工阶段的工件，为减少粗加工产生的各种变形对加工质量的影响，在粗加工后，松开夹紧机构，停留一段时间，让工件充分变形，然后用较小的夹紧力重新夹紧，进行精加工。

(3) 工序的划分

1) 工序划分的原则

① 工序集中原则。工序集中原则是指每道工序包括尽可能多的加工内容，从而使工序的总数减少。采用工序集中原则的优点是有利于采用高效的专用设备和数控机床，提高生产效率；减少工序数目，缩短工艺路线，简化生产计划和生产组织工作；减少机床数量、操作工人数和占地面积；减少工件装夹次数，不仅保证了各加工表面间的相互位置精度，而且减少了夹具数量和装夹工件的辅助时间。但专用设备和工艺装备投资大、调整维修比较麻烦、生产准备周期较长，不利于转产。

② 工序分散原则。工序分散就是将工件的加工分散在较多的工序内进行，每道工序的加工内容很少。采用工序分散原则的优点是：加工设备和工艺装备结构简单，调整和维修方便，操作简单，转产容易；有利于选择合理的切削用量，减少机动时间。但工艺路线较长，所需设备及工人人数多，占地面积大。

2) 工序划分的方法 工序划分主要考虑生产纲领、所用设备及零件本身的结构和技术要求等。大批量生产时，若使用多轴、多刀的高效加工中心，则可按工序集中原则组织生产；若在由组合机床组成的自动线上加工，则工序一般按分散原则划分。随着现代数控技术的发展，特别是加工中心的应用，工艺路线的安排更多地趋向于工序集中。单件小批量生产时，通常采用工序集中原则；成批生产时，可按工序集中原则划分，也可按工序分散原则划分，应视具体情况而定；对于结构尺寸和重量都很大的重型零件，应采用工序集中原则，以减少装夹次数和运输量；对于刚性差、精度高的零件，应按工序分散原则划分工序。

在数控车床上加工零件，一般应按工序集中的原则划分工序，在一次安装下尽可能完成大部分甚至全部表面的加工。根据零件的结构形状不同，通常选择外圆、端面或内孔、端面装夹，并力求设计基准、工艺基准和编程原点的统一。在批量生产中，常用下列两种方法划分工序。

① 按零件加工表面划分。将位置精度要求较高的表面安排在一次安装下完成，以免多次安装所产生的安装误差影响位置精度。如图 2-52 所示的轴承内圈，其内孔对小端面的垂直度、滚道和大挡边对内孔回转中心的角度差以及滚道与内孔间的壁厚差均有严格的要求，将精加工划分成两道工序，用两台数控车床完成。第一道工序采用图 2-52（a）所示的以大端面和大外径装夹的方案，将滚道、小端面及内孔等安排在一次装夹下车出，很容易保证上述的位置精度。第二道工序采用图 2-52（b）所示的以内孔和小端面装夹的方案，车削大外圆和大端面。

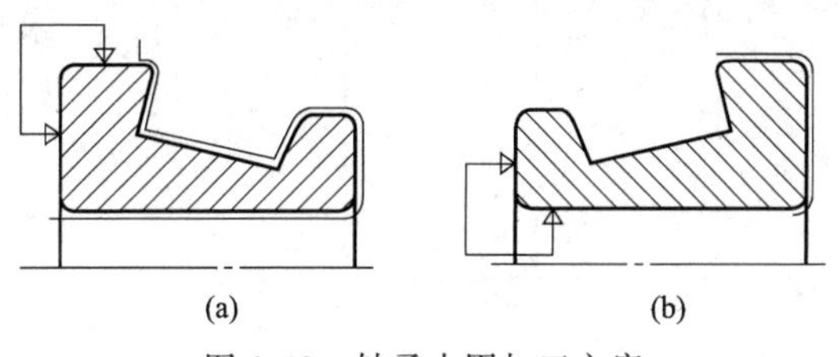

图 2-52　轴承内圈加工方案

② 按粗、精加工划分。对毛坯余量较大和加工精度要求较高的零件，应将粗车和精车分开，划分成两道或更多的工序。将粗车安排在精度较低、功率较大的数控车床上，将精车安排在精度较高的数控车床上。

例如加工如图 2-53（a）所示的手柄零件，坯料为 ϕ32mm 的棒料，批量生产，用一台数控车床加工，要求划分工序并确定装夹方式。

工序 1：如图 2-53（b）所示，夹外圆柱面，车 ϕ12mm、ϕ20mm 两圆柱面→圆锥面（粗车掉 R42 圆弧部分余量）→留出总长余量切断。

工序 2：如图 2-53（c）所示，用 ϕ12mm 外圆柱面和 ϕ20mm 端面装夹，车 30°锥面→所有圆弧表面半精车→所有圆弧表面精车成型。

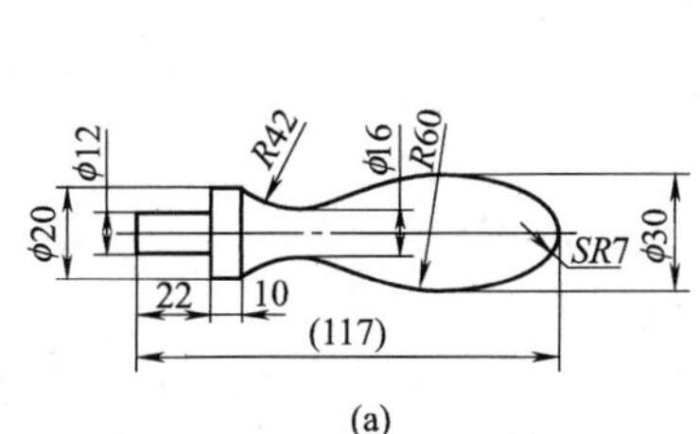

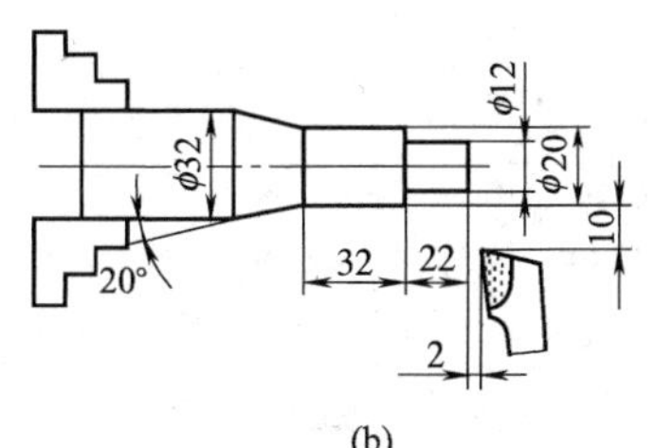

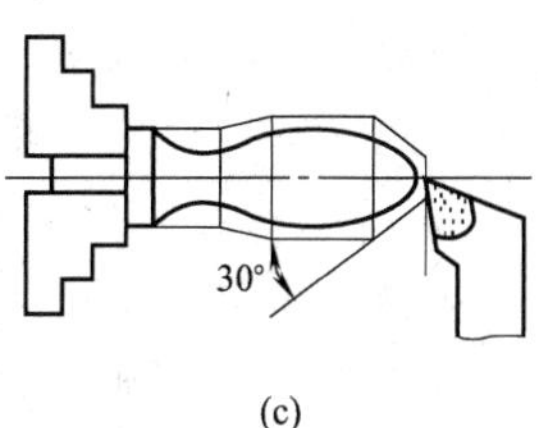

图 2-53　手柄加工示意图

(4) 加工顺序的划分

在选定加工方法、划分工序后，工艺路线拟定的主要内容就是合理安排这些加工方法和加工工序。零件的加工工序通常包括切削加工工序、热处理工序和辅助工序（包括表面处理、清洗和检验等），这些工序的顺序直接影响到零件的加工质量、生产效率和加工成本。因此，在设计工艺路线时，应合理安排好切削加工、热处理和辅助工序的顺序，并解决好工序的衔接问题。

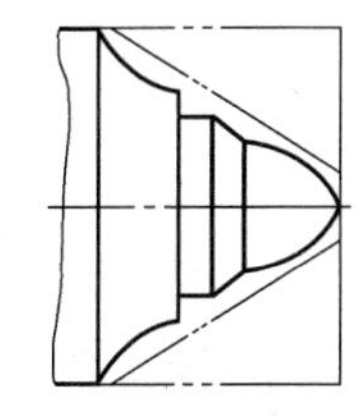
图 2-54　先粗后精示例

1）车削加工工序安排　制订零件车削工顺序时，一般遵循下列 4 个原则。

① 先粗后精。按照粗车→半精车→精车的顺序进行，逐步提高加工精度。粗车将在较短的时间内将工件表面上的大部分加工余量（图 2-54 中双点画线内所示部分）切掉，一方面提高金属切除率，另一方面满足精车余量的均匀性要求。若粗车后所留余量的均匀性满足不了精加工的要求，则要安排半精车，以此为精车作准备。精车要保证加

工精度，按图样尺寸一刀切出零件轮廓。

② 先近后远。在一般情况下，离对刀点近的部位先加工，离对刀点远的部位后加工，便缩短刀具移动距离，减少空行程时间。对于车削而言，先近后远还有利于保持坯件或半成品的刚性，改善其切削条件。

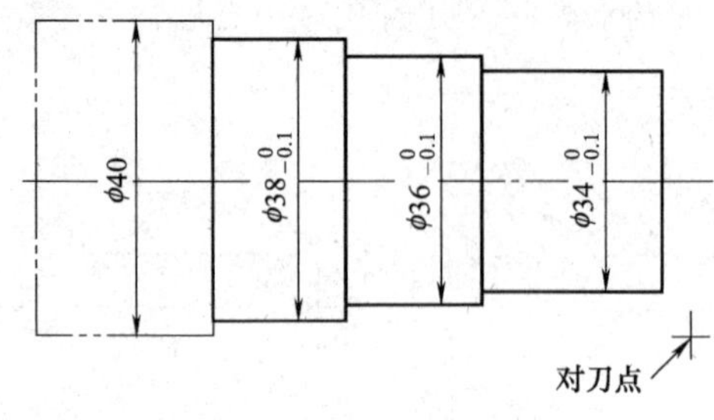

图 2-55　先近后远示例

如加工图 2-55 所示的零件，当第一刀吃刀量未超限时，应该按 φ34mm→φ36mm→φ38mm 的次序先近后远地安排车削顺序。

③ 内外交叉原则。对内表面（内型腔）和外表面都需加工的零件，安排加工顺序时，应先进行内表面粗加工，后进行外表面精加工。切不可将零件上一部分表面（外表面或内表面）加工完毕后，再加工其他表面（内表面或外表面）。

④ 基面先行原则。用作精基准的表面应优先加工出来，因为定位基准的表面越精确，装夹误差就越小。例如轴类零件加工时，总是先加工中心孔，再以中心孔为精基准加工外圆表面和端面。

2）热处理工序的安排　为提高材料的力学性能、改善材料的切削加工性能和消除工件的内应力，在工艺过程中要适当安排一些热处理工序。热处理工序在工艺路线中安排主要取决于零件的材料和热处理的目的。

① 预备热处理。预备热处理的目的是改善材料的切削性能，消除毛坯制造时的残余应力，改善组织。其工序位置多在机械加工之前，常用的有退火、正火等方法。

② 消除残余应力。由于毛坯在制造和机械加工过程中产生的内应力，会引起工件变形，影响加工质量，因此要安排消除残余应力热处理。清除残余应力热处理最好安排在粗加工之后精加工之前，对精度要求不高的零件，一般将消除残余应力的人工时效和退火安排在毛坯进入机加工车间之前进行。对精度要求较高的复杂铸件，在机加工过程中通常安排两次时效处理：铸造→粗加工→时效→半精加工→时效→精加工。对高精度零件，如精密丝杠、精密主轴等，应安排多次消除残余应力热处理，甚至采用冰冷处理以稳定尺寸。

③ 最终热处理。最终热处理的目的是提高零件的强度、表面硬度和耐磨性，常安排在精加工工序（磨削加工）之前。常用的有淬火、渗碳、渗氮和碳氮共渗等。

3）辅助工序的安排　辅助工序主要包括：检验、清洗、去毛刺、去磁、倒棱边、涂防锈油和平衡等。其中检验工序是主要的辅助工序，是保证产品质量的主要措施之一，一般安排在：粗加工全部结束精加工之前、重要工序之后、工件在不同车间之间转移前后和工件全部加工结束后。

4）数控加工工序与普通加工工序的衔接　数控工序前后一般都穿插有其他普通工序，如衔接不好就容易产生矛盾，因此要解决好数控工序与非数控工序之间的衔接问题。最好的办法是列出相互状态要求，例如要不要为后道工序留加工余量，留多少；定位面与孔的精度要求及形位公差等。其目的是达到满足双方加工的需要，且质量目标与技术要求明确，交接验收有依据。关于手续问题，如果是在同一个车间，可由编程人员与主管该零件的工艺员协商确定，在制订工序工艺文件中互审会签，共同负责；如果不是在同一个车间，则应用交接状态表进行规定，共同会签，然后反映在工艺规程中。

2.6.2　数控车削加工走刀路线的确定

在数控加工中，刀具相对于工件的运动轨迹和方向称为走刀路线，即刀具从对刀点开始运动起，直至加工结束所经过的路径，包括切削加工的路径及刀具引入、返回等非切削空行程。走刀路线的确定首先必须保持被加工零件的尺寸精度和表面质量，其次考虑数值计算简单、进给路线尽量短、效率较高等。

因精加工的进给路线基本上都是沿其零件轮廓顺序进行的，因此确定进给路线的工作重点是确定粗加工及空行程的进给路线。

(1) 车圆锥的走刀路线分析

在车床上车外圆锥时可以分为车正锥和车倒锥两种情况，而每一种情况又有两种加工路线。图 2-56 所示为车正锥的两种加工路线。按图 2-56（a）平行线法车正锥时，需要计算终刀距 S。假设圆锥大径为 D，小径为 d，锥长为 L，背吃刀量为 a_p，则由相似三角形可得

$$(D-d)/(2L)=a_p/S$$

则 $S=2La_p/(D-d)$，按此种加工路线，刀具切削运动的距离较短。

当按图 2-56（b）的终点法车正锥时，则不需要计算终刀距 S，只要确定背吃刀量 a_p，即可车出圆锥轮廓，编程方便。但在每次切削中，背吃刀量是变化的，而且切削运动的路线较长。

图 2-57（a）和图 2-27（b）为车倒锥的两种加工路线，分别与图 2-56（a）和图 2-56（b）相对应，其车锥原理与正锥相同。

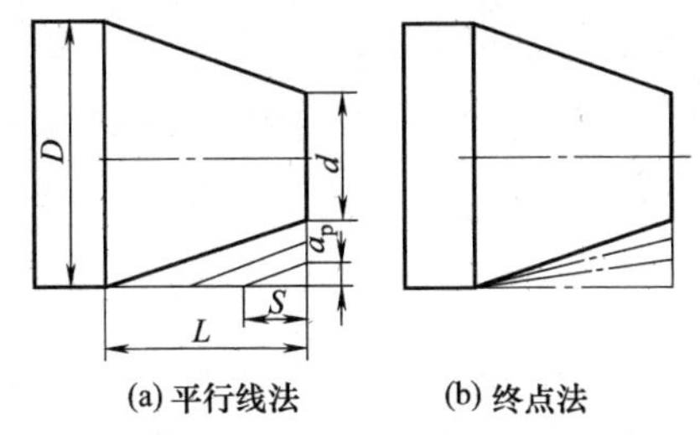

图 2-56　车正锥的两种加工路线

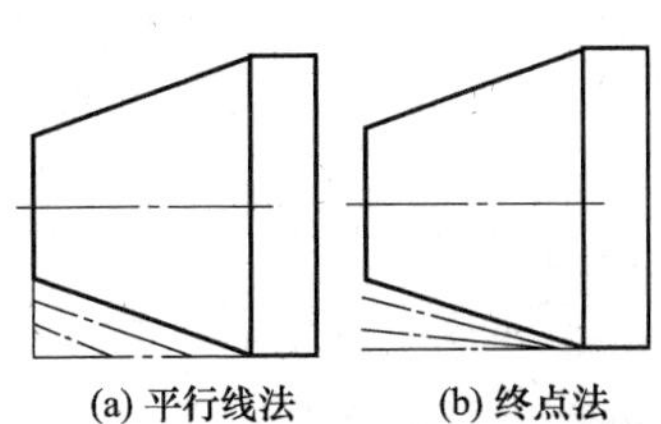

图 2-57　车倒锥的两种加工路线

(2) 车圆弧的走刀路线分析

应用 G02（或 G03）指令车圆弧，若用一刀就把圆弧加工出来，会使背吃刀量太大，容易打刀。所以，实际切削时，需要多刀加工，先将大部分余量切除，最后才车得所需圆弧。

图 2-58 所示为车圆弧的车圆法切削路线。即用不同半径圆来车削，最后将所需圆弧加工出来。此方法在确定了每次背吃刀量后，对 90°圆弧的起点、终点坐标较易确定。该方法数值计算简单，编程方便，常采用。可适合于加工较复杂的圆弧。其中图 2-58（a）所示的进给路线较短，但图 2-58（b）所示的加工路线空行程较长。

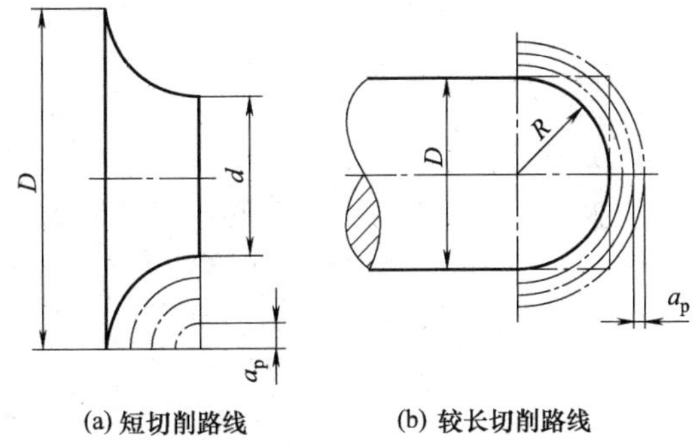

图 2-58　车圆法切削路线

图 2-59 所示为车圆弧的车锥法切削路线，即先车一个圆锥，再车圆弧。但要注意车锥时的起点和终点的确定。若确定不好，则可能损坏圆弧表面，也可能将余量留得过大。确定方法是连接 OB 交圆弧于 D，过 D 点作圆弧的切线 AC。由几何关系得：

$$BD=OB-OD=\sqrt{2}R-R=0.414R$$

此为车锥时的最大切削余量，即车锥时，加工路线不能超过 AC 线。由 BD 与△ABC 的关系，可得

$$AB=CB=\sqrt{2}BD\approx0.586R$$

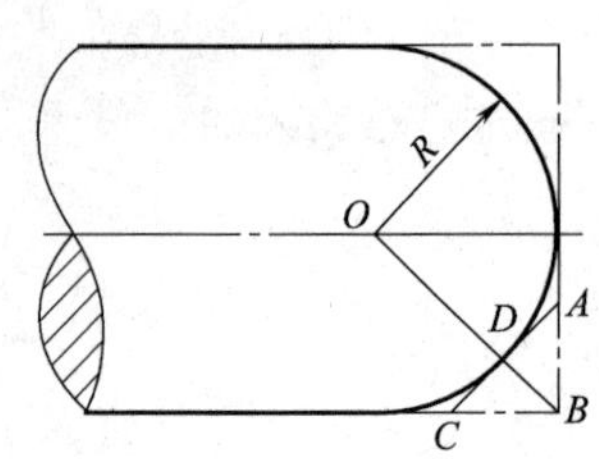

图 2-59 车锥法切削路线

这样可以确定出车锥时的起点和终点。当 R 不太大时，可取 $AB=CB=0.5R$。此方法数值计算较烦琐，但其刀具切削路线较短。

(3) 轮廓粗车走刀路线分析

切削进给路线最短，可有效提高生产效率，降低刀具损耗。安排最短切削进给路线时，应同时兼顾工件的刚性和加工工艺性等要求，不要顾此失彼。

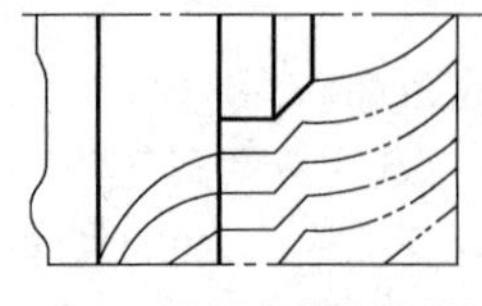
(a) 沿工件轮廓线进给路线

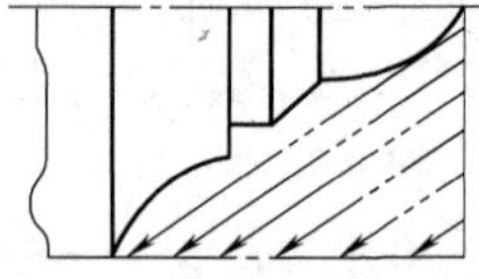
(b) 三角形循环进给路线

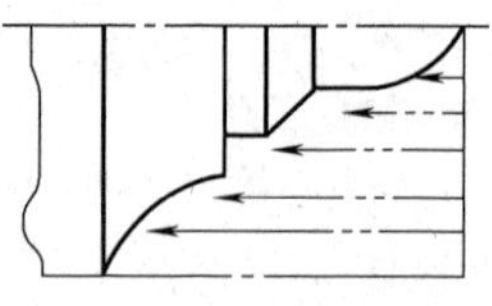
(c) 矩形循环进给路线

图 2-60 粗车进给路线示意

图 2-60 给出了三种不同的轮廓粗车切削进给路线，其中图 2-60（a）表示利用数控系统具有的封闭式复合循环功能控制车刀沿着工件轮廓线进行进给的路线；图 2-60（b）所示为三角形循环进给路线；图 2-60（c）所示为矩形循环进给路线，其路线总长最短，因此在同等切削条件下的切削时间最短，刀具损耗最少。

(4) 车螺纹时的轴向进给距离分析

在数控车床上车螺纹时，沿螺距方向的 Z 向进给应和车床主轴的旋转保持严格的速比关系，因此应避免在进给机构加速或减速的过程中切削。为此要有升速进刀段 δ_1 和降速进刀段 δ_2，如图 2-61 所示，δ_1 和 δ_2 的数值与车床拖动系统的动态特性、螺纹的螺距和精度有关。δ_1 一般为 2～5mm，对大螺距和高精度的螺纹取大值；δ_2 一般为 1～2mm。这样在车螺纹时，能保证在升速后使刀具接触工件，刀具离开工件后再降速。

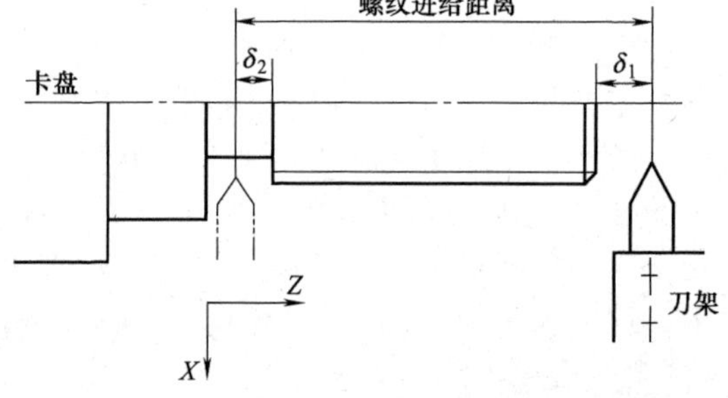

图 2-61 车螺纹时的引入距离和超越距离

(5) 车槽走刀路线分析

① 对于宽度、深度值相对不大，且精度要求不高的槽，可采用与槽等宽的刀具，通过直接切入一次成型的方法加工，如图 2-62 所示。刀具切入到槽底后可利用延时指令使刀具短暂停留，以修整槽底圆度，退出过程中可采用工进速度。

② 对于宽度值不大，但深度值较大的深槽零件，为了避免切槽过程中由于排屑不畅，使

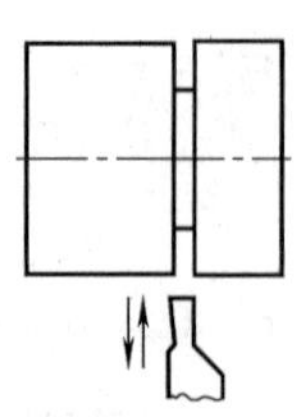
图 2-62 简单槽类零件加工方式

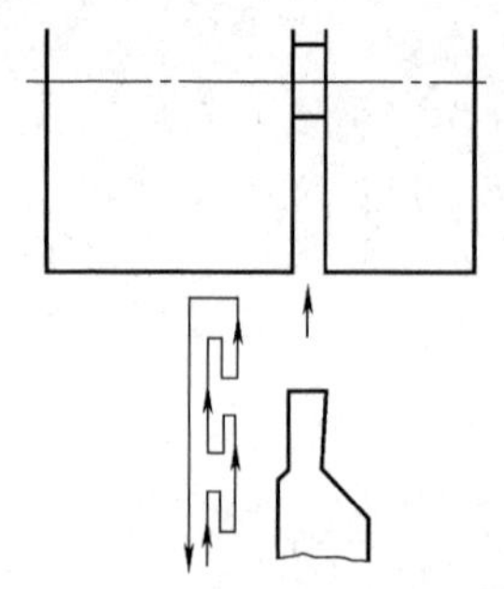
图 2-63 深槽零件加工方式

刀具前部压力过大出现扎刀和折断刀具的现象，应采用分次进刀的方式。刀具在切入工件一定深度后，停止进刀并回退一段距离，达到断屑和排屑的目的，如图 2-63 所示。同时注意应尽量选择强度较高的刀具。

③ 宽槽的切削。通常把大于一个切刀宽度的槽称为宽槽，宽槽的宽度、深度的精度要求及表面质量相对较高。在切削宽槽时常采用排刀的方式进行粗切，然后用精切槽刀沿槽的一侧切至槽底，精加工槽底至槽的另一侧，再沿侧面退出，切削方式如图 2-64 所示。

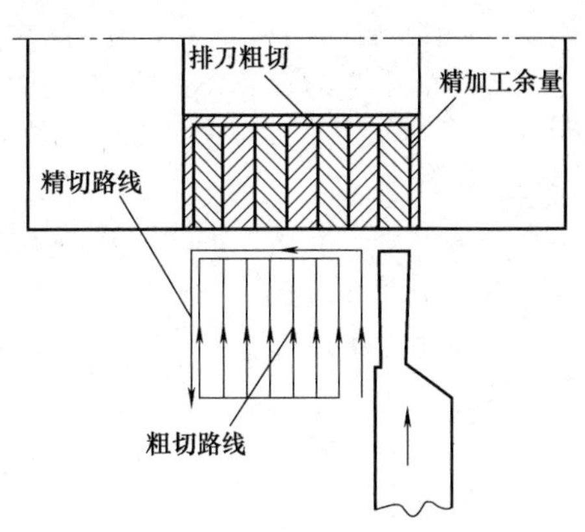

图 2-64 宽槽切削方式示意图

(6) 车削内孔走刀路线分析

车削内孔是指用车削方法扩大工件的孔或加工空心工件的内表面，这也是常用的车削加工方法之一。常见的车孔方法如 2-36 所示。在车削不通孔和台阶孔时，车刀要先纵向进给，当车到孔的根部时，再横向进给，从外向中心进给车端面或台阶端面，如图 2-65（b）、图 2-65（c）所示。

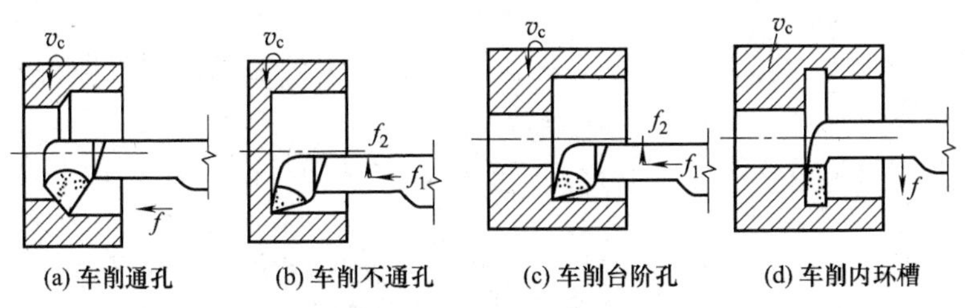

图 2-65 车削内孔

2.7 数控车削用刀具系统

2.7.1 数控车削用刀具及其选用

常用车刀按刀具材料可分为高速钢车刀和硬质合金车刀两类，其中硬质合金车刀按刀片固定形式，又可分为焊接式车刀和机夹可转位车刀两种。

(1) 焊接式车刀的选用

数控车削加工中的常用的焊接式车刀一般分尖形车刀、圆弧形车刀和成型车刀三类。

① 尖形车刀。以直线形切削刃为特征的车刀一般称为尖形车刀。这类车刀的刀尖（同时也为其刀位点）由直线形的主、副切削刃构成，如 90°内外车刀、左右端面车刀、切断（车槽）车刀以及刀尖倒棱很小的各种外圆和内孔车刀。

用这类车刀加工零件时，其零件的轮廓形状主要由一个独立的刀尖或一条直线形主切削刃位移后得到，它与另两类车刀在加工时所得到零件轮廓形状的原理是截然不同的。

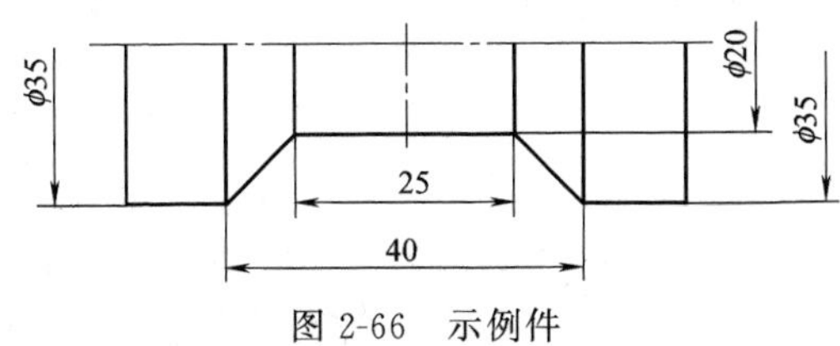

图 2-66 示例件

尖形车刀几何参数（主要是几何角度）的选择方法与普通车削时基本相同，但应以是否适合数控加工的特点（如加工路线、加工干涉等），进行全面的考虑，并应兼顾刀尖本身的强度。

如在加工图 2-66 所示的零件时，要使其左右两个 45°锥面由一把车刀加工出来，并使车刀的切削刃在车圆锥面时不致发生加工干涉。

又如车削图 2-67 所示大圆弧内表面零件时，所选择尖形内孔车刀的形状及主要几何角度如图 2-68 所示（前角为 0°），这样刀具可将其内圆弧面和右端端面一刀车出，避免了用两把车刀进行加工。

选择尖形车刀不发生干涉的几何角度，可用作图或计算的方法。如副偏角的大小，大于作图或计算所不发生干涉的极限角度值 6°～8°即可。当确定几何角度困难或无法确定（如尖形车刀加工接近于半个凹圆弧的轮廓等）时，则应考虑选择其他类型车刀。

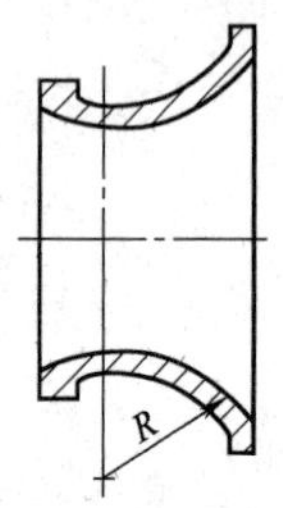

图 2-67　大圆弧面零件

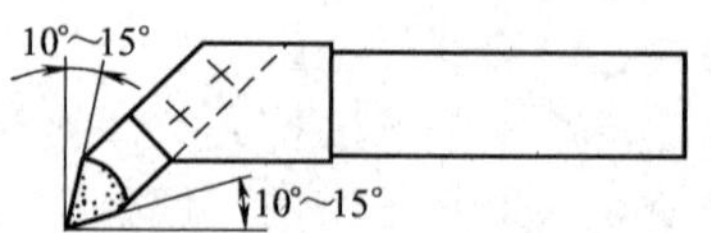

图 2-68　尖形车刀示例

② 圆弧形车刀。圆弧形车刀是较为特殊的数控加工用车刀，它是以一圆度误差或线轮廓误差很小的圆弧形切削刃为特征的车刀（图 2-69）。该车刀圆弧刃上每一点都是圆弧形车刀的刀尖，因此，刀位点不在圆弧上，而在该圆弧的圆心上。

当某些尖形车刀或成型车刀（如螺纹车刀）的刀尖具有一定的圆弧形状时，也可作为这类车刀使用。

对于某些精度要求较高的凹曲面车削（图 2-70）或大外圆弧面的批量车削，以及尖形车刀所不能完成的加工，宜选用圆弧形车刀进行加工。圆弧形车刀具有宽刃切削（修光）性质；能使精车余量保持均匀而改善切削性能；还能一刀车出多个象限的圆弧面。

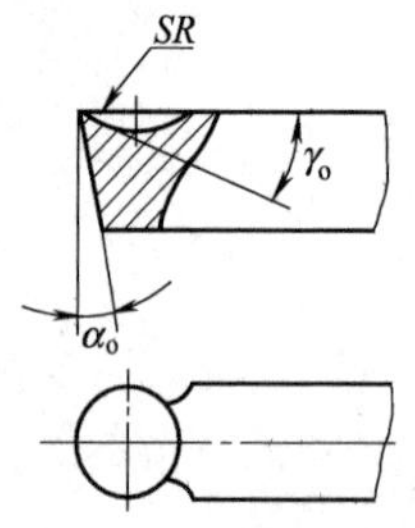

图 2-69　圆弧形车刀

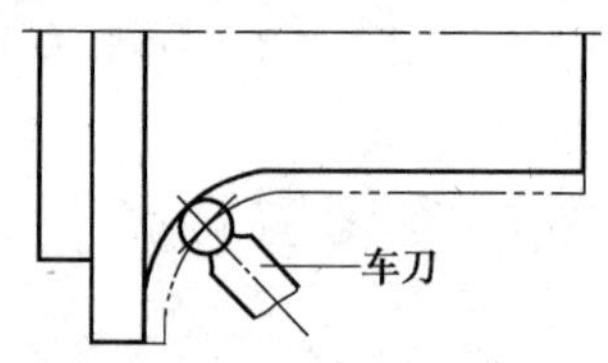

图 2-70　凹曲面车削示意

图 2-71 所示零件的曲面精度要求不高时，可以选择用尖形车刀进行加工；当曲面形状精度和表面粗糙度均要求较高时，选择尖形车刀加工就不合适了，因为车刀主切削刃的实际背吃刀量在圆弧轮廓段总是不均匀的，如图 2-70 所示。当车刀主切削刃靠近其圆弧终点时，该位置上的背刀量（a_1）将大大超过其圆弧起点位置上的背吃刀量（a），致使切削阻力增大，则可能产生较大的轮廓度误差，并增大其表面粗糙度数值。

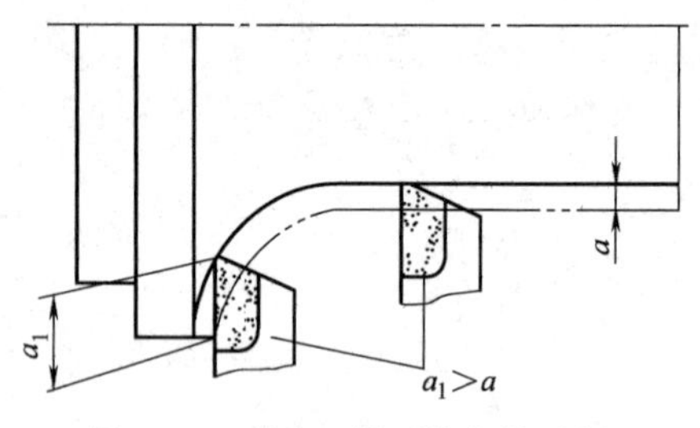

图 2-71　背吃刀量不均匀性示例

圆弧形车刀的几何参数除了前角及后角外，主要几何参数为车刀圆弧切削刃的形状及半径。

选择车刀圆弧半径的大小时，应考虑两点：第一，车刀切削刃的圆弧半径应当小于等于零件凹形轮廓上的最小半径，以免发生加工干涉；第二，该半径不宜选择太小，否则既难以制

造，还会因其切削刃强度太弱或刀体散热能力差，使车刀容易受到损坏。

圆弧形车刀前、后角的选择，原则上与普通车刀相同，只不过形成其前角（大于 0°时）的前刀面一般都为凹球面，形成其后角的后刀面一般为圆锥面。圆弧形车刀前、后刀面的特殊形状，是为满足在切削刃的每一个切削点上，都具有恒定的前角和后角，以保证切削过程的稳定性及加工精度。为了制造车刀的方便，在精车时，其前角多选择为 0°（无凹球面）。

③ 成型车刀。成型车刀俗称样板车刀，其加工零件的轮廓形状完全由车刀切削刃的形状和尺寸决定。数控车削加工中，常见的成型车刀有小半径圆弧车刀、非矩形槽车刀和螺纹车刀等。在数控加工中，应尽量少用或不用成型车刀，当确有必要选用时，则应在工艺准备文件或加工程序单上进行详细说明。

图 2-72 所示为常用车刀的种类、形状和用途。

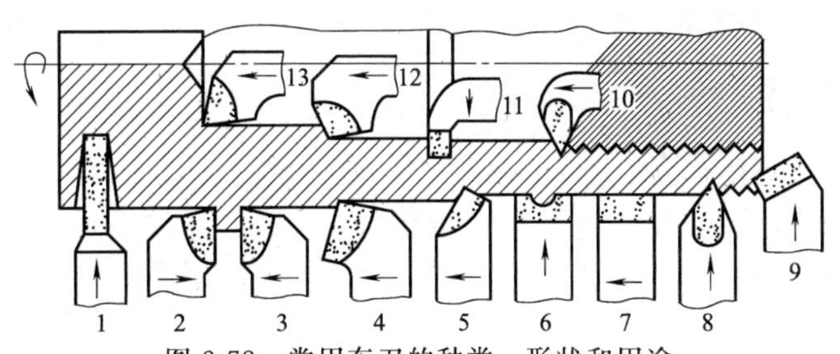

图 2-72　常用车刀的种类、形状和用途

1—切断刀；2—90°左偏刀；3—90°右偏刀；4—弯头车刀；5—直头车刀；
6—成型车刀；7—宽刃精车刀；8—外螺纹车刀；9—端面车刀；
10—内螺纹车刀；11—内槽车刀；12—通孔车刀；13—不通孔车刀

(2) 机夹可转位车刀的选用

可转位刀具是使用可转位刀片的机夹刀具。从刀具的材料应用方面来看，数控机床用刀具材料主要是各种硬质合金。从刀具的结构应用方面看，数控机床主要采用具有机夹可转位刀片的刀具。可转位刀具已被国家列为重点推广项目，也是刀具的发展方向。

图 2-73 所示是一机夹可转位车刀。它由刀垫 2、可转位刀片 3、刀杆 1 和夹固元件 4（结构见图 2-74）组成。夹固元件将刀片压向支承面而紧固，车刀的前后角靠刀片在刀杆槽中安装后获得。一条切削刃用钝后可迅速转位换成相邻的新切削刃继续切削，直到刀片上所有的切削刃均已用钝，刀片才报废回收。更换新刀片后，车刀又可继续切削工作。使用可转位刀具具有以下优点。

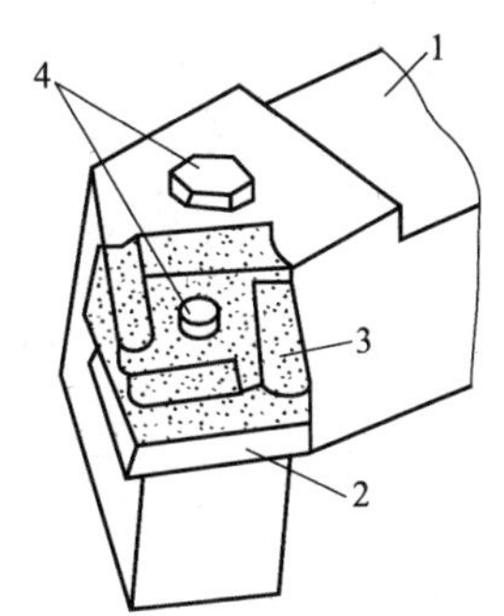

图 2-73　机夹可转位车刀结构形式

1—刀杆；2—刀垫；3—可转位刀片；4—夹固元件

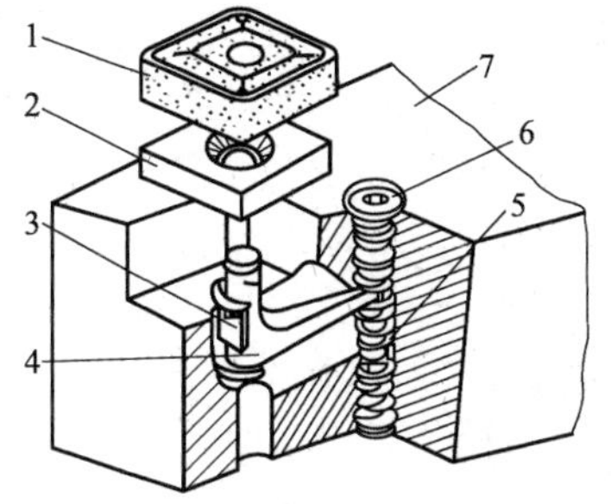

图 2-74　可转位车刀的内部结构

1—刀片；2—刀垫；3—弹簧；4—杠杆；
5—弹簧；6—螺钉；7—刀柄

刀具寿命高。由于刀片避免了由焊接和刃磨高温引起的缺陷，刀具几何参数完全由刀片和刀杆槽来保证，因而切削性能稳定，刀具寿命高。

生产效率高。由于机床操作人员不再磨刀，减少了停机换刀等辅助时间。

有利于推广新技术、新工艺。使用可转位刀具有利于推广使用涂层、陶瓷等新型刀具材料。

有利于降低刀具成本。由于刀杆使用寿命长，减少了刀杆的消耗和库存量，简化了刀具的管理工作，因而降低了刀具的成本。

1）刀片材质的选择　可转位刀片是各种可转位刀具最关键的部分，其中应用最多的是涂层硬质合金刀片。选择刀片材质的主要依据是被加工工件的材料、被加工表面的精度、表面质量要求、切削载荷的大小以及切削过程有无冲击和振动等。

2）可转位车刀的选用

① 刀片的紧固方式。在国家标准中，一般紧固方式有上压式（代码为 C）、上压与销孔夹紧（代码 M）、销孔夹紧（代码 P）和螺钉夹紧（代码 S）四种。各种夹紧方式是为适用于不同的应用范围设计的。

② 刀片外形的选择。刀片外形与加工的对象，刀具的主偏角、刀尖角和有效刃数等有关。在选用时，应根据加工条件恶劣与否，按重、中、轻切削有针对性地选择。在机床刚性、功率允许的条件下，大余量、粗加工应选用刀尖角较大的刀片，反之，机床刚性和功率小、小余量、精加工时宜选用较小刀尖角的刀片。常见可转位车刀刀片形式可根据加工内容和要求进行选择。

一般外圆车削常用 80°凸三角形、四方形和 80°菱形刀片；仿形加工常用 55°菱形、35°菱形和圆形刀片；在机床刚性、功率允许的条件下，大余量、粗加工应选择刀尖角较大的刀片，反之选择刀尖角较小的刀片。

90°外圆车刀简称偏刀，按进给方向不同分为左偏刀和右偏刀两种，一般常用右偏刀。右偏刀由右向左进给，用来车削工件的外圆、端面和右台阶。它主偏角较大，车削外圆时作用于工件的径向力小，不易出现将工件顶弯的现象。一般用于半精加工。左偏刀由左向右进给，用于车削工件外圆和左台阶，也用于车削外径较大而长度短的零件。

③ 刀杆头部形式的选择。刀杆头部形式按主偏角和直头、弯头分有 15～18 种，各形式规定了相应的代码，国家标准和刀具样本中都已一一列出，可以根据实际情况选择。

④ 刀片后角的选择。常用的刀片后角有 N（0°）、C（7°）、P（11°）、E（20°）等。一般粗加工、半精加工可用 N；半精加工、精加工可用 C、P 型。

⑤ 左右手刀柄的选择。左右手刀柄有 R（右手）、L（左手）、N（左右手）三种。选择时要考虑车床刀架是前置式还是后置式、主轴的旋转方向以及需要的进给方向等。

⑥ 刀尖圆弧半径的选择。刀尖圆弧半径不仅影响切削效率，而且关系到被加工表面的粗糙度及加工精度。从刀尖圆弧半径与最大进给量关系来看，最大进给量不应超过刀尖圆弧半径尺寸的 80%，否则将恶化切削条件。因此，从断屑可靠出发，通常对于小余量、小进给车削加工应采用小的刀尖圆弧半径，反之宜采用较大的刀尖圆弧半径。

3）可转位车刀选用注意事项。

① 粗加工时，注意以下几点。

第一，为提高刀刃强度，应尽可能选择大刀尖半径的刀片，大刀尖半径可允许大进给。

第二，在有振动倾向时，则选择较小的刀尖半径。

第三，常用刀尖半径为 1.2～1.6mm。

第四，粗车时进给量不能超过表 2-3 给出的最大进给量，作为经验法则，一般进给量可取为刀尖圆弧半径的一半。

② 精加工时，注意以下几点。

第一，精加工的表面质量不仅受刀尖圆弧半径和进给量的影响，而且受工件装夹稳定性、夹具和机床的整体条件等因素的影响。

第二，在有振动倾向时选较小的刀尖半径。

第三，非涂层刀片比涂层刀片加工的表面质量高。

2.7.2 装夹刀具的工具系统

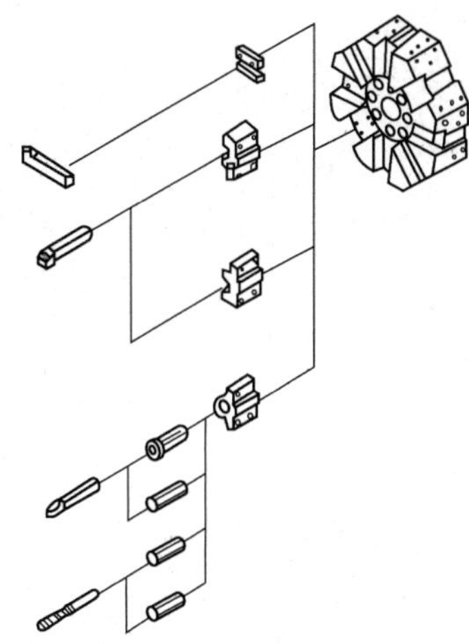

图 2-75 刀块式车刀系统

数控车床的刀具系统，常用的有两种形式，一种是刀块形式，用凸键定位，螺钉夹紧定位可靠，夹紧牢固，刚性好，但换装费时，不能自动夹紧，如图 2-75 所示。另一种是圆柱柄上铣齿条的结构，可实现自动夹紧，换装也快捷，刚性较刀块的形式稍差，如图 2-76 所示。

瑞典山德维克公司（Sndvik）推出了一套模块化的车刀系统，其刀柄是一样的，仅需更换刀头和刀杆即可用于各种加工。这种车刀的刀头很小，更换快捷，定位精度高，也可以自动更换，如图 2-77 所示。另外，类似的小刀头刀具系统尚有多种。

在车削中心上，开发了许多动力刀具刀柄，如能装钻头、立铣刀、三面刃铣刀、锯片、螺纹铣刀、丝锥等刀柄。用于工件车削时，可将工件固定，活动刀具在工件端面或外圆上进行各种加工；也可令工件做圆周进给，在工件端面或外圆上进行加工。也有接触式测头刀柄，用于各种测量。

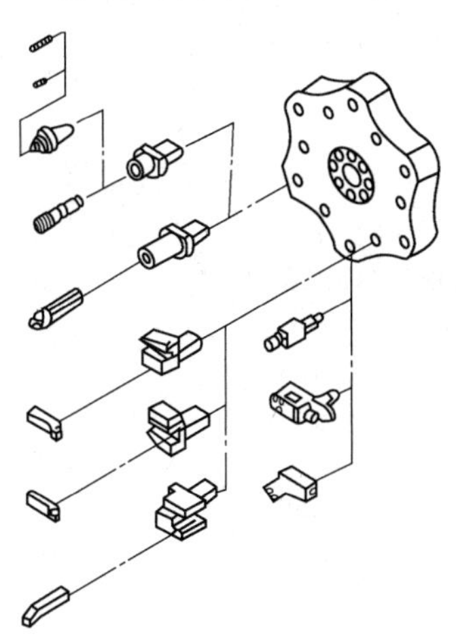

图 2-76 圆柱齿条式车刀系统

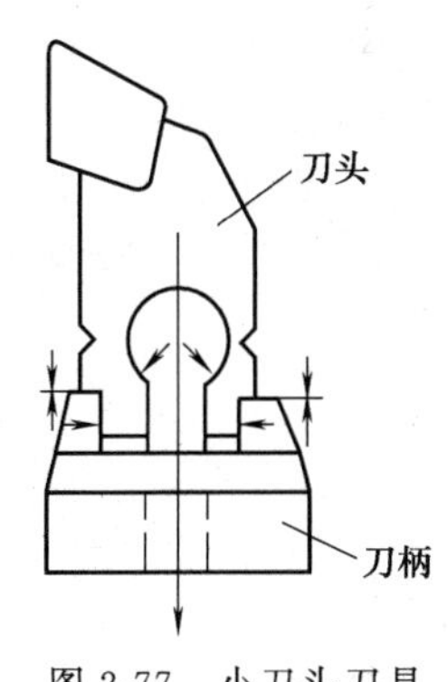

图 2-77 小刀头刀具

2.7.3 装刀与对刀

装刀与对刀是数控机床加工中极其重要并十分棘手的一项基本工作。对刀质量的高低，将直接影响到加工程序的编制及零件的尺寸精度。通过对刀或刀具预调，还可同时测定其各号刀的刀位偏差，有利于设定刀具补偿量。

(1) 车刀的安装

在实际切削中，车刀安装的高低，车刀刀杆轴线是否垂直，对车刀角度有很大影响。以车削外圆（或横车）为例，当车刀刀尖高于工件轴线时，因其车削平面与基面的位置发生了变化，使前角增大，后角减小；反之，则前角减小，后角增大。车刀安装的歪斜，对主偏角、副偏角影响较大，特别是在车螺纹时，会使牙型半角产生误差。因此，正确地安装车刀，是保证加工质量，减小刀具磨损，提高刀具使用寿命的重要步骤。

图 2-78 所示为车刀安装角度示意。图 2-78（a）所示为“－”的倾斜角度，增大刀具切削力；图 2-78（b）所示为“＋”的倾斜角度，减小刀具切削力。

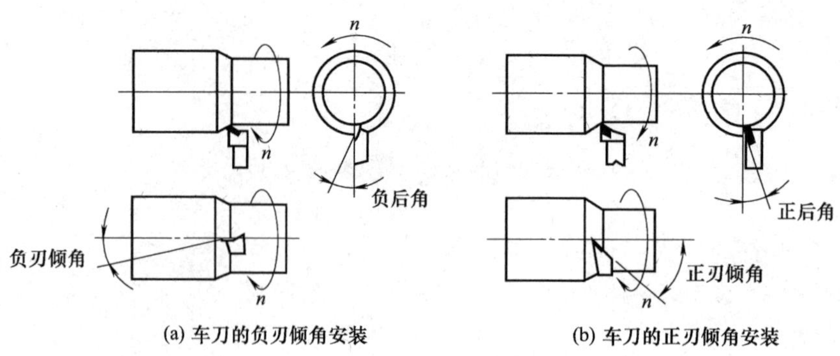

图 2-78　车刀的安装角度

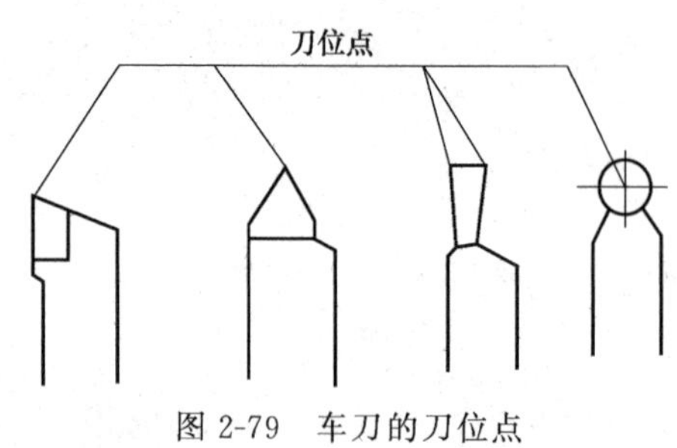

图 2-79　车刀的刀位点

(2) 刀位点

刀位点是指在加工程序编制中，用以表示刀具特征的点，也是对刀和加工的基准点。对于车刀，各类车刀的刀位点如图 2-79 所示。

(3) 对刀

在加工程序执行前，调整每把刀的刀位点，使其尽量重合于某一理想基准点，这一过程称为对刀。理想基准点可以设在基准刀的刀尖或刀具相关点上。

对刀一般分为手动对刀和自动对刀两大类。目前，绝大多数的数控机床（特别是车床）采用手动对刀，其基本方法有定位对刀法、光学对刀法、ATC 对刀法和试切对刀法。在前三种手动对刀方法中，均可能因受到手动和目测等多种误差的影响，降低对刀精度，故往往通过试切对刀，以得到更加准确和可靠的结果。数控车床常用的试切对刀方法如图 2-80 所示。

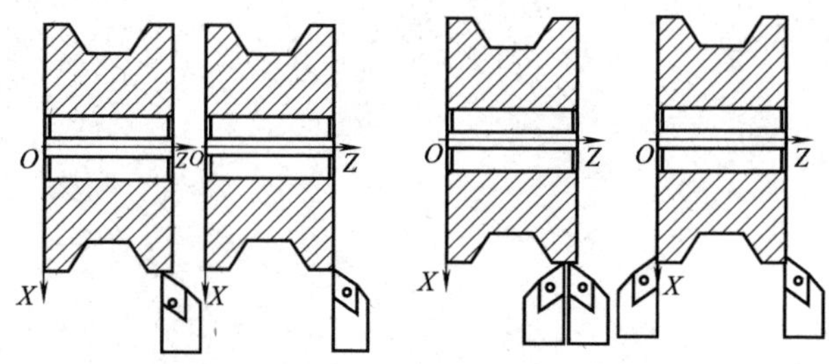

图 2-80　数控车床常用试切对刀方法

(4) 对刀点和换刀点位置的确定

对刀点是指在数控机床上加工零件时，刀具相对零件做切削运动的起始点。换刀点是指在编制加工中心、数控车床等多刀加工的各种数控机床所需加工程序时，相对于机床固定原点而设置的一个自动换刀位置。

1）对刀点位置的确定。

① 尽量与工件的尺寸设计基准或工艺基准相一致。

② 尽量使加工程序的编制工作简单和方便。

③ 便于用常规量具和量仪在机床上进行找正。

④ 该点的对刀误差应较小，或可能引起的加工误差为最小。

⑤ 尽量使加工程序中的引入（或返回）路线较短，并便于换（转）刀。

⑥ 应选择在与机床约定机械间隙状态（消除或保持最大间隙方向）相适应的位置上，避

免在执行其自动补偿时造成“反补偿”。

⑦ 必要时，对刀点可设定在工件的某一要素或其延长线上，或设定在与工件定位基准有一定坐标关系的夹具某位置上。

确定对刀点位置的方法较多，对设置了固定原点的数控机床，可配合手动及显示功能进行确定；对未设置固定原点的数控机床，则可视其确定的精度要求而分别采用位移换算法、模拟定位法或近似定位法等进行确定。

2）换刀点位置的确定　换刀的位置可设定在程序原点、机床参考点上或浮动原点上，其具体的位置应根据工序内容而定。

为了防止在换（转）刀时碰撞到被加工零件或夹具，除特殊情况外，其换刀点都设置在被加工零件的外面，并留有一定的安全量。

2.8　量具与测量

尽管数控车床的车削具有加工精度高、自动化程度高且产品质量稳定的特点，但作为保证及控制产品加工品质的重要手段之一，对其所加工的零件进行检测也是必不可少的。此外，在零件加工过程中，不但应严格按照图样规定的形状、尺寸和其他的技术要求加工，而且要随时用测量器具对工件进行测量，以便及时了解加工状况并指导加工，以保证工件的加工精度和质量。所以不断地提高加工者的测量技术水平，使之能正确、合理地使用测量器具，在测量过程中得到准确的测量结果，是保证产品质量和提高生产效率的基本环节。

2.8.1　测量的概念及测量器具的选择

测量是为确定“量值”而进行的一系列实验操作过程。正确的测量，保证测量数值的精准是保证尺寸加工精度的重要因素之一。

(1) 测量方法

测量方法是指在进行测量时，所采用的计量器具和测量条件的综合。

根据被测对象的特点，如精度、长短、轻重、材质、数量等来确定所用计量器具。并研究分析被测参数特点和他与其他参数的关系，来确定最合适的测量方法及测量条件。总的说来，测量方法主要有以下几种。

① 直接测量法。不必对被测的量与其他实测的量进行函数关系的辅助计算，而直接得到被测量值的测量方法。例如用游标卡尺、外径千分尺测量轴颈；用万能角度尺测量角度等。此法简单、直观，无需进行计算。

② 间接测量法。是测量与被测量有已知函数关系的其他量，并通过辅助计算来得到被测量值的测量方法。例如用正弦规测量锥体的锥度；用“三针”测量螺纹中径等。

③ 接触测量法。测量仪器的测量头与工件的被测表面直接接触，并有机械作用的测力存在的测量方法。

④ 不接触测量法。测量仪器的测量头与工作的被测表面不直接接触，且没有机械的测力存在的测量方法。如光学投影仪测量、气动测量等。

⑤ 静态测量法。量值不随时间变化的测量方法。测量时，被测表面与测量头是相对静止的。如用“公法线千分尺”测量齿轮的公法线长度。

⑥ 动态测量法。是对随时间变化量的瞬间量值的测量方法。测量时，被测表面与测量头有相对运动。例如用“表面粗糙度测量仪”测量表面粗糙度。

⑦ 直接比较测量法。测量示值可直接表示出被测尺寸的全值的测量方法。如游标卡尺测量轴的直径。

⑧ 微差比较测量法。测量示值仅表示被测尺寸对已知标准量的偏差，而测量结果为已知

标准量与测量示值的代数和的测量方法。如用比较仪测量轴的直径。

⑨ 综合测量法。同时测量工件上的几个有关参数，进而综合判断工件是否合格的测量方法。如用螺纹量规检验螺纹零件。

⑩ 单项测量法。单个地、彼此没有联系地测量工件的单项参数的测量方法。如分别测量螺纹的中径、螺距和半角等。

(2) 测量的准确度

测量准确度是指测量结果与真值的一致程度。在测量时，无论采用什么测量方法和多么精密的测量器具，其测量结果总会存在测量误差。不同人在不同的测量器具上测同一零件上的同一部位，测量结果会不相同。即使同一个人用同一台测量器具，在同样条件下多次重复测量，所获得的测量结果也不会完全相同。这就是因为任何测量都不可避免地存在着测量误差。

(3) 测量误差

由于测量器具、测量方法、人员素质等众多原因，造成测量结果不可避免地存在着误差。因此，任何测量结果都不是被测值的真值。测量精度和测量误差是两个相对的概念。误差是不准确的意思，即指测量结果离开真值的程度。

1）测量误差的表示方法　测量误差可用绝对误差和相对误差来表示。

① 绝对误差。绝对误差是测量结果与被测量约定真值之差。可用下式表示：

$$\Delta = x - \mu_0$$

式中　Δ——测量绝对误差；

x——测量结果；

μ_0——约定真值。

测量绝对误差 Δ 是代数值。它可是正值、负值或零。

测量绝对误差 Δ 值的大小表示了测量的准确程度。Δ 值越大，表示测量的准确度越低；反之，Δ 值越小，则表示测量的准确度越高。

② 相对误差。相对误差是指测量绝对误差的绝对值与被测量的约定真值之比。可用下式表示：

$$\varepsilon = \frac{|\Delta|}{\mu_0} \times 100\%$$

式中　ε——相对误差。

当被测量的基本尺寸相同时，可用测量绝对误差大小来比较测量准确度的高低。而当被测量的基本尺寸不同时，则需用相对误差的大小来比较测量准确度的高低。

相对误差是不名数。通常用百分数（%）表示。

如对 ϕ40mm 的轴颈，其测量的绝对误差为＋0.002mm；ϕ400mm 的轴颈测量的绝对误差为＋0.01mm。要比较两轴颈测量准确度，可利用相对误差进行。

由

$$\varepsilon_1 = \frac{|\Delta_1|}{\mu_{01}} \times 100\% = \frac{|1+0.02|}{40} \times 100\% \approx 2.5\%$$

$$\varepsilon_2 = \frac{|\Delta_2|}{\mu_{02}} \times 100\% = \frac{|1+0.01|}{400} \times 100\% \approx 0.25\%$$

知 $\varepsilon_1 > \varepsilon_2$，所以对 ϕ400mm 轴颈的测量准确度高。

2）测量误差的来源　测量误差的来源是多方面的。测量过程中的所有因素几乎都会引起测量误差。与测量过程有密切关系的基准件、测量方法、测量器具、调整误差、环境条件及测量人员等各种因素都会引起误差。

3）测量误差的分类　根据测量误差出现的规律，可将测量误差分成三种基本类型，即系统误差、随机误差和粗大误差。

① 系统误差。系统误差是在对同一被测量的多次测量过程中，保持恒定或以可预知方式变化的测量误差分量。前者属于定值系统误差，后者是变值系统误差。例如千分尺在使用前应调零位，若零位未调准，将引起定值系统误差。又如分度盘偏心引起的角度测量误差，是按正弦规律变化的变值系统误差。

在测量中一般不允许存在系统误差。若有了系统误差则应设法消除或减小，以提高测量结果的准确度。消除或减小系统误差的主要方法有以下几种。

第一种，找出产生系统误差的原因，经重新调整等手段设法消除。

第二种，修正法。通过改变测量条件，用更精确的测量器具进行对比实验，发现定值系统误差，取其相反符号作为其正值，以此对原测量结果进而修正。

第三种，两次读数法。对同一被测量部位取两次测得值的平均值作为测量结果。

②随机误差。在相同条件下，多次测量同一量值时，以不可知方式变化的测量误差的分量。在同一测量条件下，多次、重复测量某一被测量时，对每一次测量结果的误差其绝对值和正负号均不可预测，且变化不定。但就整体来看，当以足够多的次数重复测量时，这些误差符合统计规律。因此常用概率论和统计原理对它进行处理。

随机误差是由测量过程中未加控制又不起显著作用的多种随机因素引起的。这些随机因素包括温度的变动、测量力的变化、仪器中油膜的变化及视差等。随机误差是难以消除的，但可估算随机误差对测量结果的影响程度，并通过对测量数据的技术处理来减小对测量结果的影响。

③ 粗大误差。粗大误差是指明显超出规定条件下预期的误差。粗大误差又称过失误差。它是由某些不正常的因素造成的，如工作疏忽、经验不足、错读错记或环境条件反常突变，如振动、冲击等引起的。

粗大误差对测量结果影响极大，所以在进行误差分析时，必须从测量数据中剔除。在单次测量中为判断和消除粗大误差，可采取重复测量、改变测量方法或在不同仪器上测量等。在多次重复测量中，凡误差大于平均误差3倍的就认为是粗大误差，则予以剔除。

(4) 测量器具的选择

在机械制造中计量器具的选择主要取决于测量器具的技术指标和经济指标。选择测量器具主要由被测件的特点、要求等具体情况而定，应综合考虑以下几个问题。

① 被测件的测量项目。根据被测件的不同要求，有各种测量项目，如长度、直径、角度、螺纹、间隙等。必须根据测量项目来选择相应的测量器具。

② 被测件的特点。根据被测件的结构形状、被测部位、尺寸大小、材料、重量、刚度、表面粗糙度等来选用相适应的测量器具。

③ 被测件的尺寸公差。根据被测件的尺寸公差，选择精度相适应的测量器具是非常重要的，测量器具的精度偏高或偏低都不合理。考虑到测量器具的误差将会带入工件的测量结果中，因此选择的测量器具其允许的极限误差应当小。但测量器具的极限误差愈小，其价格就愈高，对使用时的环境条件和测量人员的要求也愈高。

④ 被测件的批量。根据工件的生产批量不同，来选择相应的测量器具。对单件小批量生产，要以通用测量器具为主；对成批多量生产，要以专用测量器具为主；而对大批大量生产，则应选用高效机械化或自动化的专用测量器具。

综合上述，测量器具的选择是个综合性问题，要全面考虑被测件要求、经济效果、工厂的实际条件及测量人员的技术水平等各方面情况，进行具体分析，合理地选择测量器具。

通常测量器具的选择可根据标准［如《产品几何技术规范（GPS）光滑工件尺寸的检验》GB/T 3177—2009］进行。对于没有标准的其他工件检测用的测量器具，应使所选用的测量器具的极限误差约占被测工件公差的1/10～1/3。其中，对高精度的工件采用1/10，对低精度的工件采用1/3甚至1/2。

(5) 测量基准与定位方式选择

1）测量基准选择　测量基准是用来测量已加工面尺寸及位置的基准。选择测量基准必须遵守基准统一的原则，即设计基准、定位基准、装配基准与测量基准应统一。

当基准不统一时，应遵守下列原则。

① 在工序检验时，测量基准应与定位基准一致。

② 在最终检验时，测量基准应与装配基准一致。

2）定位方式选择　根据被测件的结构形式及几何形状选择定位方式。选择原则如下。

① 对平面可用平面或三点支承定位。

② 对球面可用平面或V形块定位。

③ 对外圆柱面可用V形块或顶尖、三爪定心卡盘定位。

④ 对内圆柱面可用心轴或内三爪自动定心卡盘定位。

2.8.2　数控车工常用测量器具的使用

数控车削加工的零件精度一般都较高，因此，其所使用的测量器具大多为精密仪器。常用的测量器具及其使用方法主要有以下方面的内容。

(1) 游标卡尺

对于尺寸测量精度要求较高的工件，可用游标卡尺测量，如图2-81所示。

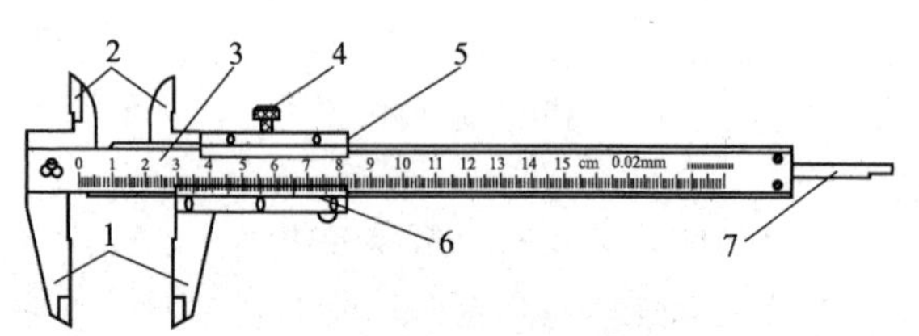

(a) 三用游标卡尺的结构

1—外测量爪；2—刀口内测量爪；3—尺身；4—紧固螺钉；5—尺框；6—游标；7—测深杆

(b) 双面游标卡尺的结构

1—刀口外测量爪；2—紧固螺钉；3—螺钉；4—微动装置；5—尺身；6—螺母；7—螺杆；8—游标；9—内、外测量爪

图2-81　游标卡尺

1）游标卡尺的作用　游标卡尺主要用于测量各种工件的内径、外径、孔距、深度、宽度、厚度，其测量使用方法参见图2-82、图2-83。

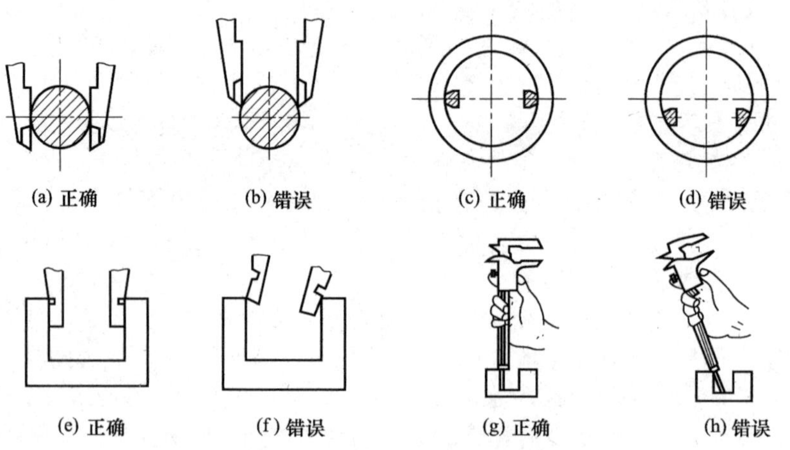

(a) 正确　(b) 错误　(c) 正确　(d) 错误

(e) 正确　(f) 错误　(g) 正确　(h) 错误

图2-82　游标卡尺的正确使用

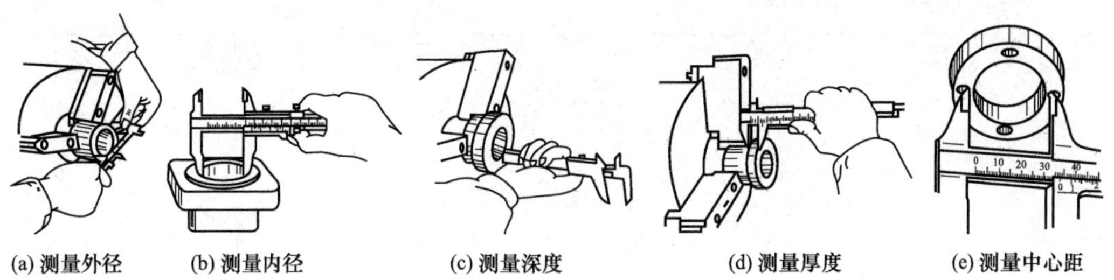

图 2-83　游标卡尺的使用方法

2）游标卡尺读数方法　一般应分三步。

① 读出游标尺上“0”刻度线所对齐的尺身上刻度线的整数值（单位为 mm），如图 2-84 下方的刻度线放大图中所示的“31mm”。

② 观察游标尺上的刻度线，找到与尺身刻度线对准的游标刻度线，读出该刻度线的小数值（单位为 mm）。如图 2-84 下方的刻度线放大图中所示的“0”刻度线右边第 4 根游标刻度线与尺身刻度线是对准的，第 4 根游标刻度线应为“0.08mm”（该游标刻度每小格为 0.02mm）。

③ 将整数值和小数值相加，即为被测工件的实际尺寸，图 2-84 所示的实际尺寸为 31＋0.08＝31.08（mm）。

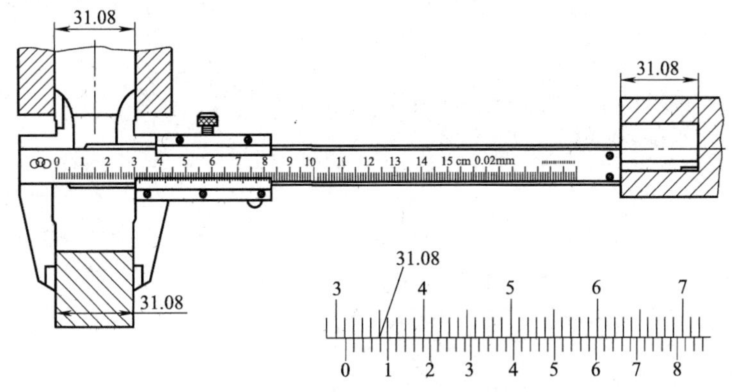

图 2-84　游标卡尺读数示例

(2) 微动螺旋副式量仪的结构及使用方法

微动螺旋副类测量器具在机械制造业中应用广泛。其结构形式多种多样，都是利用螺旋副传动原理，把螺杆的旋转运动变换成直线位移来进行测量的，测量准确度较高。

根据用途和读数显示方式不同，微动螺旋副类测量器具可分为外径千分尺、内径千分尺、杠杆千分尺、内测千分尺、深度千分尺、公法线千分尺和螺纹千分尺等。

1）外径千分尺　外径千分尺是较精密的测量工具，外径千分尺的测量范围有 0～25mm、25～50mm、50～75mm 和 75～100mm 等多种，分度值为 0.01mm，制造精度分为 0 级和 1 级两种。可用于测量长、宽、厚及外径等。

表 2-4 给出了外径千分尺的技术参数。

表 2-4　外径千分尺的技术参数　　mm

测量范围	示值误差		两测量面平行度	
	0 级	1 级	0 级	1 级
0～25	±0.002	±0.004	0.001	0.002
25～50	±0.002	±0.004	0.0012	0.0025

续表

测量范围	示值误差		两测量面平行度	
	0 级	1 级	0 级	1 级
50～75 75～100	±0.002	±0.004	0.0015	0.003
100～125 125～150	—	±0.005	—	—
150～175 175～200	—	±0.006	—	—
200～225 225～250	—	±0.007	—	—
250～275 275～300	—	±0.007	—	—

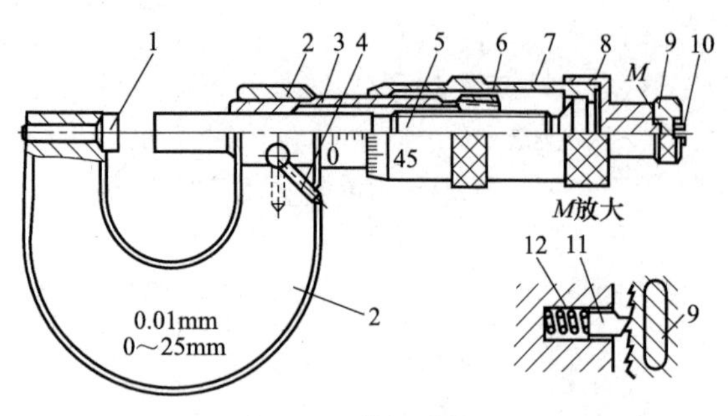

图 2-85 外径千分尺

1—固定量砧；2—弓架；3—固定套筒；4—偏心锁紧手柄；5—活动测轴；6—调节螺母；7—转筒；8—端盖；9—棘轮；10—螺钉；11—销子；12—弹簧

① 外径千分尺的构造。外径千分尺构造如图 2-85 所示，由弓架、固定量砧、活动测轴、固定套筒和转筒等组成。固定套筒和转筒是带有刻度的主尺和副尺。活动测轴的另一端是螺杆，与转筒紧固为一体，其调节范围在 25mm 以内，所以从零开始，每增加 25mm 为一种规格。

② 测量尺寸的读法。外径千分尺的工作原理是根据螺母和螺杆的相对运动而来的。螺母和螺杆配合，如果螺母固定而拧动螺杆，则螺杆在旋转的同时还有轴向位移，螺杆旋转一周，轴向位移一个螺距，如果旋转 1/50 周，轴向位移就等于螺距的 1/50。

固定套筒上 25mm 长有 50 个小格，一格等于 0.5mm，正好等于活动测轴另一端螺杆的螺距。转筒沿圆周等分成 50 个小格，则转筒转过一小格固定套筒轴向移动 0.01mm，因此可从转筒上读出小数，读法是：工件尺寸＝固定套筒格数×1/2＋转筒格数×0.01。

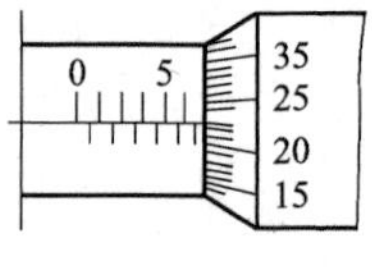

如图 2-86 所示，固定套筒 11 格，转筒 23 格，工件尺寸＝11×1/2＋23×0.01＝5.73（mm）。

图 2-86 千分尺的读法

③ 外径千分尺的使用。使用前检查固定套筒中线和转筒零线是否重合。测量范围为 0～25mm 的千分尺是将固定量砧和活动测轴两测量面贴近，若是测量范围大于 25mm 的千分尺，则应将检验棒置于两测量面之间。如中线与零线重合，千分尺可以使用，如不重合，应扭动转筒进行调整。

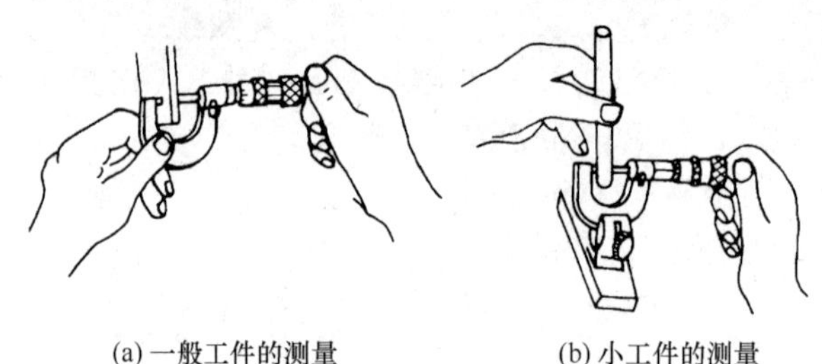

(a) 一般工件的测量　(b) 小工件的测量

图 2-87 外径千分尺的测量

测量时，应先将千分尺的两测量面擦拭干净，还要将测量工件的毛刺去掉并擦净，一般左手拿千分尺的弓架，右手拧动转筒，当两测量面与工件接触后，右手开始旋转棘轮，出现空转，发出“咔咔”响声，即可读出尺寸。读数时，最好不要从被测件上取下千分尺，如果要取下，则应将锁紧手把锁上，然后才可从被测件上取下千分尺，参见图 2-87（a）；对于小工件测量，可用支架固定住千分尺，左手拿工件，右手拧动转筒，参见图 2-87（b）。

④ 外径千分尺的合理选用。测量不同精度等级的工件要选用相应的精度等级（0 级、1 级和 2 级）的千分尺进行测量，外径千分尺的适用范围可按表 2-5 选用。

表 2-5　外径千分尺的适用范围

级别	适用范围	合理使用范围
0 级	IT6～IT16	IT6～IT7
1 级	IT7～IT16	IT7～IT8
2 级	IT8～IT16	IT8～IT9

2）内测千分尺　内测千分尺具有两个圆弧测量面，适用于测量内尺寸。可测量中小尺寸孔径、槽宽等内尺寸。内测千分尺分度值为 0.01mm，测微螺杆螺距为 0.5mm，量程为 25mm，测量范围至 150mm。由于内测千分尺容易找正工件的内孔直径，使用方便，比卡尺测量准确度高。

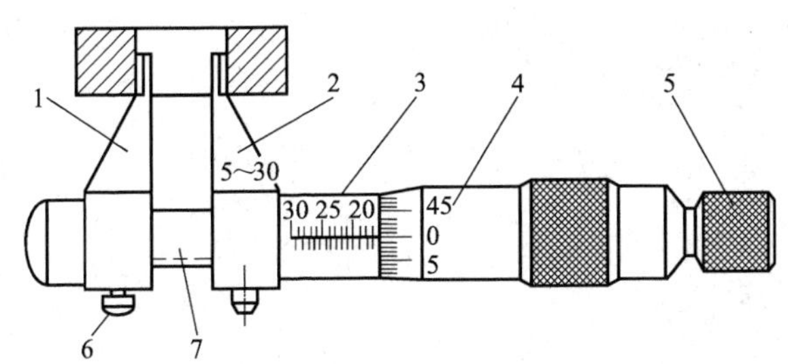

图 2-88　内测千分尺

1—固定测量爪；2—活动测量爪；3—固定套管；4—微分筒；5—测力装置；6—锁紧装置；7—导向套

① 内测千分尺的结构。内测千分尺的结构形式如图 2-88 所示。它由两个带外圆弧测量面的测量爪、固定套管、微分筒、测力装置和锁紧装置构成。

② 内测千分尺的工作原理。内测千分尺的工作原理与外径千分尺相同。转动微分筒，通过测微螺杆使活动测量爪沿着轴向移动，通过两个测量爪的测量面分开的距离进行测量。

③ 内测千分尺使用方法。内测千分尺的读数方法与外径千分尺相同。但它的测量方向和读数方向与外径千分尺相反，注意不要读错。

测量时，先将两个测量爪的测量面之间的距离调整到比被测内尺寸稍小，然后用左手扶住左边的固定测量爪并抵在被测表面上不动；右手按顺时针方向慢慢转动测力装置，并轻微摆动，以便选择正确的测量位置，再进行读数。

校对零位时，应使用检验合格的标准量规或量块，而不能用外径千分尺。

测量时不允许把两个测量爪当作固定卡规使用。

3）内径千分尺　内径千分尺是利用螺旋副原理，对主体两端球形测量面间分开的距离进行读数的内尺寸测量器具。

内径千分尺可测量工件的孔径、槽宽、两个内端面之间的距离等内尺寸。由于内径千分尺的主体较长，所以被测的内尺寸不能太小，一般要大于 50mm。

内径千分尺分度值为 0.01mm，测微螺杆量程为 13.25mm 和 50mm，测量范围为 50～500mm。

① 内径千分尺的结构。内径千分尺的结构如图 2-89 所示，主要由测微头和各种尺寸的接长杆组成。其中测微头是利用螺旋副原理，对测微螺杆轴向位移量进行读数的，并备有安装部位与接长杆连接。测微头结构与外径千分尺基本相同，只是没有尺架和测力装置，如图 2-89 (a) 所示。

旋转微分筒，活动测头在转动的同时沿着轴向移动。通过固定测头和活动测头两个测量面之间的距离变化，进行内尺寸的测量。其读数方法与外径千分尺相同。

活动测头的移动量较小，为了扩大测量范围，可连接不同长度尺寸的接长杆，如图 2-89 (b) 所示。

接长杆内有一量杆 12，平时不用时，靠弹簧 10 将量杆推向右端，被管接头 9 挡住，这时量杆的两端都不外露，起保护作用。需要接长时，先拧下测微头左端螺母 2，将接长杆带有内螺纹的右端旋在测微头固定套管的左端上。此时固定测头 1 把量杆 12 向左边顶，使量杆的另一端伸出来，即可进行测量。然后把螺母 2 拧到接长杆左端的管接头 9 上，用作保护。

把几根接长杆连接起来，测量范围就大多了。内径千分尺与接长杆是成套供应的。每套内径千分尺带多少根接长杆，与它的测量范围有关。

每套内径千分尺还附有校对卡板，用于校对测量头的零位。

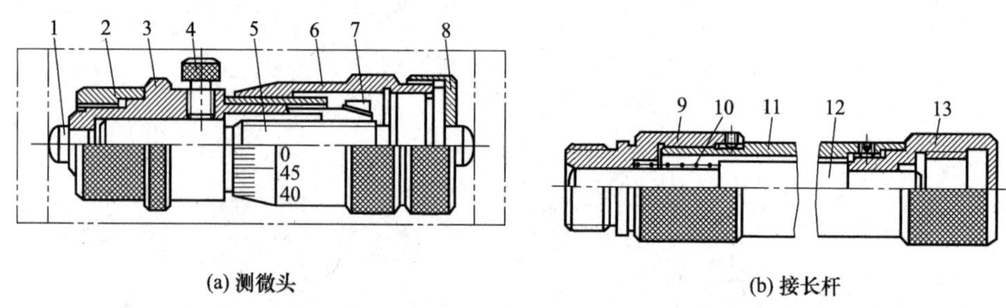

(a) 测微头　　(b) 接长杆

图 2-89　内径千分尺

1—固定测头；2—螺母；3—固定套管；4—锁紧装置；5—测微螺杆；6—微分筒；7—调节螺母；8—后盖；9—管接头；10—弹簧；11—套管；12—量杆；13—管接头

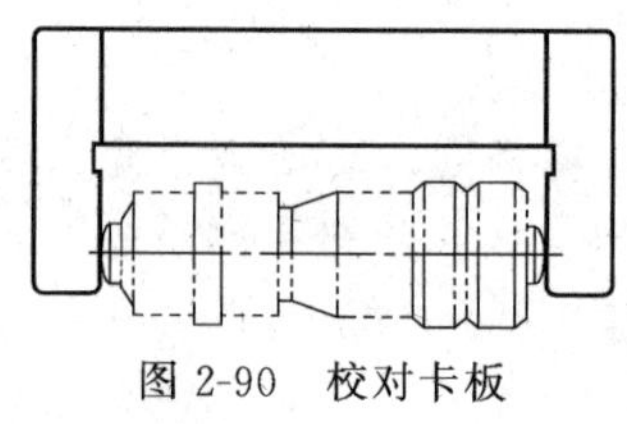

图 2-90　校对卡板

② 内径千分尺使用方法。使用内径千分尺前，要校对、检查零位。把测微头放在校对卡板两个测量面之间（图 2-90），用左手把固定测头压到校对卡板的测量面上，右手轻微晃动测微头，并同时慢慢轻动微分筒，找出校对卡板两测量面之间的最小距离，再用锁紧装置把测微螺杆锁住，再取下测微头进行读数。若与校对卡板的实际尺寸相符，说明零位准。如果零位不准则需调整。其方法是：拧松后盖 8，旋转微分筒，使之对零，然后拧紧后盖。

测量时，先将内径千分尺调整到比被测孔径略小一点，然后放入被测孔内。左手拿住固定套管或接长杆套管，把固定测头轻轻压在被测孔壁上不动；用右手慢慢转动微分筒，同时让活动测头沿着被测件的孔壁，在轴向及圆周方向上稍微摆动，直到在轴向找出最小值和在径向找出最大值为止，这样才能得到较准确的测量结果。

对于长孔，应分别在几个不同的轴向截面上进行测量。而且在每个截面内还应在相互垂直的方向上进行测量。

测量曲面时，注意被测面的曲率半径不得小于测头球面半径。

要连接接长杆进行测量时，应使接长杆的数量越少越好，以减少累积误差。连接接长杆时，应按尺寸长短的顺序来排列：把最长的接长杆先与测微头连接，把最短的接长杆放在最后。不要忘记把保护螺母拧到最后一个接长杆上。

测量时注意防止手温等温度因素的影响。特别是大尺寸的内径千分尺受温度变化的影响显著。

接长后的大尺寸内径千分尺，测量时可用两点支承。支承点到两端的距离取全长的0.2，可使变形量最小。

测量时，不允许把内径千分尺用力压入被测件内，以免细长的接长杆弯曲变形。

大型内径千分尺用毕注意垫平放置或垂直吊挂，以免变形。

使用内径千分尺的技术较难掌握，测力大小全凭感觉来控制，而且在被测件中也难找到正确测量位置。要想提高测量准确度，应不断提高操作水平，积累测量经验。

(3) 百分表的结构及使用方法

百分表有多种多样，图2-91是常用的一种。称为钟表式百分表，它是检查工件的尺寸、形状和位置偏差的重要量具。既可用于机械零件的绝对测量和比较测量，也能在某些机床或测量装置中作定位和指示用。

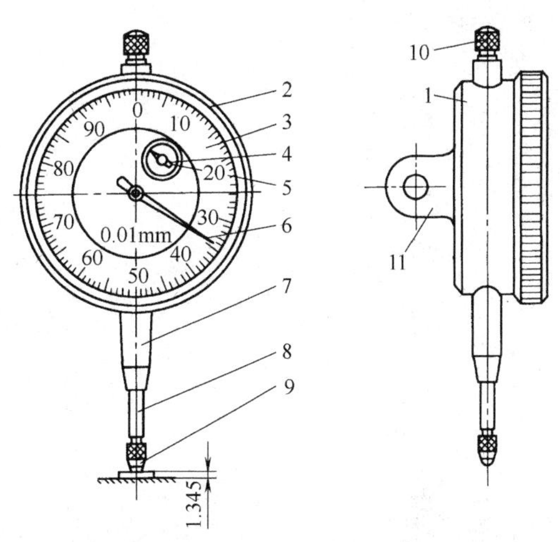

图2-91　钟表式百分表

1—表体；2—表圈；3—表盘；4—转数指示盘；5—转数指针；6—主指针；7—轴套；8—测量杆；9—测量头；10—挡帽；11—耳环

1）百分表的工作原理　各种百分表都有表盘、指针指示。被测件触动百分表的测量头，然后经过百分表内的齿轮放大机构放大行程，再转动指针。根据这个原理使测头的微小直线位移，变成指针顶端的较大的圆周位移，借助表盘刻度读出测头的直线位移数值。通常表盘4上的圆周等分为100格，放大比例是测头每位移0.01mm指针转动一格，所以百分表的测量精度为0.01mm。

2）百分表的技术参数　百分表的示值范围有0～3mm、0～5mm和0～10mm三种。百分表的制造精度分为0级、1级和2级三等。表2-6给出了百分表的技术参数。

表2-6　百分表的技术参数　mm

精度等级	示值误差			适用范围
	0～3	0～5	0～10	
0级	0.009	0.011	0.014	IT6～IT14
1级	0.014	0.017	0.021	IT6～IT16
2级	0.020	0.025	0.030	IT7～IT16

3）百分表的使用　钟表式百分表常与表架一同使用。图2-92为用百分表检查在专用顶针上支承的工件，先使百分表的测头压到被测工件的表面上，再转动刻度盘，使指针对准零线，然后转动工件，就可看到百分表指针的摆动，摆动的幅度就等于被测工件表面的径向跳动量。

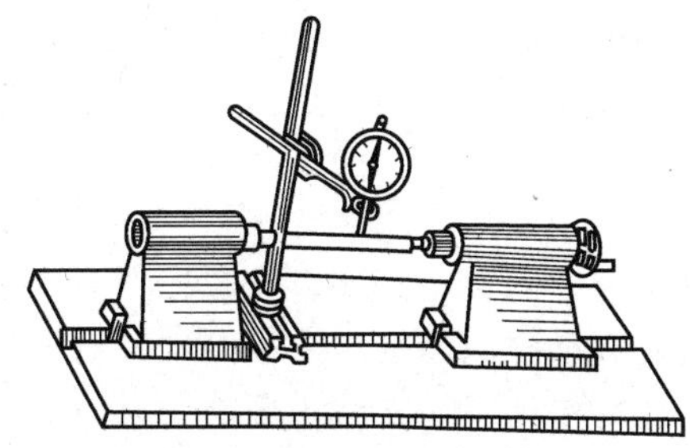

图2-92　检查工件径向圆跳动的方法

测量时，百分表的测头轴心线应与被测表面相垂直，否则影响测量精度。读数时，应当正视表盘，视线歪斜会造成读数不准。使用百分表时，应避免振动，否则指针颤动，影响测量精度。

测量过程中，测头和测轴不应粘有油污，否则会

使测轴失去灵敏性。百分表测量完后，应及时从表架上取下，擦干净后放入专用盒中，

4）其他表类量具　除钟表式百分表外，还有内径百分表、杠杆百分表等其他类型的百分表，此外，还有外径千分表（测量精度为 0.001mm）、杠杆千分表（测量精度为 0.002mm）等表类量具。

内径百分表由百分表和专门表架组成，其主体是一个三通形式的表体 2，百分表的测量杆 5 与推杆 8 始终接触，推杆弹簧 4 是控制测量力的，并经过推杆 8、等臂直角杠杆 9 向外顶住活动测头 10。测量时，活动测头的移动使等臂直角杠杆回转，通过推杆推动百分表的测量杆，使百分表指针回转。由于等臂直角杠杆的臂是等长的，因此百分表测量杆、推杆和活动测头三者的移动量是相同的，所以，活动测头的移动量可以在百分表上读出。内径百分表的测量范围由可换测头来确定。

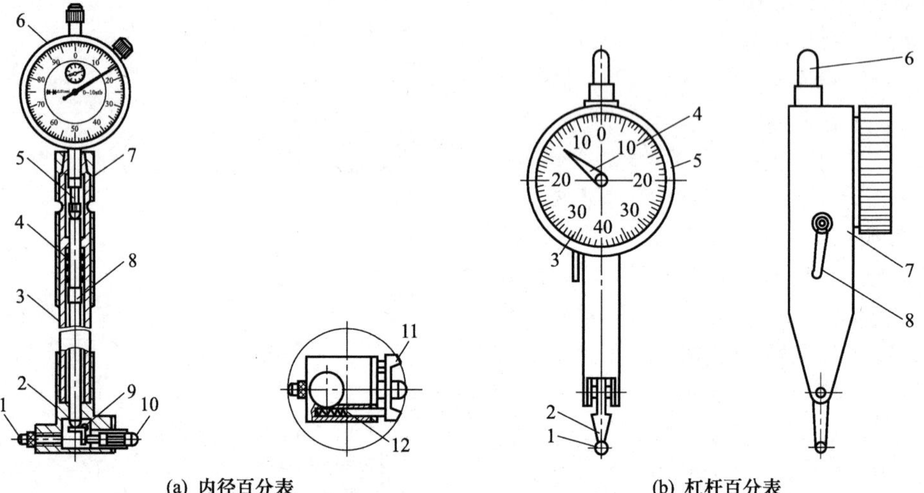

(a) 内径百分表

1—固定测头；2—表体；3—直管；4—推杆弹簧；5—量杆；6—百分表；7—紧固螺钉；8—推杆；9—等臂直角杠杆；10—活动测头；11—定位护桥；12—护桥弹簧

(b) 杠杆百分表

1—测头；2—测杆；3—表盘；4—指针；5—表圈；6—夹持柄；7—表体；8—换向器

图 2-93　其他表类量具

护桥弹簧 12 对活动测头起控制作用，定位护桥 11 起找正直径位置的作用，它保证了活动测头和可换测头的轴线与被测孔直径的自动重合，具体参见其结构［如图 2-93（a）所示］。内径百分表主要用于测量孔的直径和孔的形状误差，特别适宜于深孔的测量；杠杆百分表的结构如图 2-93（b）所示，杠杆百分表的体积小，测量杆可按需要摆动，并能从正反方向测量。主要用来校正基准面、基准孔。与机床配合可以对小孔、槽、孔距等尺寸进行测量。

① 内径百分表的使用。使用内径百分表进行测量时，应注意以下方法。

首先应根据被测工件的基本尺寸，选择合适的百分表和可换测头，测量前应根据基本尺寸调整可换测头和活动测头之间的长度等于被测工件的基本尺寸加上 0.3～0.5mm，然后固定可换测头。接下来安装百分表，当百分表的测量杆测头接触到传动杆后预压测量行程 0.3～1mm 并固定。

其次，应进行正确的校对。用内径百分表测量孔径属于相对测量法，测量前应根据被测工件的基本尺寸，使用标准样圈调整内径百分表零位。在没有标准样圈的情况下，可用外径千分尺代替标准样圈调整内径百分表零位，要注意的是千分尺在校对基本尺寸时最好使用量块。

测量或校对零值时，应使活动测头先与被测工件接触，对于孔应通过径向摆动来找最大直径数值，使定位护桥自动处于正确位置；通过轴向摆动找最小直径数值，方法是将表架杆在孔

的轴线方向上做小幅度摆动［如图 2-94（a）所示］，在指针转折点处的读数就是轴向最小数值（一般情况下要重复几次进行核定），该最小值就是被测工件的实际量值。对于测量两平行面间的距离时，应通过上下、左右的摆动来找宽度尺寸的最小数值（一般情况下要重复几次进行核定），该最小值就是被测工件的实际量值。

最后，在读数时要以零位线为基准，当大指针正好指向零位刻线时，说明被测实际尺寸与基本尺寸相等；当大指针顺时针转动所得到的量值为负（－）值时，表示被测实际尺寸小于基本尺寸；当大指针逆时针转动所得到的量值为正（＋）值时，表示被测实际尺寸大于基本尺寸。

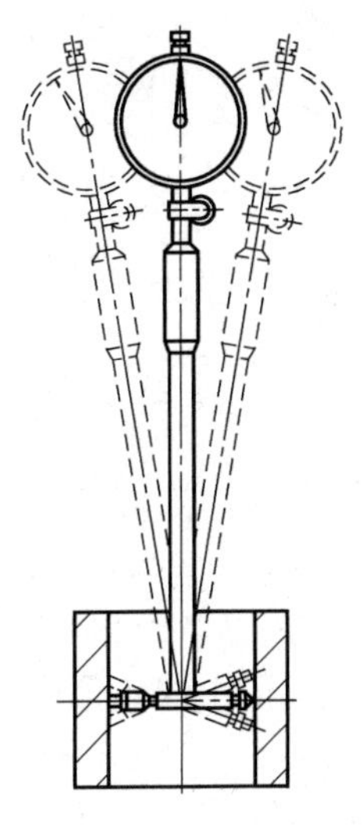

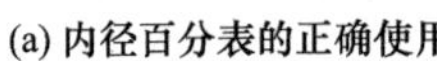

(a) 内径百分表的正确使用

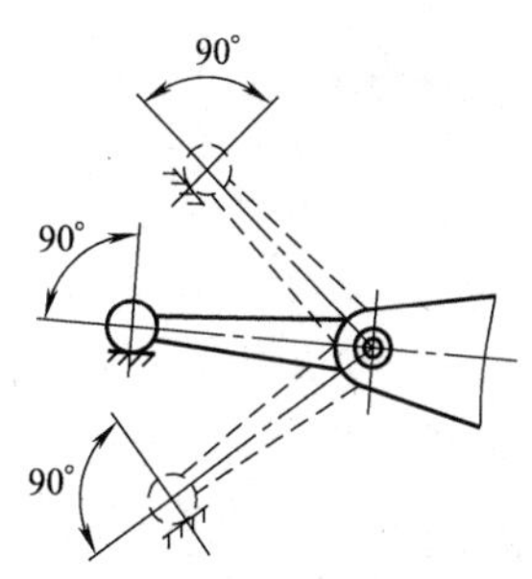

(b) 杠杆百分表的正确使用

图 2-94　表类量具的使用

②杠杆百分表的使用。使用杠杆百分表进行测量时，应尽量使测量杆与被测面保持平行［如图 2-94（b）所示］。进行基准孔、基准槽校正时，由于杠杆百分表量程小，所以应基本找到孔或槽的中心时，方可进行测量，以免损伤杠杆表，降低测量精度。

对于外径千分表、杠杆千分表，由于其灵敏度很高，故只能用于高精度零件的测量。

(4) 量块的结构及使用方法

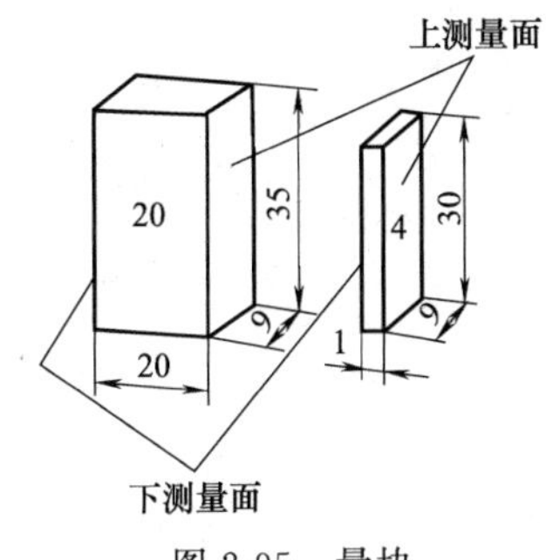

图 2-95　量块

量块也叫块规，其结构如图 2-95 所示。它有两个高度平行光滑的测量面，两个测量面间的距离尺寸叫作量块尺寸，20mm 及 4mm 就是量块尺寸。

量块是长度计量的基准，它用于调整、校正或检验测量仪器、量具及精密工件，也可用于精密机床调整等工作，如和量块附件组合使用，也可用于精密划线。量块选用优质合金钢制成，精度等级分为 0、1、2、3 级 4 个等级。0 级供计量部门作长度基准，1、2 级用作企业计量室，3 级供车间生产使用。

1）量块分组　量块分组参见表 2-7。

表 2-7　量块分组

序号	总块数	公称尺寸系列	间隔	块数	精度等级
1	112	0.5、1.0、1.0005、1.001 1.002、…、1.009 1.01、1.02、…、1.49 1.5、2、…、25 50、75、100	0.001 — 0.01 0.5 25	3 9 49 48 3	0、1
2	88	0.5、1.0、1.0005、…、1.001 1.002、…、1.009 1.01、1.02、…、1.49 1.5、2、2.5、…、9.5 10、20、30、…、100	— 0.001 0.01 0.5 10	3 9 49 17 10	0、1
3	83	0.5 1 1.005 1.01、1.02、…、1.49 1.5、1.6、…、1.9 2.0、2.5、…、9.5 10、20、…、100	— — — 0.01 0.1 0.5 10	1 1 1 49 5 16 10	0、1、2、3

续表

序号	总块数	公称尺寸系列	间隔	块数	精度等级
4	46	1 1.001、1.002、…、1.009 1.01、1.02、…、1.09 1.1、1.2、…、1.9 2、3、…、9 10、20、…、100	— 0.001 0.01 0.1 1 10	1 9 9 9 8 10	0、1、2、3
5	58	1 1.005 1.01、1.02、…、1.09 1.1、1.2、…、1.9 2、3、…、9 10、20、…、100	— — 0.01 0.1 1 10	1 1 9 9 8 10	0、1、2、3

2）量块尺寸的组合计算　测量时，把若干块（不超过5块）量块组合在一起使用；为了减少组合积累误差，应尽量选用最少的块数来组合，组合示例如下。

例如校对某量具时，需要65.456mm的量块；量块组的实际尺寸计算过程是从最小位数开始选取的。如采用46块的量块见表2-7。则可按以下量块尺寸进行组合。

所需量块组的尺寸：65.456mm。

选取第一块量块尺寸：1.0060mm。

余数：64.45mm。

选取第二块量块尺寸：1.050mm。

余数：63.4mm。

选取第三块量块尺寸：1.4mm。

余数：62.0mm。

选取第四块量块尺寸；2.0mm。

余数：60mm。

选取第五块量块尺寸：60mm。

余数：0。

3）量块的组合方法　量块的组合方法参见表2-8～表2-10。

表2-8　厚量块之间的组合方法

步骤	操作项目	图　示	组合要点
1	对研		把两块厚量块，在测量面中心成90°正交研合
2	旋转	14mm 23mm	轻轻加力使量块旋转，在量块滑动时进行研合
3	对齐	23mm 1mm	最后将两块量块的测量面对齐

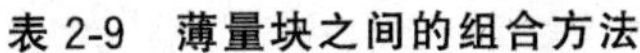

表 2-9 薄量块之间的组合方法

步骤	操作项目	图示	组合要点
1	厚薄量块对研		为了防止薄量块组合时产生弯曲变形，先将一片薄量块与厚量块进行研合
2	薄量块之间研合	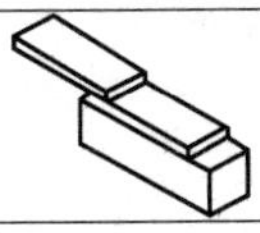	再把一片薄量块与另一片薄量块的一端进行搭接，逐步进行研合
3	撤下厚量块		研合结束，撤下厚量块

表 2-10 厚量块与薄量块的组合方法

步骤	操作项目	图 示	组合要点
1	搭接、滑动		把薄量块的一端与厚量块的一端进行搭接、研合
2	压紧、贴合		滑动量块组合测量面，压紧、贴合两量块

4）角度量块　角度量块是一种角度计量基准，用于对游标万能角度尺和角度样板的检定，也可用于检查工件内、外角，以及精密机床在加工过程中的角度调整等。角度量块有两种形式：一种是三角形的，有一个工作角；另一种是四边形的，有四个工作角，参见表 2-11。

表 2-11　角度量块

序号	精度等级	块数
1	1、2	94
2	1、2	36
3	1、2	19
4	1、2	7
5	1、2	5

角度量块分为 1 级、2 级两种精度等级。

1 级精度——不超过±10″。

2 级精度——不超过±30″。

角度量块的组合计算、角度量块的选配方法与方形量块相同。

① 例如，被测角度为 4°42′（如图 2-96 所示），可用 14°42′和 10°两块以相反方向组合。

② 例如：被测角度为 14°20′30″（如图 2-97 所示），可用 15°20′、10°0′30″和 11°三块量块组成。

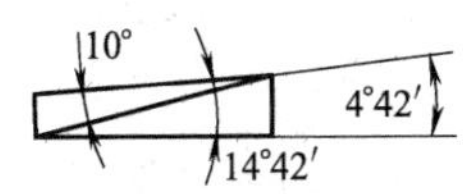

图 2-96　角度量块组合 1

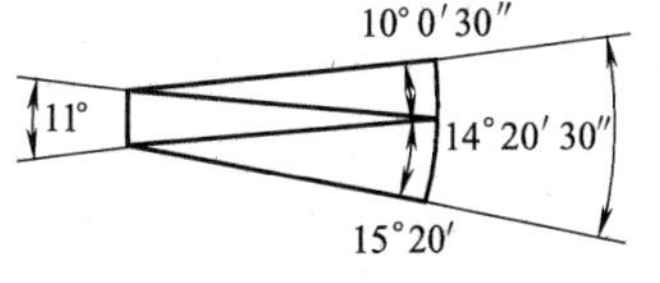

图 2-97　角度量块组合 2

5）量块使用注意事项

① 拼合和使用量块时，一定要保证量块测量面的清洁度和与测量面相接触的被测面、支承面的精密度。粗糙面、刀口、棱角面，不能使用量块，超常温的工件不得直接使用量块测

量，量块测量面不得用手擦摸，要用绸布或麂皮擦拭，防止油污或汗液影响量块的精度和研合性。

② 量块是最精密的量具，但仍有制造误差。使用时要同时使用该量块的误差表，拼好的量块要计算好误差值，再用外径千分尺校对准确方能使用。

③ 使用量块时，一次只能使用一套量块，不能几套量块混用。

6）量块的维护保养

① 量块是保存和传递长度单位的基准，只允许用于检定计量器具、精密测量、精密划线和精密机床的调整。

② 拼凑成量块组时，在量块组的两工作面上应用护块，并使其刻字面朝外。

③ 用完量块后，把量块放在航空汽油中洗净，涂以不含水分并不带酸性的防锈油，然后放入盒内固定位置摆好，并将盒放在干燥清洁的位置。

④ 要定期检定量块。

⑤ 在研合量块组时，可以在研合面上放少许航空汽油。

(5) 正弦规的结构及使用方法

正弦规又称为正弦尺，主要适用于圆锥角小于30°的圆锥体测量、精密圆锥体的测量和各种角度工件的测量。正弦规分宽型、窄型；它的规格根据两个滚棒间的距离 L 而定，有100mm和200mm两种，为了计算方便，L 值都取整数。

使用正弦规测量时，调整的角度以不超过30°为宜，因为当增大调整角时，滚棒间距离误差所造成的调整误差也很大，影响测量精度。利用正弦规原理检测工件时，其正弦值就是检验标准，也就是正弦规所垫的量块高度值 H。

计算公式：$H=L\sin\alpha$

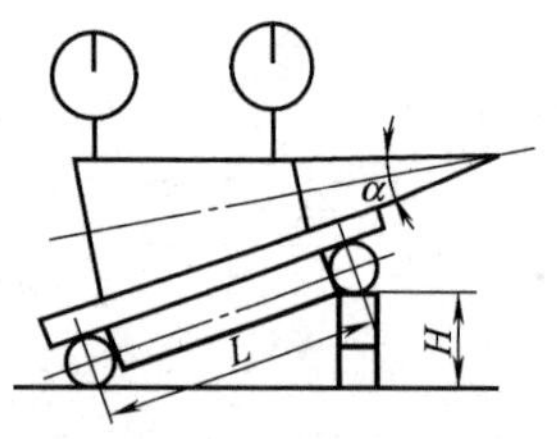

图 2-98　用正弦规测量圆锥体锥角

如图2-98所示，工件锥度 $\alpha=10°$，用200mm的正弦规测量，求 H 值（量块高度值）。

$H=L\sin\alpha=200\times\sin10°\approx34.729$（mm）

检测判断，图2-98百分表所测两处最高点等高为合格，不等高则要重新计算出实际角度，对照工件图样角度公差，才能最后确定工件是否合格。事实上当角度误差在±1′时，换算成平行度偏差在100mm的长度上是0.0291mm，也就是说用100mm的正弦规检查工件，在其全长工件上的百分表来回移动时，跳动量只有0.029mm时，角度误差在±1′以内。

(6) 水平仪的结构及使用

水平仪是测量角度变化的一种常用量具，主要用于测量平面度、直线度和垂直度等。水平仪有机械式和电子式两类。普通水平仪主要由框架和弧形玻璃管组成（如图2-99所示）。

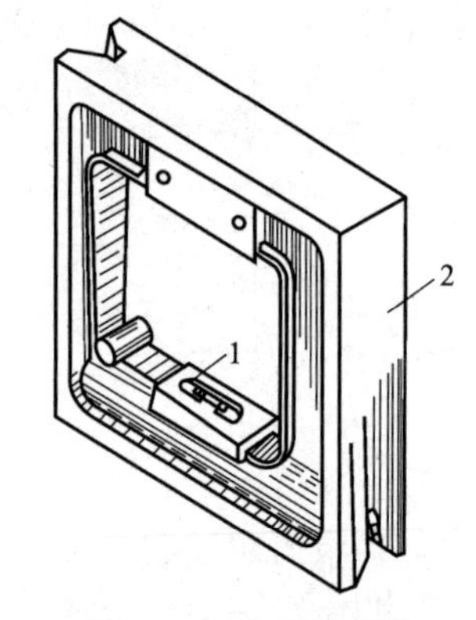

图 2-99　普通水平仪
1—玻璃管；2—框架

框架的测量面上有平面和V形槽，V形槽便于在圆柱面上测量。弧形玻璃管的表面上有刻线，内装乙醚，并留有一个水准泡（气泡），水准泡总是停留在玻璃管内的最高处。若水平仪倾斜一个角度，气泡就向左或向右移动，根据移动的距离（格数），直接或通过计算即可知道被测工件的直线度、平面度或垂直度。其中测量水平度的操作要领如下。

① 检查气泡的大小是否等于两黑点印间的长度（规格在150mm以上的水平仪，如图2-100所示有气泡室，气泡管垂直放置可调整气泡的长度）。

② 将水平仪置于大致的水平面上，左右倒转，检查气泡是

否灵敏。

③ 若倒转后的读数值与倒转前的读数值不一致，说明水平仪的零点有误差，此时应用专用工具旋转调整螺钉，以校正零点，调至倒转前后读数值相同为止。

④ 确定水平仪的精度，水平仪的精度见表 2-12。其中第一种表示此种水平仪在测量时，如气泡偏移 1 格，则表示在 1000mm 长度上两头相对水平面的高度差为 0.02mm，即被测平面在测量方向上与水平面的夹角为 4″。

表 2-12　水平仪的精度

种　类	精　度
第一种	0.020/1000mm(约 4″)
第二种	0.050/1000mm(约 10″)
第三种	0.1/1000mm(约 20″)

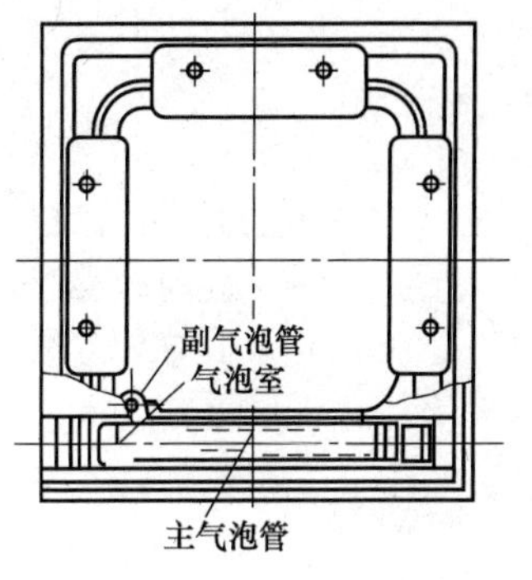

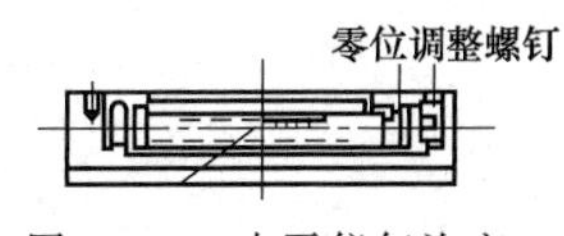

图 2-100　水平仪气泡室

水平仪的读数常用直接读数法，气泡两端正好在两长刻线上，表示位置为“0”，气泡向右移动为正数，向左移动为负数。

2.8.3　测量的方法

工件的测量及检测贯彻于生产加工整个过程，工件的测量主要包括对成品件和中间工序件的测量及检测，以实现对工件进行质量控制，保证工件、设备的加工精度和质量。

测量方法分直接测量和间接测量两种。直接测量是把被测量与标准量直接进行比较，而得到被测量数值的一种测量方法。如用卡尺测量孔的直径时，可直接读出被测数据，此属于直接测量。间接测量只是测出与被测量有函数关系的量，然后通过计算得出被测尺寸具体数据的一种测量方法。

生产加工的工件尺寸，有的通过直接测量便能得到，有的尽管不能直接测量，但可通过间接测量，经过换算即可得到。

(1) 线性尺寸的测量换算

工件平面线性尺寸换算一般都是用平面几何、三角的关系式进行的。如测量图 2-101 (a) 所示二孔的孔距 L，由于无法直接测得，只能通过直接测量相关的量 A 和 B 后，再通过关系式 $L=(A+B)/2$，求出孔心距 L 的具体数值。

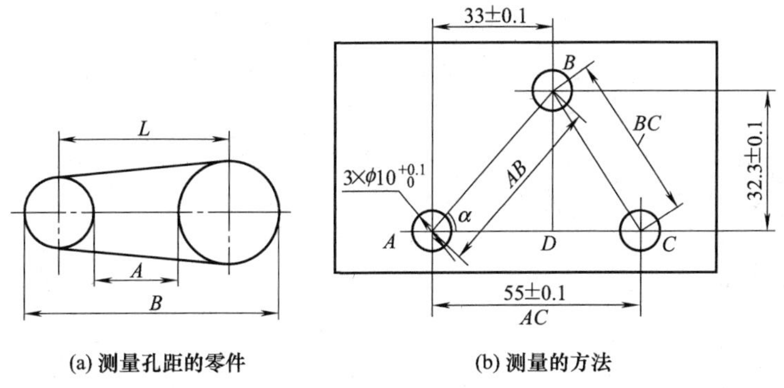

(a) 测量孔距的零件　　(b) 测量的方法

图 2-101　孔距的测量

又如测量图 2-101 (b) 所示三孔间的孔距，利用前述方法可分别测得 A、B、C 三孔孔距为：$AC=55.03$mm；$AB=46.12$mm；$BC=39.08$mm。BD、AD 的尺寸可利用余弦定理求得。

$$\cos\alpha=\frac{AC^2+AB^2-BC^2}{2AC\times AB}=\frac{55.03^2+46.12^2-39.08^2}{2\times 55.03\times 46.12}\approx 0.7148$$

$$\alpha\approx 44.38°$$

那么，$BD=AB\times\sin 44.38°=46.12\times\sin 44.38°\approx 32.26$（mm）

$AD=AB\times\cos 44.38°=46.12\times\cos 44.38°\approx 32.96$（mm）

图 2-101（b）所示 BD、AD 孔距也可借助高度游标尺通过划线测量。

图 2-102 为圆弧的测量方法。其中图 2-102（a）为利用钢柱及深度游标卡尺测量内圆弧的方法，图 2-102（b）为利用游标卡尺测量外圆弧的方法。

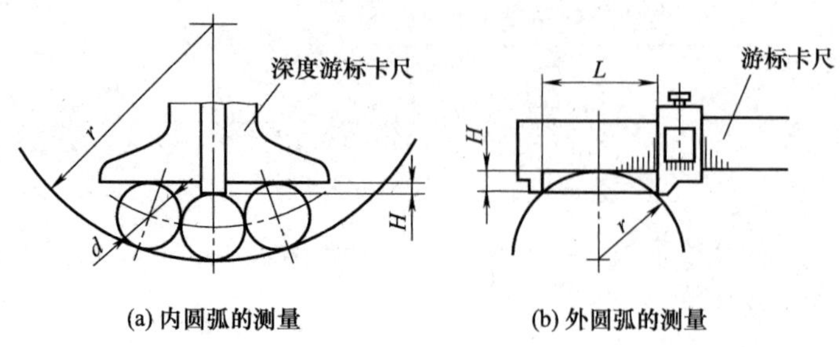

(a) 内圆弧的测量　　(b) 外圆弧的测量

图 2-102　圆弧的测量

如图 2-102（a）所示，测量内圆弧半径 r 时，其计算公式为：$r=\frac{d(d+H)}{2H}$。若已知钢柱直径 $d=20$mm，深度游标卡尺读数 $H=2.3$mm，则圆弧工作的半径 $r=\frac{20\times(20+2.3)}{2\times 2.3}\approx$ 96.96（mm）。

如图 2-102（b）所示，测量外圆弧半径 r 时，其计算公式为：$r=\frac{L^2}{8H}+\frac{H}{2}$。若已知游标卡尺的 $H=22$mm，读数 $L=122$mm，则圆弧工作的半径 $r=\frac{122^2}{8\times 22}+\frac{22}{2}\approx 95.57$（mm）。

（2）角度的测量换算

一般情况下，成型工件的角度可以直接采用万能角度尺进行测量，而一些形状复杂的工件，则需在测量后换算某些尺寸。尺寸换算可用三角、几何的关系式进行计算。

如图 2-103 所示工件，由于外形尺寸较小，用万能角度尺难以测量，则可借助高度游标尺划线，利用游标卡尺测量工件的尺寸 A、B、B_1、A_1、A_2，然后通过正切函数，即 $\tan\alpha=\frac{B-B_1}{A-A_1-A_2}$求得。

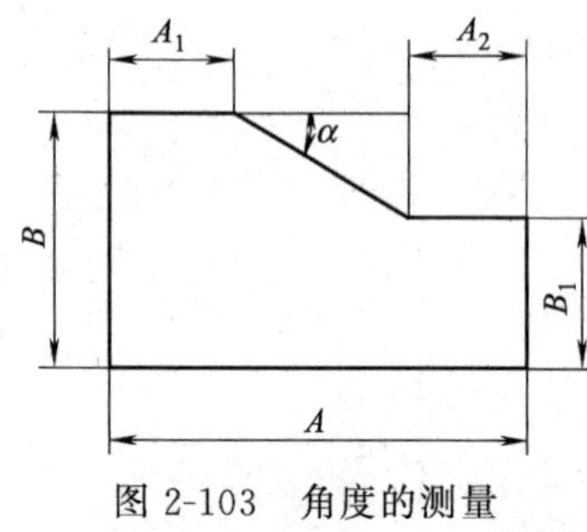

图 2-103　角度的测量

（3）常用测量计算公式（见表 2-13）

表 2-13　常用测量计算公式

测量名称	图形	计算公式	应用举例
内圆弧	深度游标卡尺 r d H	$r=\frac{d(d+H)}{2H}$ $H=\frac{d^2}{2\left(r-\frac{d}{2}\right)}$	[例]已知钢柱直径 $d=20$mm，深度游标卡尺读数 $H=2.3$mm，求圆弧工作的半径 r [解]$r=\frac{20+(20+2.3)}{2\times 2.3}\approx 96.96$(mm)

续表

测量名称	图形	计算公式	应用举例
外圆弧	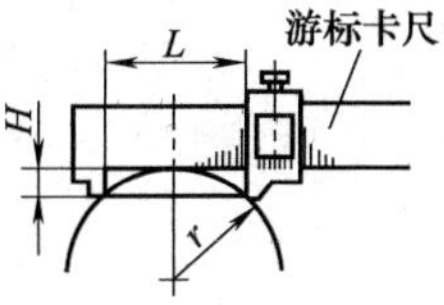	$r=\frac{L^2}{8H}+\frac{H}{2}$	[例] 已知游标卡尺的 $H=22$mm，读数 $L=122$mm，求圆弧工作的半径 r [解] $r=\frac{122^2}{8\times22}+\frac{22}{2}\approx95.57$(mm)
外圆锥斜角	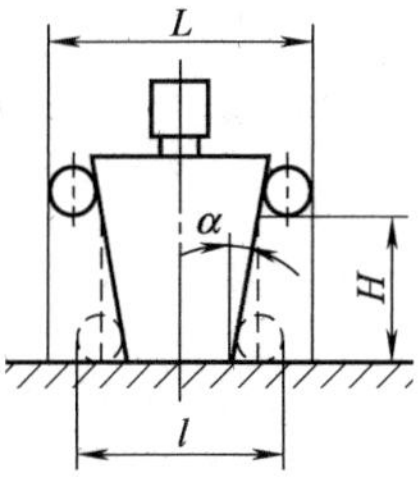	$\tan\alpha=\frac{L-l}{2H}$	[例] 已知 $H=15$mm，游标卡尺读数 $L=32.7$mm，$l=28.5$mm，求斜角 α [解] $\tan\alpha=\frac{32.7-28.5}{2\times15}$ $=0.140$ $\alpha\approx7°58'$
内圆锥斜角	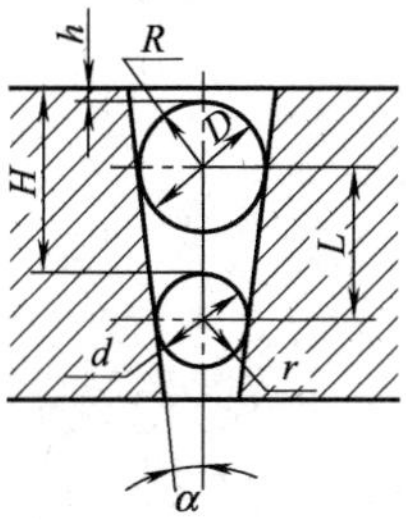	$\sin\alpha=\frac{R-r}{L}$ $=\frac{R-r}{H+r-R-h}$	[例] 已知大钢球半径 $R=10$mm，小钢球半径 $r=6$mm，深度游标卡尺读数 $H=24.5$mm，$h=2.2$mm，求斜角 α [解] $\sin\alpha=\frac{10-6}{24.5+6-10-2.2}$ ≈0.2186 $\alpha=12°38'$
	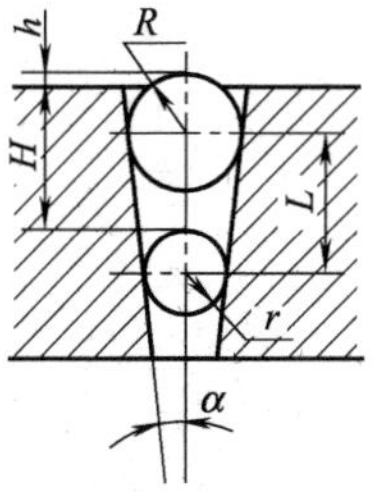	$\sin\alpha=\frac{R-r}{L}$ $=\frac{R-r}{H+h-R+r}$	[例] 已知大钢球半径 $R=10$mm，小钢球半径 $r=6$mm，深度游标卡尺读数 $H=18$ mm，$h=1.8$mm，求斜角 α [解] $\sin\alpha=\frac{10-6}{18+1.8-10+6}$ ≈0.2532 $\alpha=14°40'$
V 型槽角度	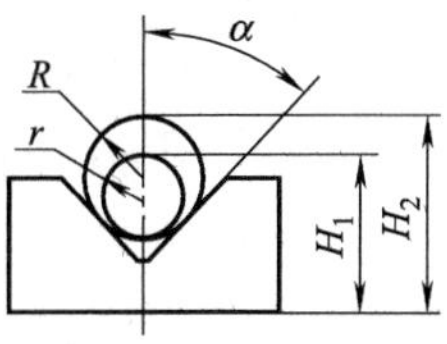	$\sin\alpha=\frac{R-r}{H_2-H_1-(R-r)}$	[例] 已知大钢柱半径 $R=15$mm，小钢柱半径 $r=10$mm，高度游标卡尺读数 $H_1=43.53$mm，$H_2=55.6$mm，求 V 形槽斜角 α [解] $\sin\alpha=\frac{15-10}{55.6-43.53-(15-10)}$ ≈0.7071 $\alpha\approx45°$

续表

测量名称	图形	计算公式	应用举例
燕尾槽		$l=b+d\left(1+\cot\frac{\alpha}{2}\right)$ $b=l-d\left(1+\cot\frac{\alpha}{2}\right)$	［例］ 已知钢柱直径 $d=10\text{mm}$，$b=60\text{mm}$，$\alpha=55°$，求 l ［解］ $l=60+10\times\left(1+\cot\frac{55°}{2}\right)=60+10\times(1+1.921)=89.21(\text{mm})$
		$l=b-d\left(1+\cot\frac{\alpha}{2}\right)$ $b=l+d\left(1+\cot\frac{\alpha}{2}\right)$	［例］ 已知钢柱直径 $d=10\text{mm}$，$b=72\text{mm}$，$\alpha=55°$，求 l ［解］ $l=72-10\times\left(1+\cot\frac{55°}{2}\right)$ $=72-10\times(1+1.921)$ $=43.79(\text{mm})$

2.8.4 尺寸及几何公差的检测

尽管生产加工过程中的零件形状多种多样、千差万别，但其加工精度都是通过尺寸公差及几何公差控制的，因此，加工工件质量的检测主要就是尺寸公差及几何公差的检测。检测的方法主要有以下方面。

(1) 尺寸公差的检测

尺寸公差主要由长度、外径、高度及内径等多种形式组成，其检测方法主要有以下几种。

1）长度、外径的检测 测量工件的外径时，一般精度的尺寸常选用游标卡尺等。对于精度要求较高的工件则选用千分尺等。

2）高度、深度的检测 高度一般是指工件外表面的长度尺寸，如台阶面到某一端面的距离。对于尺寸精度要求不高的工件，可用钢直尺、游标卡尺、游标深度尺、样板等检测。对于尺寸精度要求较高的工件，则可以将工件立在检验平台上，利用百分表（或杠杆百分表）和量块进行比较测量。

深度一般是指工件内表面的长度尺寸，一般尺寸精度的用游标深度尺测量，对于尺寸精度要求较高的则可用深度千分尺测量。

3）内径的检测 测量工件孔径尺寸时，应该根据工件的尺寸、数量和精度要求，采用相应的量具。对于工件尺寸精度要求一般的，可采用钢直尺、游标卡尺测量。对于工件精度要求较高的，则可采用以下几种方法检测。

① 使用内径千分尺测量。

② 使用塞规测量。

③ 使用内径百分表测量。

4）螺纹的检测 螺纹的主要测量参数有螺距、顶径和中径。测量的方法有单项测量和综合测量两种。

① 单项测量。单项测量使用量具对螺纹的某一项参数进行测量。其中，螺距：一般用螺距规和钢直尺、卡尺进行测量；顶径：一般用游标卡尺或千分尺进行测量；中径：一般用螺纹

千分尺、公法线千分尺和三针来测量，如图 2-104 所示。

② 综合测量。综合测量用螺纹量规（分为通规和止规）对螺纹的各直径尺寸、牙型角、牙型半角和螺距等主要参数进行综合性测量。螺纹量规包括螺纹环规和螺纹塞规。图 2-105 所示为螺纹塞规，图 2-106 所示为螺纹环规。

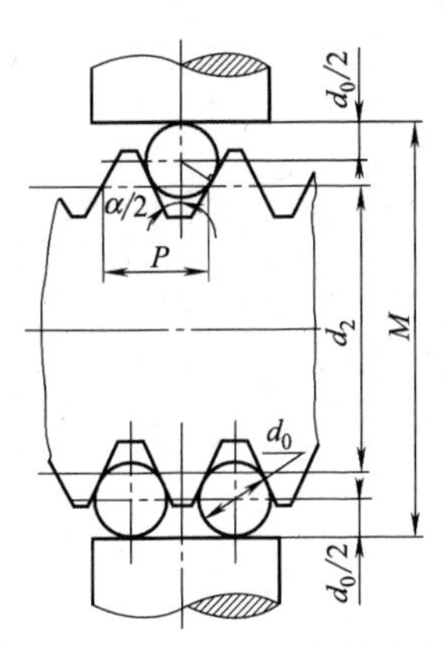

图 2-104　三针测量螺纹中径

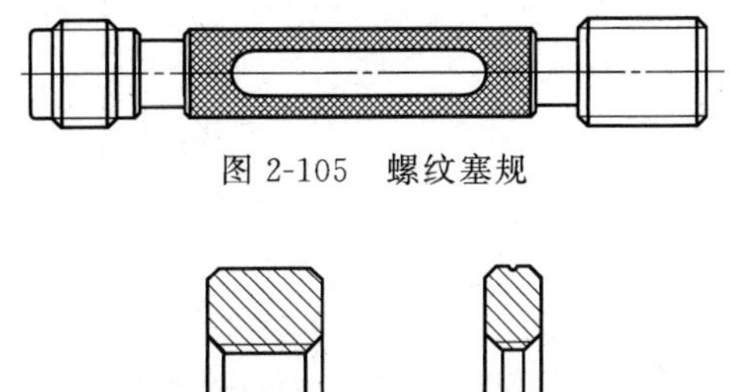

图 2-105　螺纹塞规

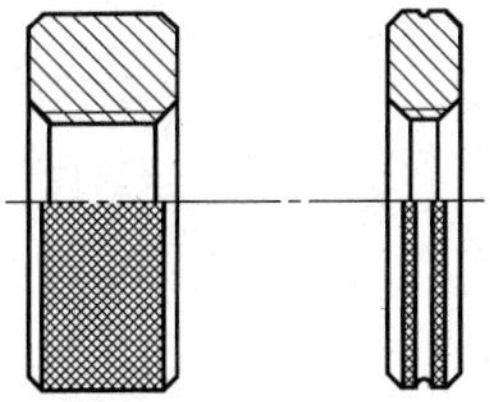

图 2-106　螺纹环规

5）角度的检测　测量工件的角度尺寸时，应该根据工件的尺寸、数量和精度要求，采用相应的量具。

① 对于角度要求一般、数量较少的工件，可用万能角度尺进行测量。

② 对于角度要求一般、成批和大量生产的工件，可用专用的角度样板进行测量，如图 2-107 所示。

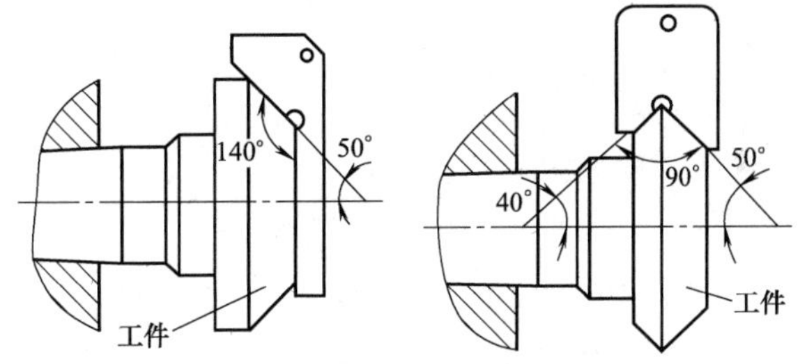

图 2-107　角度样板检测工件角度

③ 在检验标准圆锥或锥度配合精度要求较高的工件时（如莫氏圆锥和其他标准圆锥），可用标准圆锥塞规或圆锥套规来检测。

④ 对精度要求较高的单件或批量较小的工件，有时也可以用正弦规来检测。

(2) 几何公差的检测

① 圆度检测。在同一正截面上半径差为公差值的两同心圆之间的区域为圆度公差带。将被测工件放置在圆度仪上，调整零件的轴线，使其与圆度仪的回转轴线同轴，测量头每转一周，即可显示该测量截面的圆度误差。测量若干个截面，其中最大的误差值即为被测圆柱面的圆度误差。图 2-108（a）、图 2-108（b）分别给出了转轴式圆度仪及转台式圆度仪检测工件圆度的示意图。

在生产现场的实际加工中，工件内、外径的圆度可用内径百分表（或千分表）和千分尺在所测尺寸圆周的各个方向上测量，测量结果的最大值与最小值之差的一半即为圆度误差。

② 圆柱度检测。半径差为公差值的两同轴圆柱面之间的区域为圆柱度公差带。圆柱度检测方法与圆度的测量方法基本相同（见图 2-108）。所不同的是，测量头在无径向偏移的情况下，要测若干个横截面，以确定圆柱度误差。

在生产现场的实际加工中，工件内、外径的圆柱度可用内径百分表（或千分表）和千分尺在所测部位全长的前、中、后几个直径上测量，测量结果的最大值与最小值之差的一半即为该工件被测部位全长的圆柱度误差。

③ 平面度检测。距离为公差值的两平行平面之间的区域为平面度公差带。

在生产现场的实际加工中，对于工件端面的平面度可用刀口形直尺与被测平面接触，在各

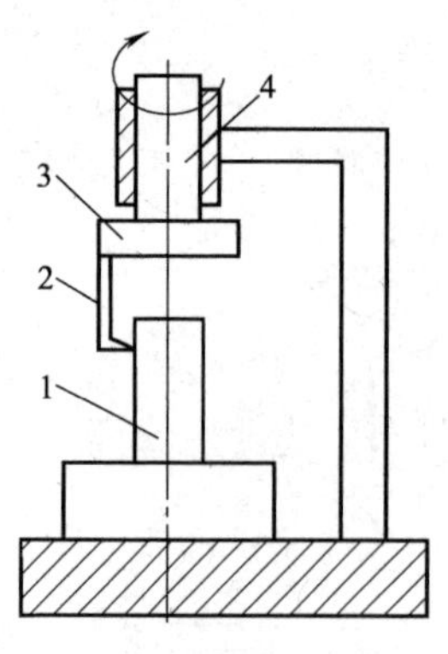

(a) 转轴式圆度仪示意图

1—工件；2—测头；3—传感器；4—回转主轴

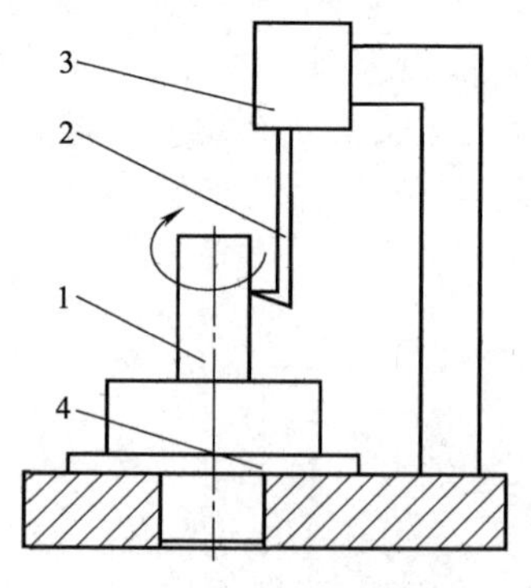

(b) 转台式圆度仪示意图

1—工件；2—测头；3—传感器；4—回转台

图 2-108　圆柱度检测

个方面检测其中最大缝隙的误差值，也可以用磁力表座和百分表（或杠杆表）来测量，如图 2-109 所示。

④ 平行度检测。当给定一个方向时，平行度公差带是距离为公差值且平行于基准面（或线）的两平行平面（或线）之间的区域。

平行度检测方法是将被测零件放置在平板上，移动百分表，在被测表面上按规定测量方向进行测量，百分表最大与最小读数之差值，即为平行度误差。图 2-110 为检验平行度示意图。

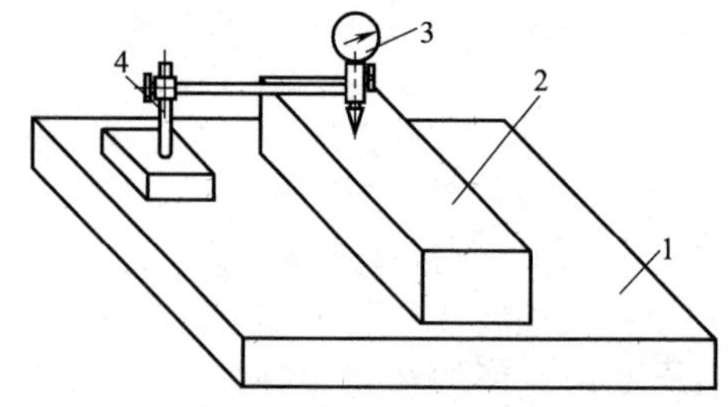

图 2-109　平面度的检测

1—平板；2—工件；3—百分表；4—测量架

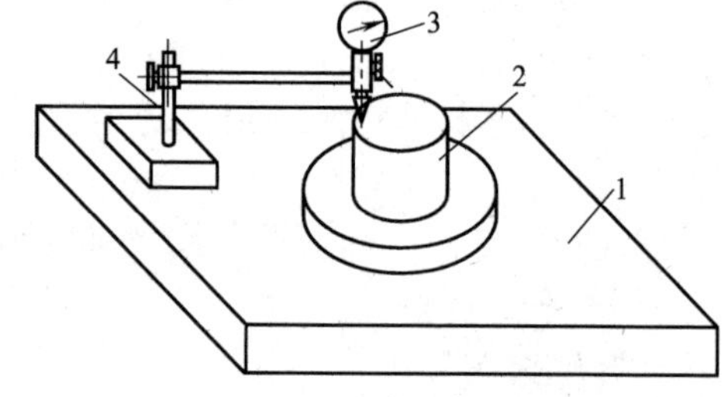

图 2-110　平行度的检测

1—平板；2—工件；3—百分表；4—测量架

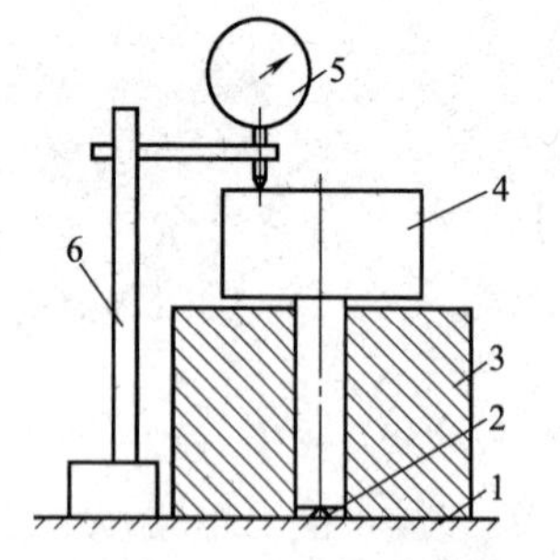

图 2-111　垂直度的检测

1—平板；2—固定支承；3—垂直导向块；4—工件；5—百分表；6—测量架

车床加工工件经常遇到的是两端面的平行度，常用的方法是用游标卡尺或千分尺在不同方向测量，找出两平面距离的最大差值。

⑤ 垂直度检测。当给定一个方向时，垂直度公差的公差带是距离为公差值且垂直于基准面（或线）的两平行平面（或线）之间的区域。

垂直度检测方法是将 90°角尺宽边贴靠一基准，测量被测平面与 90°角尺窄边之间的缝隙，最大缝隙即垂直度误差。采用如图 2-111 所示的方法，将工件放置在垂直导向块上也可测量垂直度。

测量工件的端面垂直度必须经过两个步骤。先要测量端面圆跳动是否合格，如果合格，再检验垂直度。

⑥ 同轴度检测。同轴度公差带是以公差值为直径且与基准轴线同轴的圆柱体内的区域。

同轴度检测方法是将基准面的轮廓表面的中段放置在两等高的V形架上，在径向截面的上下分别放置百分表，转动零件，测量若干个轴向截面，取各截面的最大差值作为该零件的同轴度误差，如图2-112所示。

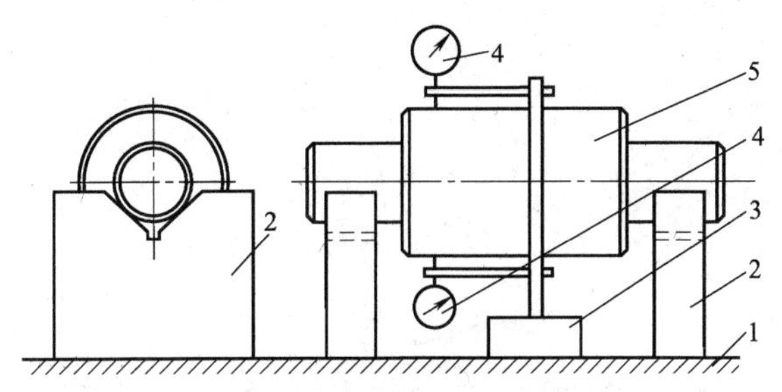

图2-112　同轴度的检测

1—平板；2—V形架；3—测量架；4—百分表；5—工件

车床上常用找正好的前后顶尖装夹工件，利用磁力表架和百分表进行检验。

⑦ 对称度检测。对称度公差带是距离为公差值且相对基准中心平面对称配置的两平行面之间的区域，如图2-113所示。

⑧ 圆跳动检测。径向圆跳动公差带是在垂直于基准轴线的任一测量平面内，半径差为公差值且圆心在基准轴线上的两个同心圆之间的区域。

端面圆跳动公差带是在与基准轴线同轴的任一直径位置的测量圆柱面上，沿母线方向宽度为公差值的圆柱面区域。

圆跳动检测方法如图2-114所示。将工件旋转一周时，百分表最大与最小读数之差，即为径向或端面的圆跳动。

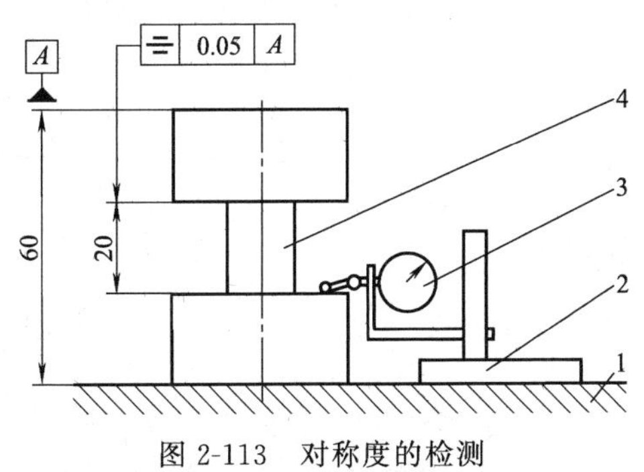

图2-113　对称度的检测

1—平板；2—测量架；3—百分表；4—工件

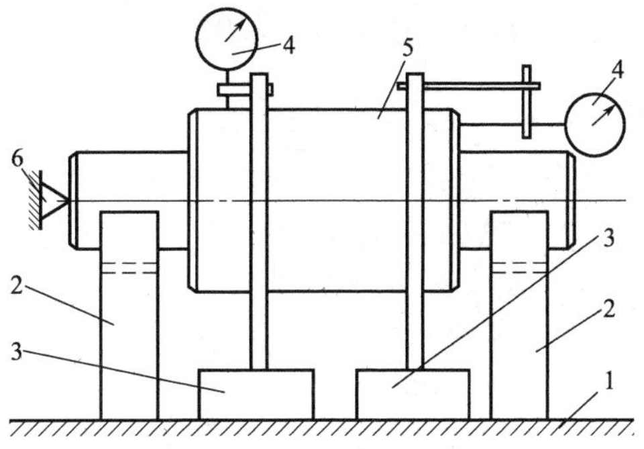

图2-114　圆跳动的检测

1—平板；2—V形架；3—测量架；4—百分表；5—工件；6—顶尖

第3章

数控车床编程基础

3.1 数控加工程序及其编制过程

准确、合理地编制好数控车床的加工程序是保证待车削件质量的关键。理想的数控程序不仅应该保证加工出符合零件图样要求的合格零件，还应该使数控机床的功能得到合理的应用与充分的发挥，使数控机床能安全、可靠、高效地工作。但数控程序的编制是一项很严格的技术工作，首先它必须严格遵守相关标准，掌握好程序编制的基础知识，并在掌握一些编程方法之后，经过适当的学习，最终编出正确的程序。

(1) 数控加工程序的概念

数控机床加工不需要通过手工去进行直接操作，而是严格按照一套特殊的命令（简称指令），并经机床数控系统处理后，使机床自动完成零件加工。这一套特殊命令的作用，除了与工艺卡的作用相同外，还能被数控装置所接受。这种能被机床数控系统所接受的指令集合，就是数控机床加工中所必需的加工程序。

由此可以得出数控机床加工程序的定义是：按规定格式描述零件几何形状和加工工艺的数控指令集。

(2) 数控编程的种类

在数控车床上加工零件，首先需要根据零件图样分析零件的工艺过程、工艺参数等内容，用规定的代码和程序格式编制出合适的数控加工程序，这个过程称为数控编程。数控编程可分为手工编程和自动编程（计算机辅助编程）两大类。

不同的数控系统，甚至不同的数控机床，它们的零件加工程序的指令是不同的。编程时必须按照数控机床的规定进行编程。

1）手工编程　编程过程依赖人工完成的称为手工编程，手工编程主要适合编制结构简单，并可以方便地使用数控系统提供的各种简化编程指令的零件的加工程序。由于数控机床主要加工对象是回转类零件，零件程序的编制相对简单，因此，车削类零件的数控加工程序主要依靠手工编程完成。但手工编程工作量大、烦琐且易出错，目前也借助计算机辅助设计软件的CAD（计算机辅助几何设计）功能来求取轮廓的基点和节点。

手工编程的两大“短”原则。一是零件加工程序要尽可能短，即尽可能使用简化编程指令编制程序，一般来说，程序越简短，编程人员出错的概率也越低。二是零件加工路线要尽可能短，这主要包括两个方面：切削用量的合理选择和程序中空走刀路线的选择。合理的加工路线对提高零件的生产效率有非常重要的作用。

手工编程一般过程如图 3-1 所示。

① 图样分析。编程人员在拿到零件图样后，首先应准确地识读，并理解零件图样表述的各种信息，这些信息主要包括零件的材料、形状、尺寸、精度、批量毛坯形状和热处理要求

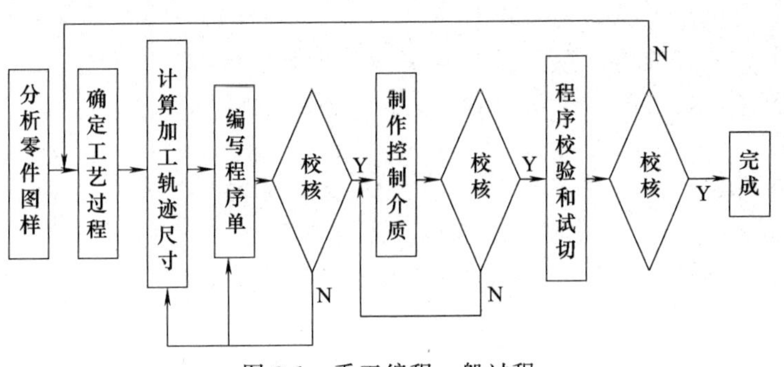

图 3-1　手工编程一般过程

等。通过对这些信息的分析，确定该零件是否适合在数控车床上加工，或适宜在哪种数控车床上加工，甚至还要确定零件的哪几道工序在数控车床上加工。

② 确定工艺过程。在分析图样的基础上，还要进行工艺分析，选定机床、刀具和夹具，确定零件加工的工艺路线、工步顺序以及切削用量等工艺参数。

③ 计算加工轨迹和加工尺寸。根据零件图样、加工路线和零件加工允许的误差，计算出零件轮廓的坐标值。对于无刀具补偿功能的机床，还要算出刀具中心的轨迹。

④ 编写加工程序单和校核。根据加工路线、切削用量、刀具号码、刀具补偿量、机床辅助动作及刀具运动轨迹，按照数控系统使用的指令代码和程序段格式编写零件加工的程序单，并校核上述两个步骤的内容，纠正其中的错误。

⑤ 制作控制介质。零件加工程序单是数控车床加工过程的文字记录，要控制数控车床加工，还需要将程序单上的内容记录在数控车床的控制介质上，作为数控系统的输入信息。控制介质随数控系统的类别不同而不同，一般为磁盘。在现代数控车床上，也可直接通过键盘将其输入。

⑥ 程序校验和试切。所制作的控制介质，在正式使用之前必须经过进一步的校验和试切削。一般将控制介质上的内容输入数控系统，进行空运行检验。在具有 CRT 屏幕动态图形显示的数控车床上，可动态模拟零件的加工过程。确认程序可行后，进行首件试切。首件试切的方法，不仅可以检验程序的错误，而且还可检验加工精度是否符合要求。当发现错误时，通过分析错误的性质来修改程序或调整刀具尺寸补偿量，直至达到零件图样的要求。

2）自动编程　计算机辅助编程是指编程人员使用计算机辅助设计与制造软件绘制出零件的三维或二维图形，然后根据工艺参数选择切削方式，设置刀具参数和切削用量等相关内容，再经计算机后置处理自动生成数控加工程序，并且可以通过动态图形模拟查看程序的正确性。自动生成的数控加工程序可以通过转送电缆从计算机传送至数控机床。自动编程需要计算机辅助制造软件作支持，也需要编程人员具有一定的工艺分析和手工编程的能力。

3.2　数控车床坐标系的规定

为了便于编程时描述机床的运动，简化程序的编制方法及保证记录数据的互换性，数控机床的坐标和运动的方向均已标准化。

3.2.1　数控机床坐标系及运动方向的命名原则

国际标准化组织 2001 年颁布的 ISO 841—2001 标准规定的命名原则有以下几条。

(1) 刀具相对于静止工件而运动的原则

这一原则使编程人员能在不知道是刀具移近工件还是工件移近刀具的情况下，就可根据零件图样，确定机床的加工过程。

(2) 标准坐标（机床坐标）系的规定

在数控机床上，机床的动作是由数控装置来控制的，为了确定机床上的成型运动和辅助运动，必须先确定机床上运动的方向和运动的距离，这就需要一个坐标系来实现，这个坐标系就称为机床坐标系。

标准的机床坐标系是一个右手笛卡儿直角坐标系，如图 3-2 所示。图中 X、Y、Z 表示三个移动坐标，大拇指的方向为 X 轴的正方向，食指的方向为 Y 轴的正方向，中指的方向为 Z 轴的正方向。这个坐标系的各个坐标轴与机床的主要导轨相平行。

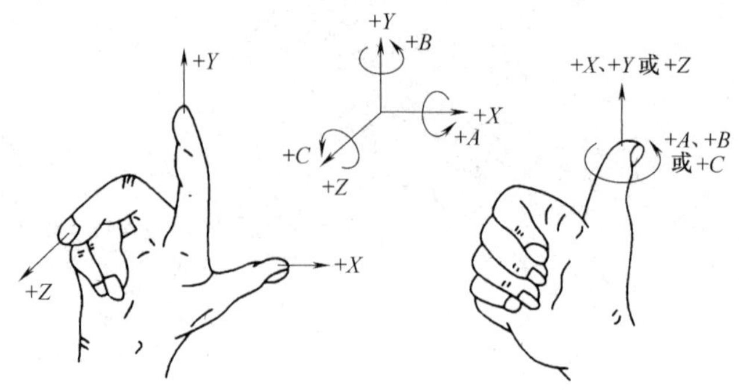

图 3-2　右手笛卡儿直角坐标系

在确定了 X、Y、Z 坐标的基础上，根据右手螺旋方法，可以很方便地确定出 A、B、C 三个旋转坐标的方向。

ISO 841—2001 标准中将机床的某一运动部件运动的正方向，规定为增大刀具与工件之间距离的方向。

① Z 坐标的运动。Z 坐标的运动由传递切削动力的主轴所决定，与主轴轴线平行的标准坐标轴即为 Z 坐标。数控车床的 Z 轴为工件的回转轴线，其正方向是增大刀具和工件之间距离的方向，如图 3-3 所示。

② X 坐标运动。X 坐标运动是水平的，它平行于工件装夹面，是刀具或工件定位平面内运动的主要坐标，对于数控车床，X 坐标的方向是在工件的径向上，且平行于横滑座。X 的正方是安装在横滑座的主要刀架上的刀具离开工件回转中心的方向，如图 3-3 所示。

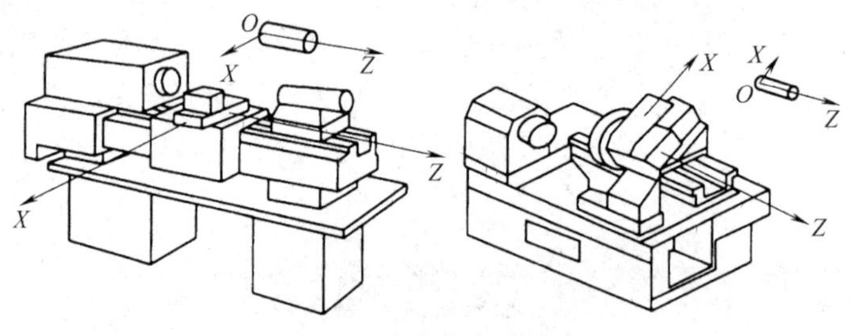

图 3-3　卧式车床坐标系

3.2.2　数控车床的坐标系

在数控车床上，一般来讲，通常使用的有两个坐标系：一个是机床坐标系；另外一个是工件坐标系，也叫程序坐标系。

(1) 机床坐标系

机床坐标系是用来确定工件坐标系的基本坐标系，是机床本身所固有的坐标系，是机床安装、调试的基础，是机床生产厂家设计时自定的，其位置由机械挡块决定，不能随意改变。不同的机床有不同的坐标系。图 3-4 所示即是卧式数控车床以机床原点为坐标原点建立起来的 XOZ 直角坐标系。

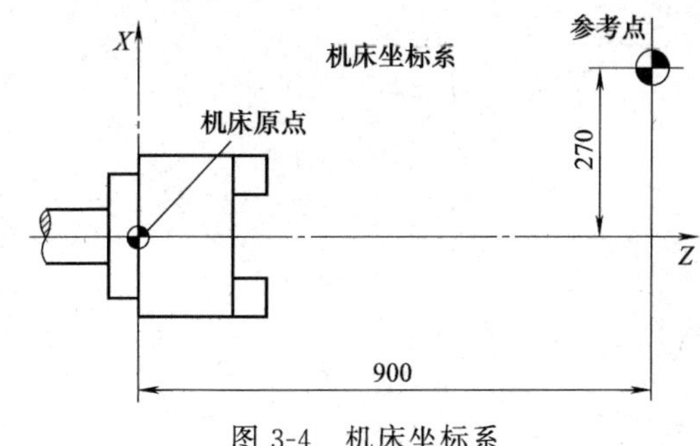

图 3-4 机床坐标系

机床原点也称为机械原点，是机床坐标系的原点，为车床上的一个固定点，在机床装配、调试时就已经由生产厂家决定了。卧式数控车床的机床原点一般取在主轴前端面与中心线交点处，但这个点不是一个物理点，而是一个定义点，它是通过机床参考点间接确定的。

机床参考点是一个物理点。其位置由 X、Z 向的挡块和行程开关确定。对某台数控车床来讲，机床参考点与机床原点之间有严格的位置关系，机床出厂前已调试准确，确定为某一固定值，这个值就是机床参考点在机床坐标系中的坐标，如图 3-5 给出了机床原点与机床参考点（点 O' 即为参考点）之间的相对位置关系。

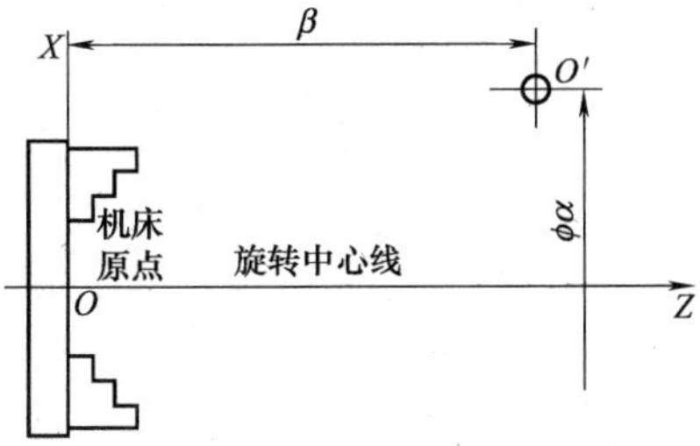

图 3-5 机床原点和参考点

当机床回参考点后，显示的 Z 与 X 的坐标值均为零。当完成回参考点的操作后，则马上显示此时的刀架中心（对刀参考点）在机床坐标系中的坐标值，就相当于数控系统内部建立了一个以机床原点为坐标原点的机床坐标系。当出现下列情况时必须进行回机床参考点操作（简称回零操作）。这样通过机床回零操作，确定了机床原点，从而准确地建立机床坐标系。

① 机床首次开机，或关机后重新接通电源时。

② 解除机床急停状态后。

③ 解除机床超程报警信号后。

(2) 工件坐标系

以程序原点为原点，所构成的坐标系称为工件坐标系。工件坐标系也称编程坐标系，是编程人员在编程和加工时使用的坐标系，即程序的参考坐标系。

数控车床加工时，工件可以通过卡盘夹持于机床坐标系下的任意位置。这样一来用机床坐标系描述刀具轨迹就显得不大方便。为此编程人员在编写零件加工程序时通常要选择一个工件坐标系，也称编程坐标系，这样刀具轨迹就变为工件轮廓在工件坐标系下的坐标了。编程人员就不用考虑工件上的各点在坐标系下的位置，从而大大简化了问题。

工件坐标系是人为设定的，设定的依据既要符合尺寸标注的习惯，又要便于坐标的计算和编程。一般工件坐标系的原点最好选择在工件的定位基准、尺寸基准或夹具的适当位置上。根据数控车床的特点，工件原点［在程序设计时，依工件图尺寸转换成坐标系，在转换成坐标系前即会选定某一点来当作坐标系零点。然后以此零点为基准计算出各点坐标，此零点即称为工件零点也称程序零点（程序原点）。工件坐标系的原点就是工件原点，也叫作工件零点］通常设在工件左、右端面的中心或卡盘前端面的中心，如图 3-6 所示。

实际加工时考虑加工余量和加工精度，工件原点应选择在精加工后的端面上或精加工后的夹紧定位面与轴心线的交点处，如图 3-7 所示。

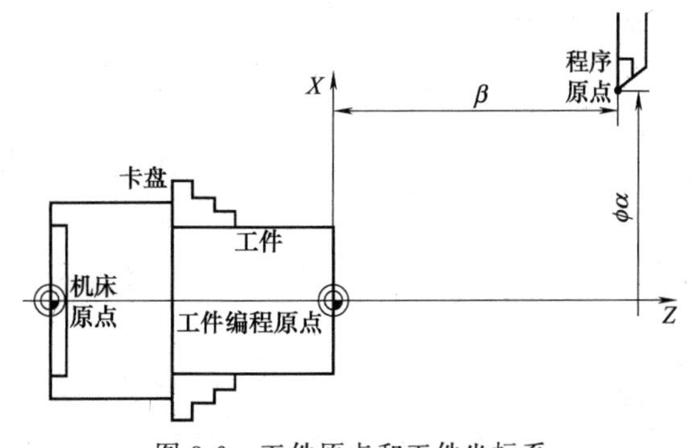

图 3-6 工件原点和工件坐标系

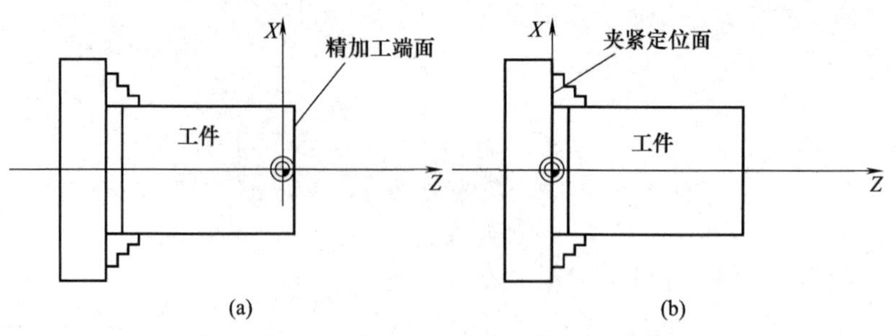

图 3-7　实际加工时的工件坐标系

(3) 换刀点

换刀点是零件程序开始加工或是加工过程中更换刀具的相关点，如图 3-8 所示。设立换刀点的目的是在更换刀具时让刀具处于一个比较安全的区域。换刀点可远离工件和尾座处，也可在便于换刀的任何地方，但该点与程序原点之间必须有确定的坐标关系。

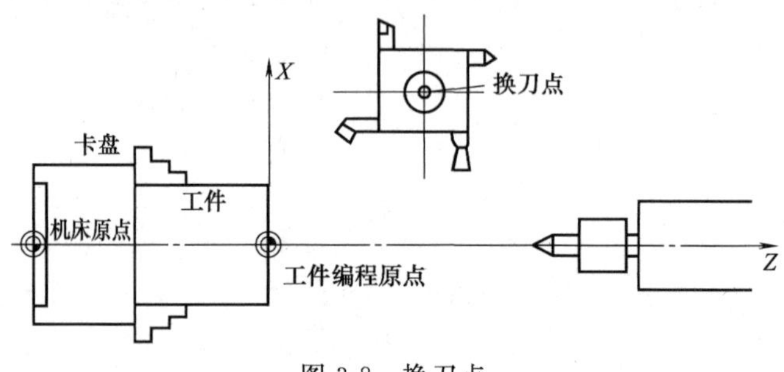

图 3-8　换刀点

3.3　数控车床的编程规则

(1) 绝对值编程和增量值编程

数控车床编程时，可以采用绝对值编程、增量值（也称相对值）编程或混合值编程。

绝对值编程是根据已设定的工件坐标系计算出工件轮廓上各点的绝对坐标值进行编程的方法，程序中常用 X、Z 表示。增量值编程是用相对前一个位置的坐标增量来表示坐标值的编程方法，程序中 U、W 表示，其正负由行程方向确定，当行程方向与工件坐标轴方向一致时为正，反之为负。混合编程是将绝对值编程和增量值编程混合起来进行编程的方法。如图 3-9 所示的位移，如用绝对值编程：

X70.0 Z40.0;

如用增量值编程：

U40.0 W−60.0;

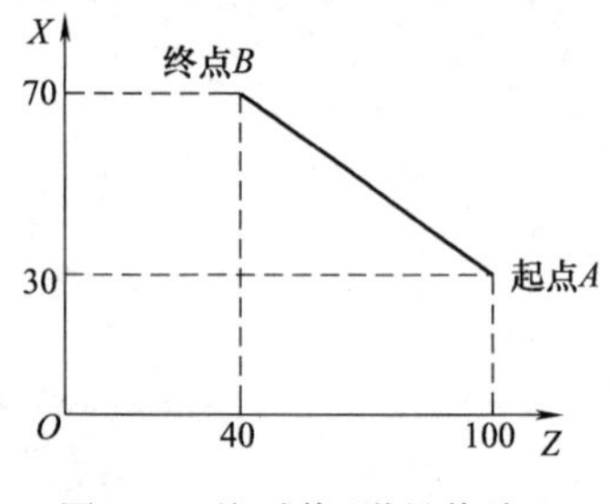

图 3-9　绝对值/增量值编程

混合编程：

X70.0 W−60.0;

或 U40.0 Z40.0;

当 X 和 U 或 Z 和 W 在一个程序段中同时指令时，后面的指令有效。

有些数控系统，用 G90 表示绝对值编程，用 G91 表示增量值编程，编程时都使用地址字 X、Z。如图 3-9 所示的位移，如用绝对值编程：

G90 X70.0 Z40.0；

若用增量值编程：

G91 X40.0 Z－60.0；

(2) 直径编程和半径编程

因为车削零件的横截面一般都为圆形，所以尺寸有直径指定和半径指定两种方法。当用直径指定时称为直径编程，当用半径指定时称为半径编程。具体的机床，是用直径指定还是半径指定，可以用参数设置。

当 *X* 轴用直径指定时，注意表 3-1 中所列的规定。

表 3-1 直径指定时的注意事项

项目	注意事项
Z 轴指令	与直径指定还是半径指定无关
X 轴指令	用直径指定
用地址 U 的增量值指令	用直径指定
坐标系设定(G50)	用直径指定 *X* 轴坐标值
刀具位置补偿量 *X* 值	用参数设定是直径值还是半径值
用 G90～G94 的 *X* 轴切深(R)	用半径指令
圆弧插补的半径指令(R、I、K)	用半径指令
X 轴方向进给速度	用半径指令
X 轴位置显示	用直径值显示

注：1. 在后面的说明中，凡是没有特别指出是直径指定还是半径指定，均为直径指定。

2. 刀具位置偏置值，当切削外径时，用直径指定，位置偏置值的变化量与零件外径的直径变化量相同。例如：当直径指定时，刀具补偿量变化 10mm，则零件外径的直径也变化 10mm。

3. 当刀具位置偏置量用半径指定时，刀具位置补偿是指刀具的长度。

若有数台机床，无论是直径编程还是半径编程，都要设置成一致，都为直径编程时，程序可以通用。

(3) 小数点编程

程序中控制刀具移动的指令中坐标字的表示方式有两种：用小数点表示法和不用小数点表示法。

① 用小数点表示法。即数值的表示用小数点“.”明确地标示出个位的位置。如“X12.89”，其中“2”为个位，故数值大小很明确。

② 不用小数点表示法。即数值中没有小数点者，这时数控装置会将此数值乘以最小移动量（米制：0.001mm，英制：0.0001in❶）作为输入数值。如“X35”，则数控装置会将 35×0.001mm＝0.035mm 作为输入数值。

这实际上是用脉冲当量来表示的。在数控机床中，相对于每一个脉冲信号，机床移动部件产生的位移量叫作脉冲当量，它对应于最小移动值。坐标值的表示方式也就是一个脉冲当量。例如当脉冲当量是 0.001mm/脉冲时（最小移动量，米制：0.001mm），要求向 *X* 轴正方向移动 0.035mm，用 X35 表示。

因此要表示“35mm”，可用“35.0”“35.”或“35000”表示，一般用小数点表示法较方便，还可节省系统的存储空间。

表 3-2 给出了采用不同的小数点表示法输入后的实际数值。

表 3-2 小数点表示法（假定系统的脉冲当量为 0.001mm/脉冲）

程序指定	用小数点输入的数值	不用小数点输入的数值
X1000	1000mm	1mm
X1000.	1000mm	1000mm

❶ 1in＝0.0254m，下同。

一般程序中都采用小数点表示方式来描述坐标位置数值，由表中可知：在编制和输入数控程序时，应特别小心，尤其是坐标数值是整数时，常常可能会遗漏小数点。如欲输入“Z25.”，但键入“Z25”，其实际的数值是0.025mm，相差1000倍，可能会造成重大事故，不可不谨慎。程序中用小数点表示与不用小数点表示的数值可以混合使用，例如“G00 X25.0 Y3000 Z5.0”。

控制系统可以输入带小数点的数值，对于表示距离、时间和速度单位的指令值可以使用小数点，小数点的位置是mm、in、(″) 或 (°) 的位置。

一般以下地址均可选择使用小数点表示法或不使用小数点表示法：X、Y、R、F等。但也有一些地址不允许使用小数点表示法，如P等。例如暂停指令，如指令程序暂停3s，必须如下书写：

G04 X3.；

G04 X3000；

G04 P3000；

3.4 常用术语及指令代码

输入数控系统中的、使数控机床执行一个确定的加工任务的、具有特定代码和其他符号编码的一系列指令，称为数控程序（NC Program）或零件程序（Part Program)。生成用数控机床进行零件加工的数控程序的过程，称为数控编程（NC Program)。

程序语法要能被数控系统识别，同时程序语义能正确地表达加工工艺要求。数控系统的种类繁多，为实现系统兼容，国际标准化组织制定了相应的标准，我国也在国际标准基础上相应制定了标准。由于数控技术的高速发展和市场竞争等因素，导致不同系统间存在部分不兼容，如FANUC-0i系统编制的程序无法在SIEMENS系统上运行。因此编程必须注意具体的数控系统或机床，应该严格按机床编程手册中的规定进行程序编制。但从数控加工功能上来讲，各数控系统的各项指令通常都含有以下常用术语及指令代码。

(1) 字符

字符是一个关于信息交换的术语，它的定义是：用来组织、控制或表示数据的各种符号，如字母、数字、标点符号和数学运算符号等。字符是计算机进行存储或传送的信号。字符也是所要研究的加工程序的最小组成单位。常规加工程序用的字符分四类：第一类是字母，它由大写26个英文字母组成；第二类是数字和小数点，它由0～9共10个阿拉伯数字及一个小数点组成；第三类是符号，由正号（+）和负号（—）组成；第四类是功能字符，它由程序开始（结束）符、程序段结束符、跳过任选程序段符、机床控制暂停符、机床控制恢复符和空格符等组成。

(2) 程序字

数控机床加工程序由若干“程序段”组成，每个程序段由按照一定顺序和规定排列的程序字组成。程序字是一套有规定次序的字符，可以作为一个信息单元（即信息处理的单位）存储、传递和操作，如“X1234.56”就是由8个字符组成的一个字。

(3) 地址和地址字

地址又称为地址符，在数控加工程序中，它是指位于程序字头的字符或字符组，用以识别其后的数据；在传递信息时，它表示其出处或目的地。在数控车床加工程序中常用的地址符有N、G、X、Z、U、W、I、K、R、F、S、T和M等字符，每个地址符都有它的特定含义，见表3-3。

由带有地址的一组字符而组成的程序字，称为地址字。例如“N200 M30”这一程序段中，就有“N200”及“M30”这两个地址字。加工程序中常见的地址字有以下几种。

表 3-3 常用地址符含义

功　　能	代　　码	备　　注
程序号	O	程序号
程序段号	N	顺序号
准备功能	G	定义运动方式
坐标地址	X、Y、Z U、V、W A、B、C R I、J、K	轴向运动指令 附加轴运动指令 旋转坐标轴 圆弧半径 圆心坐标
进给速度	F	定义进给速度
主轴转速	S	定义主轴转速
刀具功能	T	定义刀具号
辅助功能	M	机床的辅助动作
子程序号	P	子程序号
重复次数	L	子程序的循环次数

1）顺序号字　顺序号字也称程序段号，它是数控加工程序中用的最多，但又不容易引起人们重视的一种程序字。顺序号字一般位于程序段开头，它由地址符 N 和随后跟的 1～4 位数字组成。顺序号字可以用在主程序、子程序和用户宏程序中。

使用顺序号字应注意如下问题：数字部分应为正整数，所以最小顺序号是 N1，建议不使用 N0；顺序号字的数字可以不连续使用，也可以不从小到大使用；顺序号字不是程序段中的必用字，对于整个程序，可以每个程序段均有顺序号字，也可以均没有顺序号字，也可以部分程序段没有顺序号字。

顺序号字的作用：便于人们对程序作校对和检索修改；用于加工过程中的显示屏显示；便于程序段的复归操作，此操作也称“再对准”，如回到程序的中断处，或加工从程序的中途开始的操作；主程序、子程序或宏程序中用于条件转向或无条件转向的目标。

2）准备功能字　准备功能字的地址符是 G，所以又称 G 功能或 G 指令，它是设立机床工作方式或控制系统工作方式的一种命令。所以在程序段中 G 功能字一般位于尺寸字的前面。

准备功能 G 代码见表 3-4。

表 3-4 准备功能 G 代码

代　　码	功　　能	程序指令类别	功能仅在出现段内有效
G00	点定位	a	
G01	直线插补	a	
G02	顺时针圆弧插补	a	
G03	逆时针圆弧插补	a	
G04	暂停		*
G05	不指定	#	#
G06	抛物线插补	a	
G07	不指定	#	#
G08	自动加速		*
G09	自动减速		*
G10～G16	不指定	#	#
G17	*XY* 面选择	c	
G18	*ZX* 面选择	c	
G19	*YZ* 面选择	c	
G20～G32	不指定	#	#
G33	等螺距螺纹切削	a	
G34	增螺距螺纹切削	a	
G35	减螺距螺纹切削	a	

续表

代　码	功　能	程序指令类别	功能仅在出现段内有效
G36～G39	永不指定	#	#
G40	注销刀具补偿或刀具偏置	d	
G41	刀具左补偿	d	
G42	刀具右补偿	d	
G43	刀具正偏置	#(d)	#
G44	刀具负偏置	#(d)	#
G45	刀具偏置(Ⅰ象限)+/+	#(d)	#
G46	刀具偏置(Ⅳ象限)+/-	#(d)	#
G47	刀具偏置(Ⅲ象限)-/-	#(d)	#
G48	刀具偏置(Ⅱ象限)-/+	#(d)	#
G49	刀具偏置(*Y* 轴正向)0/+	#(d)	#
G50	刀具偏置(*Y* 轴负向)0/-	#(d)	#
G51	刀具偏置(*X* 轴正向)+/0	#(d)	#
G52	刀具偏置(*X* 轴负向)-/0	#(d)	#
G53	直线偏移注销	f	
G54	沿 *X* 轴直线偏移	f	
G55	沿 *Y* 轴直线偏移	f	
G56	沿 *Z* 轴直线偏移	f	
G57	*XOY* 平面直线偏移	f	
G58	*XOZ* 平面直线偏移	f	
G59	*YOZ* 平面直线偏移	f	
G60	准确定位 1(精)	h	
G61	准确定位 2(中)	h	
G62	快速定位(粗)	h	
G63	攻螺纹方式		*
G64～G67	不指定	#	#
G68	内角刀具偏置	#(d)	#
G69	外角刀具偏置	#(d)	#
G70～G79	不指定	#	#
G80	注销固定循环	e	
G81～G89	固定循环	e	
G90	绝对尺寸	j	
G91	增量尺寸	j	
G92	预置寄存,不运动	j	
G93	时间倒数进给率	k	
G94	每分钟进给	k	
G95	主轴每转进给	k	
G96	主轴恒线速度	i	
G97	主轴每分钟转速,注销 G96	i	
G98～G99	不指定	#	#

注：1. “#”号表示如选作特殊用途必须在程序格式解释中说明。
2. 指定功能代码中，程序指令类别标有 a、c、h、e、f、j、k 及 i，为同一类别代码。在程序中，这种代码为模态指令，可以被同类字母指令所代替或注销。
3. 指定了功能的代码，不能用于其他功能。
4. “*”号表示功能仅在所出现的程序段内有用。
5. 永不指定代码，在本标准内，将来也不指定。

G 指令分为模态指令（续效代码）和非模态指令（非续效代码）两类。表 3-4 中第三列标有字母的行所对应的 G 指令为模态指令，标有相同字母的 G 指令为一组。模态指令在程序中一经使用后就一直有效，直到出现同组中的其他任一 G 指令将其取代后才失效。表中第三列没有字母的行所对应的 G 指令为非模态指令，它只在编有该代码的程序段中有效（如 G04），下一程序段需要时必须重写。

在程序编制时，对所要进行的操作，必须预先了解所使用的数控装置本身所具有的G功能指令。对于同一台数控车床的数控装置来说，它所具有的G指令功能只是标准中的一部分，而且各机床由于性能要求不同，其功能也各不一样。

3）坐标尺寸字　坐标尺寸字在程序中主要用来指令机床的刀具运动到达的坐标位置。尺寸字是由规定的地址符及后续的带正、负号或者带正、负号又有小数点的多位十进制数组成的。地址符用得较多的有三组：第一组是X、Y、Z、U、V、W、P、Q、R，主要是用来指令到达点坐标值或距离；第二组是A、B、C、D、E，主要用来指令到达点角度坐标；第三组是I、J、K，主要用来指令零件圆弧轮廓圆心点的坐标尺寸。

尺寸字可以使用米制，也可以使用英制，多数系统用准备功能字选择。例如，FANUC系统用G21/G20切换，美国A-B公司系统用G71/G70切换，也有一些系统用参数设定来选择是米制还是英制。尺寸字中数值的具体单位，采用米制时一般用1μm、10μm、1mm为单位；采用英制时常用0.0001in和0.001in为单位。选择何种单位，通常用参数设定。现代数控系统在尺寸字中允许使用小数点编程，有的允许在同一程序中有小数点和无小数点的指令混合使用，给用户带来方便。无小数点的尺寸字指令的坐标长度等于数控机床设定单位与尺寸字中后续数字的乘积。例如，采用米制单位若设定为1μm，当指令Y向尺寸为360mm时，应写成“Y360.”或“Y360000”。

4）进给功能字　进给功能字的地址符为F，所以又称为F功能或F指令。它的功能是指令切削的进给速度。现代的CNC机床一般都能使用直接指定方式（也称直接指定法），即可用F后的数字直接指定进给速度，为用户编程带来方便。

有的数控系统，进给速度的进给量单位用G94和G95指定。G94表示进给速度与主轴速度无关的每分钟进给量，单位为mm/min或in/min；G95表示与主轴速度有关的主轴每转进给量，单位为mm/r或in/r，如切螺纹、攻螺纹或套螺纹的进给速度单位用G95指定。

5）主轴转速功能字　主轴转速功能字的地址符为S，所以又称为S功能或S指令。它主要来指定主轴转速或速度，单位为r/min或m/min。中档以上的数控车床的主轴驱动已采用主轴伺服控制单元，其主轴转速采用直接指定方式，例如“S1500”表示主轴转速为1500r/min。

对于中档以上的数控车床，还有一种使切削速度保持不变的所谓恒线速度功能。这意味着在切削过程中，如果切削部位的回转直径不断变化，那么主轴转速也要不断地作相应变化，此时S指令是指定车削加工的线速度。在程序中可用G96或G97指令配合S指令来指定主轴的速度。其中G96为恒线速控制指令，如用“G96 S200”表示主轴的速度为200m/min，“G97 S200”表示取代G96，即主轴不是恒线速功能，其转速为200r/min。

6）刀具功能字　刀具功能字用地址符T及随后的数字代码表示，所以也称为T功能或T指令。它主要用来指令加工中所用刀具号及自动补偿编组号，其自动补偿内容主要指刀具的刀位偏差或长度补偿及刀具半径补偿。

数控车床的T的后续数字可分为1、2、4、6位四种。T后随1位数字的形式用得比较少，在少数车床（如CK0630）的数控系统中（如HN-100T）中，因除了刀具的编码（刀号）之外，其他如刀具偏置、刀具半径的自动补偿值，都不需要填入加工程序段内。故只需用1位数表示刀具编码号即可。在经济型数控车床系统中，普遍采用2位数的规定，一般前一位数字表示刀具的编码号，常用0～8这9个数字中的一个，其中“0”表示不转刀；后一位数字表示刀具补偿的编组号，常用0～8这9个数字中的一个，其中“0”表示补偿量为零，即撤销其补偿。T后跟4位数字的形式用得比较多，一般前两位数来选择刀具的编码号，后两位为刀具补偿的编组号。T后跟6位数字的形式用得比较少，此种情况中前两位数来选择刀具的编码号，中间两位表示刀尖圆弧半径补偿号，最后两位为刀具长度补偿的编组号。

7）辅助功能字　辅助功能又称M功能或M指令，它是用以指令数控机床中辅助装置的开关动作或状态。例如，主轴的启、停，冷却液通、断，更换刀具等。与 G 指令一样，M 指令由字母 M 和其后的两位数字组成，从 M00 至 M99 共 100 种，见表 3-5。M 指令又分为模态指令与非模态指令。

表 3-5　辅助功能 M 代码（JB/T 3208—1999）

代码(1)	功能开始时间		模态(4)	非模态(4)	功能(6)
	同时(2)	滞后(3)			
M00	—	*	—	*	程序停止
M01	—	*	—	*	计划停止
M02	—	*	—	*	程序结束
M03	*	—	*	—	主轴顺时针方向运转
M04	*	—	*	—	主轴逆时针方向运转
M05	—	*	*	—	主轴停止
M06	#	#			换刀
M07	*	—	*	—	2 号切削液开
M08	*	—	*	—	1 号切削液开
M09	—	*	*	—	切削液关
M10	#	#	*	—	夹紧
M11	#	#	*	—	松开
M12	#	#	#	#	不指定
M13	*	—	*	—	主轴顺时针方向运转切削液开
M14	*	—	*	—	主轴逆时针方向运转切削液开
M15	*	—	—	*	正运动
M16	*	—	—	*	负运动
M17～M18	#	#	#	#	不指定
M19	—	*	*	—	主轴定向停止
M20～M29	#	#	#	#	永不指定
M30	—	*	—	*	纸带结束
M31	#	#	—	*	互锁旁路
M32～M35	#	#	#	#	不指定
M36	*	—	#	—	进给范围 1
M37	*	—	#	—	进给范围 2
M38	*	—	#	—	主轴速度范围 1
M39	*	—	#	—	主轴速度范围 2
M40～M45	#	#	#	#	不指定或齿轮换挡
M46～M47	#	#	#	#	不指定
M48	—	*	*	—	注销 M49
M49	*	—	#	—	进给率修正旁路
M50	*	—	#	—	3 号冷却液开
M51	*	—	#	—	4 号冷却液开
M52～M54	#	#	#	#	不指定
M55	*	—	#	—	刀具直线位移，位置 1
M56	*	—	#	—	刀具直线位移，位置 2
M57～M59	#	#	#	#	不指定
M60	—	*	—	*	更换零件
M61	*	—	*	—	零件直线位移，位置 1
M62	*	—	*	—	零件直线位移，位置 2
M63～M70	#	#	#	#	不指定
M71	*	—	*	—	零件角度位移，位置 1
M72	*	#	#	不指定	零件角度位移，位置 2M73～M89
M90～M99	#	#	#	#	永不指定

注：1.“#”号表示如选作特殊用途，必须在程序中注明。

2.“*”号表示对该具体情况起作用。

常用的M指令如下。

① 程序暂停M00。执行M00指令，主轴停、进给停、切削液关闭、程序停止。按下控制面板上的循环启动键可取消M00状态，使程序继续向下执行。

② 选择停止M01。其功能和M00相似。不同的是M01只有在机床操作面板上的“选择停止”开关处于“ON”状态时此功能才有效。M01常用于关键尺寸的检验和临时暂停。

③ 程序结束M02。该指令表示加工程序全部结束。它使主轴运动、进给运动、切削液供给等停止，机床复位。

④ 主轴正转M03。该指令使主轴正转。主轴转速由主轴功能字S指定。如某程序段为：N10 S500 M03，它的意义为指定主轴以500r/min的转速正转。

⑤ 主轴反转M04。该指令使主轴反转，与M03相似。

⑥ 主轴停止M05。在M03或M04指令作用后，可以用M05指令使主轴停止。

⑦ 自动换刀M06。该指令为自动换刀指令，用于电动控制刀架或多轴转塔刀架的自动换刀。

⑧ 切削液开M08。该指令使切削液开启。

⑨ 切削液关M09。该指令使切削液停止供给。

⑩ 程序结束并返回到程序开始M30。程序结束并返回程序的第一条语句，准备下一个零件的加工。

3.5 数控加工程序的格式与组成

每种数控系统，根据系统本身的特点和编程的需要，都有一定的格式。对于不同的机床，其编程格式也不尽相同。通常数控加工程序的格式与组成主要有以下方面的内容。

(1) 加工程序的组成

一个完整的数控加工程序由程序号、程序内容和程序结束三部分组成。如：

```
O9999;                      程序号
N0010 G92 X100 Z50 LF;
N0020 S300 M03 LF;
N0030 G00 X40 Z0 LF;        程序内容
……
N0120 M05 LF;
N0130 M02 LF;               程序结束
```

① 程序号。程序号位于程序主体之前，是程序的开始部分，一般独占一行。为了区别存储器中的程序，每个程序都要有程序号。程序号一般由规定的字母“O”“P”或符号“%”“:”开头，后面紧跟若干位数字组成，常用的有两位数和四位数两种，前面的“O”可以省略。

② 程序内容。程序内容部分是整个程序的核心部分，是由若干程序段组成的。一个程序段表示零件的一段加工信息，若干个程序段的集合，则完整地描述了一个零件加工的所有信息。

③ 程序结束。程序结束是以程序结束指令M02或M30来结束整个程序的。M02和M30允许与其他程序字合用一个程序段，但最好还是将其单列一段。

(2) 加工程序的结构

数控加工程序的结构形式，随数控系统功能的强弱而略有不同。对功能较强的数控系统，加工程序可分为主程序和子程序，其结构见表3-6。

表 3-6　主程序与子程序的结构形式

主　程　序		子　程　序	
O3001；	主程序号	O4001；	子程序号
N10 G92 X100 Z50；		Nl0 G01 U－12. F0. 1；	
N20 S800 M03 T0101；		N20 G04 X1. 0；	
…		N30 G01 U12. F0. 2；	
N80 M98 P24001；	调用子程序 2 次	N40 M99；	程序返回
…			
N200 M30；	程序结束		

1）主程序　主程序即加工程序，它由指定加工顺序、刀具运动轨迹和各种辅助动作的程序段组成，是加工程序的主体结构。在一般情况下，数控机床是按其主程序的指令执行加工的。

2）子程序　编制程序时，有时会遇到一组程序段在一个程序中多次出现，或者在几个程序中都要用它的情况，这时可以将这个典型的加工程序做成固定程序，并单独加以命名，这组程序段就称为子程序。

① 使用子程序的目的和作用。使用子程序可以减少不必要的编程重复，从而达到简化编程的目的。子程序可以在存储器方式下调出使用，即主程序可以调用子程序，一个子程序也可以调用下一级子程序。

② 子程序的调用。在主程序中，调用子程序指令是一个程序段，其格式随具体的数控系统而定，FANUC-0i 系统子程序调用格式为：

M98 P□□□ □□□□

式中，M98 为子程序调用，后四位数值代表在内存中的子程序编号，前三位数值是子程序重复调用的次数，如果忽略，子程序只调用一次。

③ 子程序的返回。子程序返回主程序用指令 M99，它表示子程序运行结束，返回到主程序。

④ 子程序的嵌套。子程序调用下一级子程序称为嵌套。上一级子程序与下一级子程序的关系和主程序与第一层子程序的关系相同。子程序可以嵌套多少层由具体的数控系统决定，可参照编程手册。

（3）程序段格式

所谓程序段，就是为了完成某一动作要求所需“程序字”（简称字）的组合。每一个“字”是一个控制机床的具体指令，它是由地址符（英文字母）和字符（数字及符号）组成的。例如“G00”表示快速点定位移动指令，“M05”表示主轴停转等。

程序段格式是指“字”在程序段中的顺序及书写方式的规定。一般不同的数控系统，其规定的程序段的格式不一定相同。程序段格式有多种，如固定程序段格式、使用分隔符的程序段格式、使用地址符的程序段格式等，现在最常用的是使用地址符的程序段格式，其格式见表 3-7。

表 3-7　程序段格式

1	2	3	4	5	6	7	8	9	10	11
N	G	X U	Y V	Z W	I__J__K__ R	F	S	T	M	LF
顺序号	准备功能	坐标尺寸字				进给功能	主轴转速	刀具功能	辅助功能	结束符号

表 3-7 所示的程序段格式用地址码来指明指令数据的意义，程序段中字的数目是可变的，因此程序段的长度也是可变的，所以这种形式的程序段又称为地址符可变程序段格式。使用地址符的程序段格式的优点是程序段中所包含的信息可读性高，便于人工编辑修改，为数控系统解释执行数控加工程序提供了一种便捷的方式。

例如：N20 S800 T0101 M03 LF；

N30 G01 X25. 0 Z80. 0 F0. 1 LF；

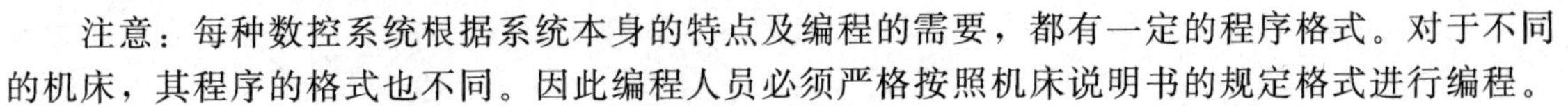

注意：每种数控系统根据系统本身的特点及编程的需要，都有一定的程序格式。对于不同的机床，其程序的格式也不同。因此编程人员必须严格按照机床说明书的规定格式进行编程。

3.6 程序编制中的数学处理

在编制程序，特别是手工编程时，往往需要根据零件图样和加工路线计算出机床控制装置所需输入的数据，也就是进行机床各坐标轴位移数据的计算和插补计算。此时，就需要通过数学方法计算出后续数控编程所需的各组成图素坐标的数值。通常编程时的数学处理方法主要有以下几种。

(1) 数值换算

当图样上的尺寸基准与编程所需要的尺寸基准不一致时，应将图样上的尺寸基准、尺寸换算为编程坐标系中的尺寸，再进行下一步数学处理工作。

1）直接换算　指直接通过图样上的标注尺寸，即可获得编程尺寸的一种方法。

进行直接换算时，可对图样上给定的基本尺寸或极限尺寸的中值，经过简单的加、减运算后完成。

如图 3-10（b）所示，除尺寸 42.1mm 外，其余均属直接按图 3-10（a）所示标注尺寸经换算后而得到的编程尺寸。其中 ϕ59.94mm、ϕ20mm 及 140.08mm 三个尺寸为分别取两极限尺寸平均值后得到的编程尺寸。

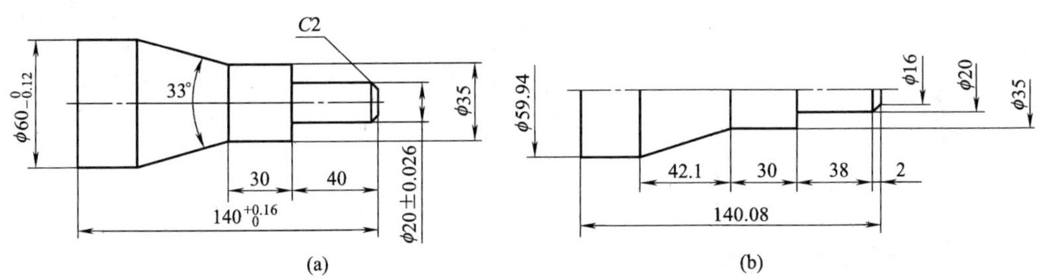

图 3-10　标注尺寸换算

在取极限尺寸中值时，应根据数控系统的最小编程单位进行圆整。当数控系统最小编程单位规定为 0.01mm 时，如果遇到有第三位小数值（或更多位小数），基准孔按照“四舍五入”方法，基准轴则将第三位进上，例如：

① 当孔尺寸为 $\phi20^{+0.025}_{0}$mm 时，其中值尺寸取 ϕ20.01mm。

② 当轴尺寸为 $\phi16^{0}_{-0.07}$mm 时，其中值尺寸取（15.965±0.005)mm 为 ϕ15.97mm。

③ 当孔尺寸为 $\phi16^{+0.07}_{0}$mm 时，其中值尺寸取 ϕ16.04mm。

2）间接换算　指需要通过平面几何、三角函数等计算方法进行必要计算后，才能得到其编程尺寸的一种方法。

用间接换算方法所换算出来的尺寸，可以是直接编程时所需的基点坐标尺寸，也可以是为计算某些基点坐标值所需要的中间尺寸。

例如，图 3-10（b）所示的尺寸 42.1mm 就是属于间接换算后所得到的编程尺寸。

(2) 基点与节点

编制加工程序时，需要进行的坐标值计算工作有基点的直接计算、节点的拟合计算及刀具中心轨迹的计算等。

① 基点。构成零件轮廓的不同几何素线的交点或切点称为基点（图 3-11），它可以直接作为其运动轨迹的起点或终点。如图 3-11 所示的 A、B、C、D、E 和 F 点都是该零件轮廓上的基点。

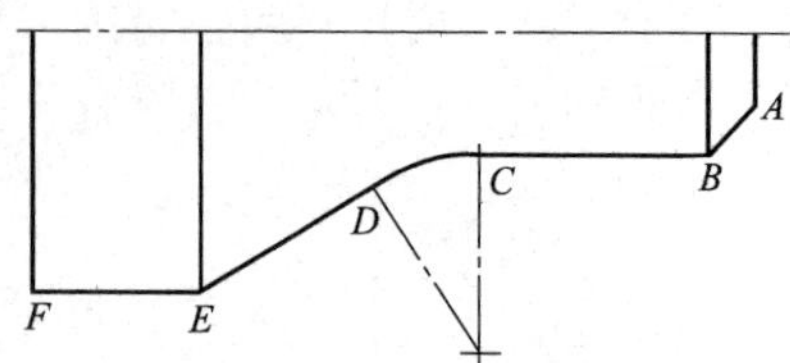

图 3-11　两维轮廓零件的基点计算

基点的直接计算主要有每条运动轨迹（线段）的起点或终点在选定坐标系中的各坐标值和圆弧运动轨迹的圆心坐标值。

基点直接计算的方法比较简单，一般根据零件图样所给的已知条件人工完成。

② 节点。当采用不具备非圆曲线插补功能的数控机床加工非圆曲线轮廓的零件时，在加工程序的编制工作中，常常需要用直线或圆弧去近似代替非圆曲线，称为拟合处理。拟合线段的交点或切点就称为节点。如图 3-12 所示的 B_1、B_2 等点为直线拟合非圆曲线时的节点。

节点拟合计算的难度及工作量都较大，故宜通过计算机完成；有时，也可由人工计算完成，但对编程者的数学处理能力要求较高。拟合结束后，还必须通过相应的计算，对每条拟合段的拟合误差进行分析。

(3) 计算实例

车削如图 3-13 所示的手柄，计算出编程所需数值。

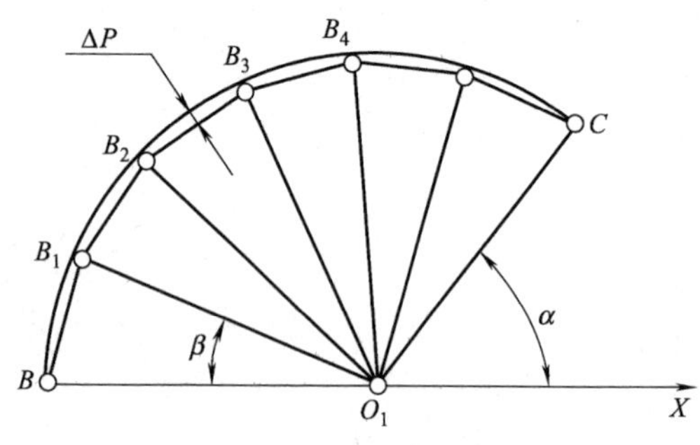

图 3-12　节点计算

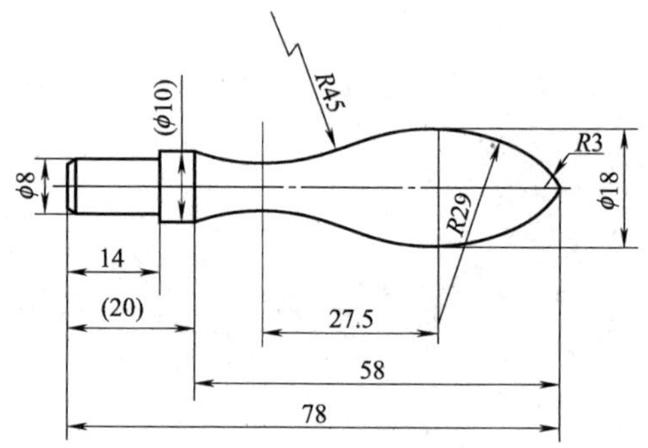

图 3-13　手柄编程实例

此零件由半径为 $R3$mm、$R29$mm、$R45$mm 三个圆弧光滑连接而成。对圆弧工件编程时，必须求出以下三个点的坐标值：圆弧的起始点坐标值、圆弧的结束点（目标点）坐标值、圆弧中心点的坐标值。

取编程零点为 W_1（图 3-14）。计算方法如下。

在 $\triangle O_1EO_2$ 中

已知：$O_2E=29-9=20$ (mm)

$O_1O_2=29-3=26$ (mm)

$O_1E=\sqrt{(O_1O_2)^2-(O_2E)^2}=\sqrt{26^2-20^2}\approx 16.613$(mm)

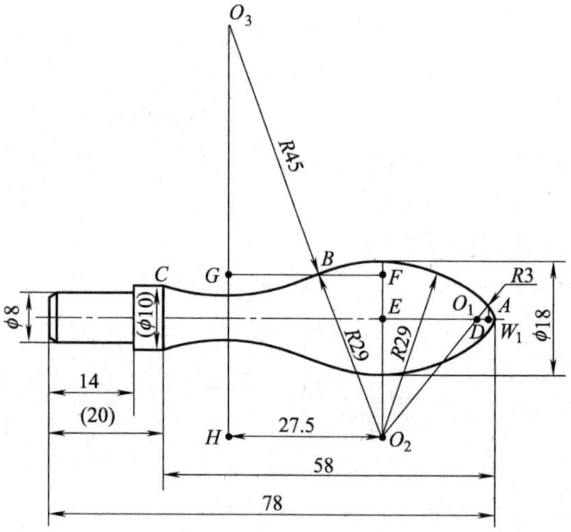

图 3-14　计算圆弧中心的方法

① 先求出 A 点坐标值及 O_1 的 I、K 值，其中 I 代表圆心 O_1 的 X 坐标（直径编程），K 代表圆心 O_1 的 Z 坐标。

因 $\triangle ADO_1\backsim\triangle O_2EO_1$，则有

$$\frac{AD}{O_2E}=\frac{O_1A}{O_1O_2}$$

$$AD=O_2E\times\frac{O_1A}{O_1O_2}\approx 20\times\frac{3}{26}=2.308\ (\text{mm})$$

$$\frac{O_1D}{O_1E}=\frac{O_1A}{O_1O_2}$$

$O_1D=O_1E\times\frac{O_1A}{O_1O_2}\approx16.613\times\frac{3}{26}\approx1.917$（mm）

得 A 的坐标值：

$X_A=2\times2.308=4.616$（mm）（直径编程）

$DW_1=O_1W_1-O_1D=3-1.917=1.083$（mm）

则　$Z_A=1.083$mm

求圆心 O_1 相对于圆弧起点 W_1 的增量坐标，得

$I_{O1}=0$mm

$K_{O1}=-3$mm

由上可知，A 的坐标值（4.616，1.083），O_1 的 I、K 值为 0mm 和−3mm。

② 求 B 点坐标值及 O_2 点的 I、K 值。

因$\triangle O_2HO_3\backsim\triangle BGO_3$，则有

$$\frac{BG}{O_2H}=\frac{O_3B}{O_3O_2}$$

$BG=O_2H\times\frac{O_3B}{O_3O_2}=27.5\times\frac{45}{(45+29)}=16.732$（mm）

$BF=O_2H-BG=27.5-16.732=10.768$（mm）

$W_1O_1+O_1E+BF\approx3+16.613+10.768=30.381$（mm）

则　$Z_B\approx-30.38$mm

在$\triangle O_2FB$ 中

$O_2F=\sqrt{(O_2B)^2-(BF)^2}=\sqrt{29^2-10.768^2}\approx26.927$（mm）

$EF=O_2F-O_2E\approx26.927-20=6.927$（mm）

因是直径编程，有

$X_B=2\times6.927=13.854$（mm）

求圆心 O_2 相对于 A 点的增量坐标

$I_{O2}=-(AD+O_2E)\approx-(2.308+20)=-22.308$（mm）

$K_{O2}=-(O_1D+O_1E)\approx-(1.917+16.613)=-18.53$（mm）

由上可知，B 的坐标值（13.854，−30.38），O_2 的 I、K 值为−22.308mm 和−18.53mm。

③ 求 C 点的坐标值及 O_3 点的 I、K 值。

从图 3-14 可知

$X_C=10.000$mm

$Z_C=-(78-20)=-58$（mm）

$GO_3=\sqrt{(O_3B)^2-(GB)^2}\approx\sqrt{45^2-16.732^2}\approx41.774$（mm）

O_3 点相对于 B 点的坐标增量

$I_{O3}=41.774$mm

$K_{O3}=-16.732$mm

由上可知，C 的坐标值（10.00，−58.00），O_3 的 I、K 值为 41.777mm 和−16.72mm。

3.7　刀具补偿功能

刀具补偿功能是用来补偿刀具实际安装位置（或实际刀尖圆弧半径）与理论编程位置（刀尖圆弧半径）之差的一种功能。刀具补偿功能是数控车床的一种主要功能，它分为刀具位置补

偿（即刀具偏移补偿）和刀尖圆弧半径补偿两种功能。

3.7.1 刀具位置补偿

工件坐标系设定是以刀具基准点（以下简称基准点）为依据的，零件加工程序中的指令值是刀位点（刀尖）的值。刀位点到基准点的矢量，即刀具位置补偿值。用刀具位置补偿后，改变刀具时，只需改变刀具位置补偿值，而不必变更零件加工程序，以简化编程。

(1) 刀具位置补偿的设定

当系统执行过返回参考点操作后，刀架位于参考点上，此时，刀具基准点与参考点重合。刀具基准点在刀架上的位置，由操作者设定。一般可以在刀夹更换基准位置或基准刀具刀位点上。有的机床刀架上由于没有自动更换刀夹装置，此时基准点可以设在刀架边缘。有时用第一把刀作基准刀具，此时基准点设在第一把刀的刀位点上，如图 3-15 所示。

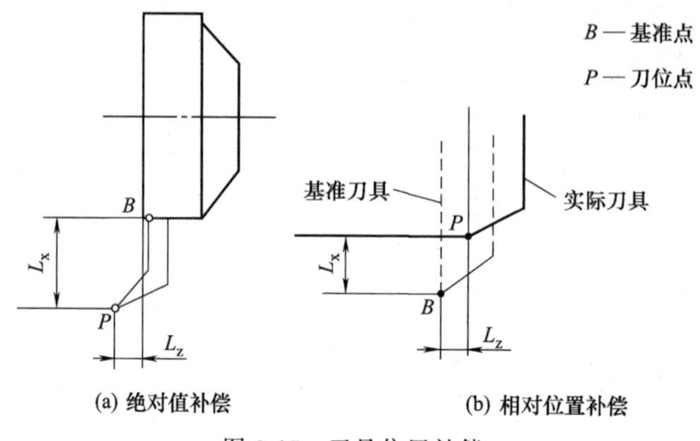

图 3-15　刀具位置补偿

矢量方向是从刀位点指向基准点，车床的刀具位置补偿，用坐标轴上的分量分别表示。当矢量分量与坐标轴正方向一致时，补偿量为正值，反之为负值。当基准点设在换刀基准上时，为绝对值补偿，如图 3-15（a）所示，补偿量等于刀具的实际长度，该值可以用机外对刀仪测量。当基准点设在基准刀具点上时，为相对值补偿，又称为增量值补偿，如图 3-15（b）所示，其补偿值是实际刀具相对于基准刀具的差值。

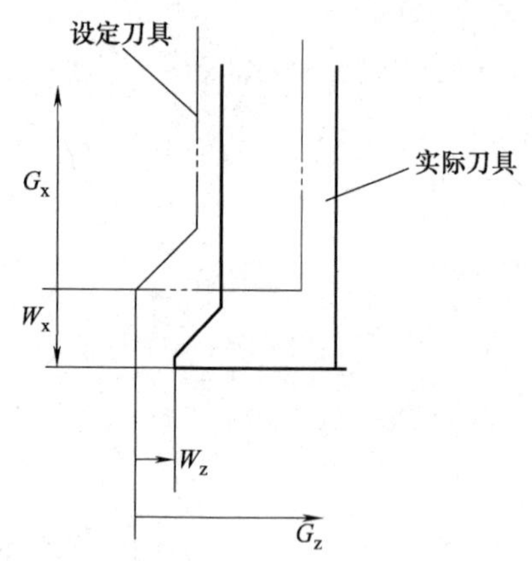

图 3-16　几何形状补偿与刀具磨损补偿

(2) 刀具几何形状补偿与刀具磨损补偿

刀具位置补偿可分为刀具几何形状补偿（G）和刀具磨损补偿（W）两种，需分别加以设定。几何形状补偿是对刀具形状的测量值，而磨损补偿是对刀具实切后的变动值，如图 3-16 所示。

有时把刀具形状补偿和刀具磨损补偿合在一起，统称刀具位置补偿，作为刀具磨损补偿量的设定，如图 3-16 所示。则有

$$L_x = G_x + W_x$$
$$L_z = G_z + W_z$$

(3) 刀具位置补偿功能的实现

刀具位置补偿功能是由程序段中的 T 代码来实现的。T 代码后的 4 位数码中，前两位为刀具号，后两位为刀具补偿号。刀具补偿号实际上是刀具补偿寄存器的地址号，该寄存器中放有刀具的几何偏置量和磨损偏置量（X 轴偏置和 Z 轴偏置），如图 3-17 所示。刀具补偿号可以是 00～32 中的任意一个数，刀具补偿号为 00 时，表示不进行刀具补偿或取消刀具补偿。

刀具补偿　　O0001 N00000

序号	X轴	Z轴	半径	TIP
001	0.000	0.000	0.000	0
002	1.486	−49.561	0.000	0
003	1.486	−49.561	0.000	0
004	1.486	0.000	0.000	0
005	1.486	−49.561	0.000	0
006	1.486	−49.561	0.000	0
007	1.486	−49.561	0.000	0
008	1.486	−49.561	0.000	0

当前位置　(相对坐标)

U　0.000　　W　0.000

　　　　　　H　0.000

>Z120

MD1 … … …　　16:17:33

[NO.检索]　[测定]　[C输入]　[+输入]　[输入]

图 3-17　刀具补偿寄存器页面

当刀具磨损后或工件尺寸有误差时，只要修改每把刀具相应存储器中的数值即可。例如某工件加工后外圆直径比要求尺寸大（或小）了 0.02mm，则可以用 U−0.02（或 U0.02）修改相应存储器中的数值；当长度方向尺寸有误差时，修改方法类同。

由此可见，刀具偏移可以根据实际需要分别或同时对刀具轴向和径向的偏移量进行修正。修正的方法是在程序中事先给定各刀具及其刀具补偿号，每个刀具补偿号中的 X 向刀具补偿值和 Z 向补偿值，由操作者按实际需要输入数控装置。每当程序调用这一刀具补偿号时，该刀具补偿值就生效，使刀尖从偏离位置恢复到编程轨迹上，从而实现刀具补偿量的修正。

注意：

① 刀具补偿程序段内有 G00 或 G01 功能才有效。而且偏移量补偿在一个程序的执行过程中完成，这个过程是不能省略的。例如“G00 X20.0 Z10.0 T0202”表示调用 2 号刀具，且有刀具补偿，补偿量在 02 号储存器内。

② 在调用刀具时，必须在取消刀具补偿状态下调用刀具。

3.7.2　刀尖圆弧半径补偿

切削加工中，为了提高刀尖强度，降低加工表面粗糙度，通常在车刀刀尖处制有一圆弧过渡刃。一般的不重磨刀片刀尖处均呈圆弧过渡，且有一定的半径值。即使是专门刃磨的“尖刀”，其实际状态还是有一定的圆弧倒角的，不可能绝对是尖角。因此，实际上真正的刀尖是不存在的，这里所说的刀尖只是一“假想刀尖”而已。但是，编程计算点是根据理论刀尖（假想刀尖）A，如图 3-18（b）所示来计算的，相当于图 3-18（a）中尖头刀的刀尖点。

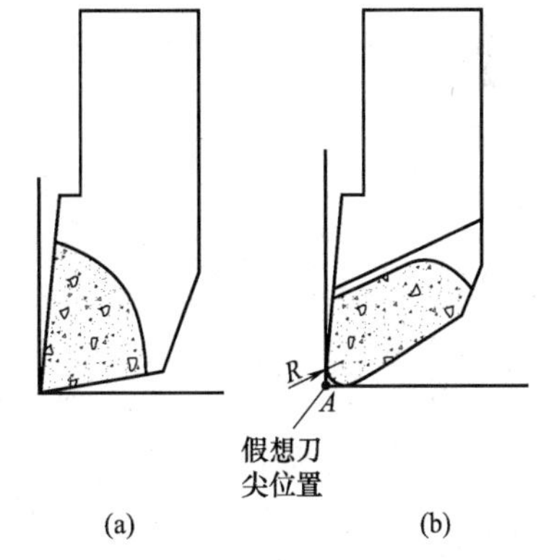

图 3-18　刀尖圆弧和刀尖

图 3-19 所示为一把带有刀尖圆弧的外圆车刀。无论是采用在机试切对刀还是机外预调仪对刀，得到的长度都为 L_1、L_2，建立刀具位置补偿后将由 L_1、L_2 长度获得的“假想刀尖”跟随编程路线轨迹运动。当加工与坐标轴平行的圆柱面和端面轮廓时，刀尖圆弧并不影响其尺寸和形状，只是可能在起点与终点处造成欠切，这可采用分别加导入、导出切削段的方法解决。但当加工锥面、圆弧等非坐标方向轮廓时，刀尖圆弧将引起尺寸和形状误差。

图 3-19 中的锥面和圆弧面尺寸均较编程轮廓大，而且圆弧形状也发生了变化。这种误差

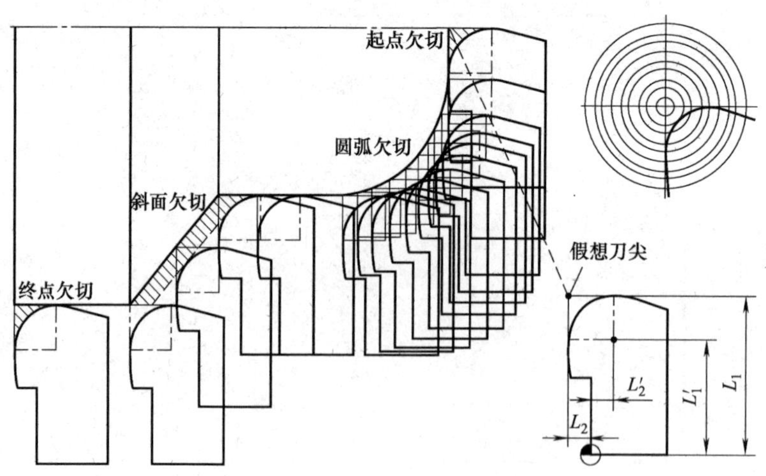

图 3-19　车刀刀尖半径与加工误差

的大小不仅与轮廓形状、走势有关，而且还与刀具刀尖圆弧半径有关。如果零件精度较高，就可能出现超差。

早期的经济型车床数控系统，一般不具备半径补偿功能。当出现上述问题时，精加工采用刀尖半径小的刀具可以减小误差，但这将降低刀具寿命，导致频繁换刀，降低生产率。较好的方法是采用局部补偿计算加工或按刀尖圆弧中心编程加工。

图 3-20 所示即为按刀尖圆弧中心轨迹编程加工的情况。对图中所示手柄的三段轮廓圆弧分别作等距线即图中虚线，求出其上各基点坐标后按此虚线轨迹编程，但此时使用的刀具位置补偿为刀尖中心参数。当位置补偿建立后，即由刀具中心跟随编程轨迹（图中虚线）运行；实际工件轮廓通过刀尖刃口圆弧包络而成，从而解决了上述误差问题。

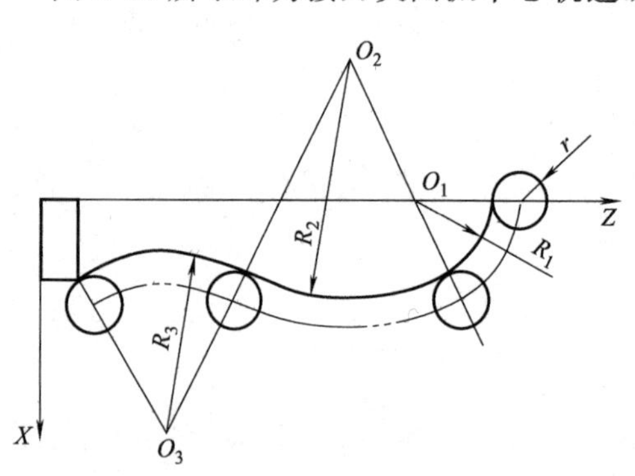

图 3-20　刀具中心轨迹编程

刀尖圆弧中心编程的存在问题是中心轮廓轨迹需要人工处理，轮廓复杂程度的增加将给计算带来困难。尤其在刀具磨损、重磨或更换新刀时，刀具半径发生变化，刀具中心轨迹必须重新计算，并对加工程序作相应修改，既烦琐，又不易保证加工精度，生产中缺乏灵活性。

现代数控车床控制系统一般都具有刀具半径补偿功能。这类系统在编程时不必计算上述刀具中心的运动轨迹，而只需要直接按零件轮廓编程，并在加工前输入刀具半径数据，通过在程序中使用刀具半径补偿指令，数控装置可自动计算出刀具中心轨迹，并使刀具中心按此轨迹运动。也就是说，执行刀具半径补偿后，刀具中心将自动在偏离工件轮廓一个半径值的轨迹上运动，从而加工出所要求的工件轮廓。

(1) 刀尖圆弧半径补偿的指令

刀具半径补偿一般必须通过准备功能指令 G41/G42 建立，刀具半径补偿建立后，刀具中心在偏离编程工件轮廓一个半径的等距线轨迹上运动。

1）刀尖半径左补偿指令 G41　如图 3-21（b）和图 3-22（a）所示，顺着刀具运动方向看，刀具在工件左侧，称为刀尖半径左补偿，用 G41 代码编程。

2）刀尖半径右补偿指令 G42　如图 3-21（a）和图 3-22（b）所示，顺着刀具运动方向看，刀具在工件的右侧，称为刀尖半径右补偿，用 G42 代码编程。

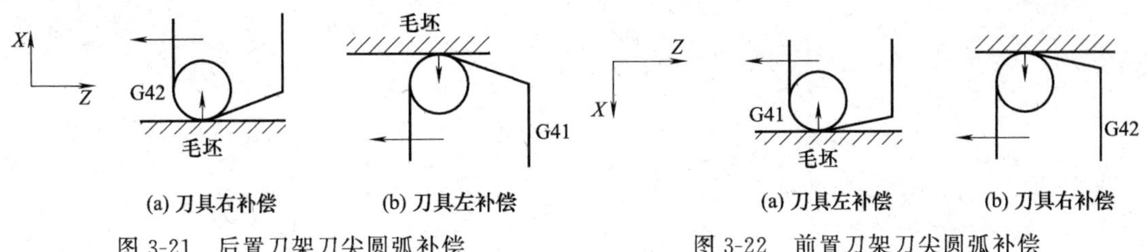

(a) 刀具右补偿　(b) 刀具左补偿

图 3-21　后置刀架刀尖圆弧补偿

(a) 刀具左补偿　(b) 刀具右补偿

图 3-22　前置刀架刀尖圆弧补偿

3）取消刀尖左右补偿指令 G40　如需要取消刀尖左右补偿，可编入 G40 代码。这时，使假想刀尖轨迹与编程轨迹重合。

使用刀具半径补偿时应注意以下几点。

① G41、G42、G40 指令不能与圆弧切削指令写在同一个程序段内，可与 G01、G00 指令在同程序段出现，即它是通过直线运动来建立或取消刀具补偿的。

② 在调用新刀具前或要更改刀具补偿方向时，中间必须取消刀具补偿。目的是避免产生加工误差或干涉。

③ 在 G41 或 G42 程序段后面加入 G40 程序段，便是刀尖半径补偿取消，其格式为：

G41（或 G42）

……

G40

程序的最后必须以取消偏置状态结束，否则刀具不能在终点定位，而是停在与终点位置偏移一个矢量刀尖圆弧半径的位置上。

④ G41、G42、G40 是模态代码。

⑤ 在 G41 方式中，不要再指定 G42 方式，否则补偿会出错。同样，在 G42 方式中，不要再指定 G41 方式，当补偿取负值时，G41 和 G42 互相转化。

⑥ 在使用 G41 和 G42 之后的程序段，不能出现连续两个或两个以上的不移动指令，否则 G41 和 G42 会失效。

(2) 刀具半径补偿的过程

刀具半径补偿的过程分为三步：刀补的建立，刀具中心从编程轨迹重合过渡到与编程轨迹偏离一个偏移量的过程；刀补的进行，执行 G41 或 G42 指令的程序段后，刀具中心始终与编程轨迹相距一个偏移量；刀补的取消，刀具离开工件，刀具中心轨迹要过渡到与编程重合的过程。图 3-23 所示为刀补建立与取消的过程。

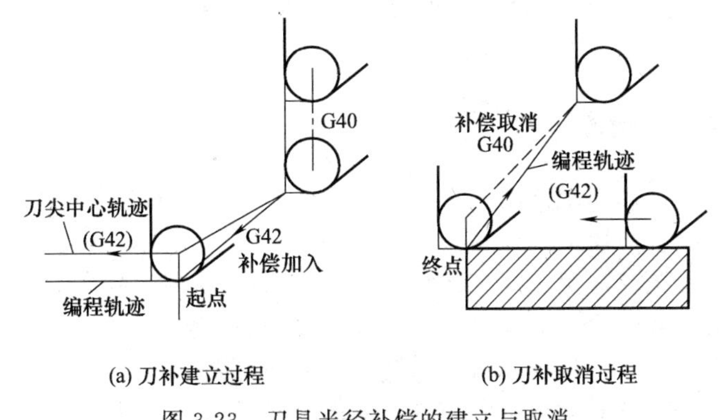

(a) 刀补建立过程　(b) 刀补取消过程

图 3-23　刀具半径补偿的建立与取消

(3) 刀尖方位的确定

具备刀具半径补偿功能的数控系统，除利用刀具半径补偿指令外，还应根据刀具在切削时所处的位置，选择假想刀尖的方位，从而使系统能根据假想刀尖方位确定计算补偿量。假想刀

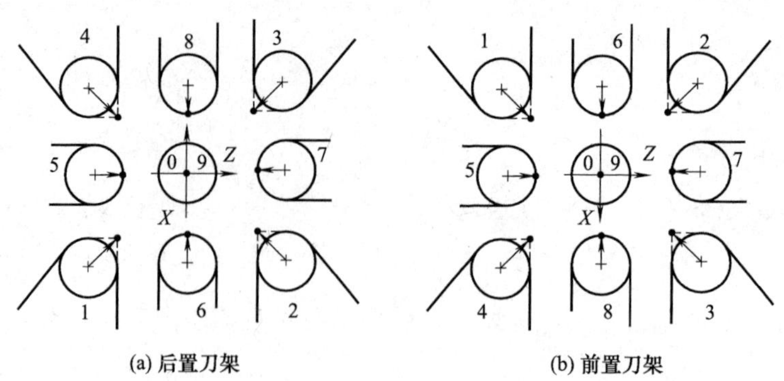

(a) 后置刀架　　　　(b) 前置刀架

图 3-24　刀尖方位号

尖方位共有 9 个，如图 3-24 所示。

(4) 刀具补偿量的确定

对应每一个刀具补偿号，都有一组偏置量 X、Z 和刀尖半径补偿量 R 以及刀尖方位号 T。可根据装刀位置、刀具形状来确定刀尖方位号，通过机床面板上的功能键“OFFSET”分别设定、修改这些参数。数控加工中，根据相应的指令进行调用，以提高零件的加工精度。

图 3-25 为某控制面板上的刀具偏置与刀具方位画面。用 T0404 号刀具，刀尖圆弧半径为 0.2 mm，刀具位置在第 3 象限。在加工工件时的实际测量值直径比要求大 0.03mm，长度为 0.05mm，需要进行刀具磨损补偿。在如图的磨损画面中，将光标处于 W04 位置，X 方向键入“X－0.03”后按输入键，Z 方向键入“Z0.05”后按输入键。当程序在执行 T0404 时，工件的实际测量值将达到要求。

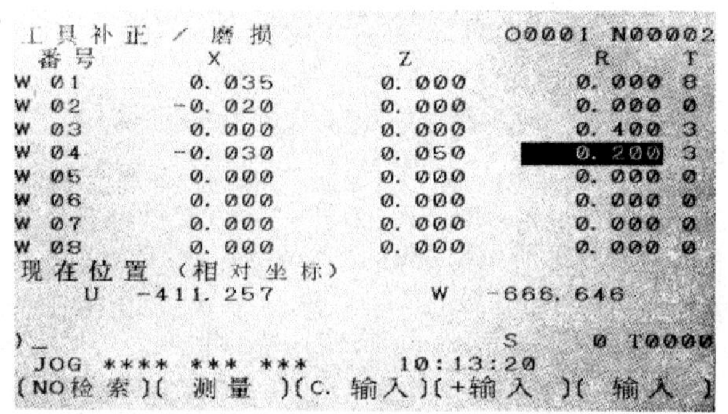

图 3-25　刀具偏置与刀具方位画面

3.8 自动编程概述

手工编程对于编制外形不太复杂或计算工作量不大的零件程序时，简便、易行。但随着零件的复杂程度的增加，将使得数学计算量、程序段数目大大增加，单纯依靠手工编程会使其变得困难且精度差、易出错。而由计算机代替手工编程进行工艺处理、数值计算、编写零件加工程序、自动地打印输出零件加工程序单，并将程序自动地记录到穿孔纸带或其他的控制介质上；亦可由通信接口将程序直接送到数控系统，控制机床进行加工，这样比较方便。数控机床应用程序编制工作的大部分或全部由计算机完成的方法称为自动编程。

3.8.1 自动编程的基本原理与特点

自动编程是通过数控自动程序编制系统实现的，在自动编程方式下，编程人员只需采用某种方式输入工件的几何信息及工艺信息，在编译程序支持下，计算机自动进行译码、完成数据

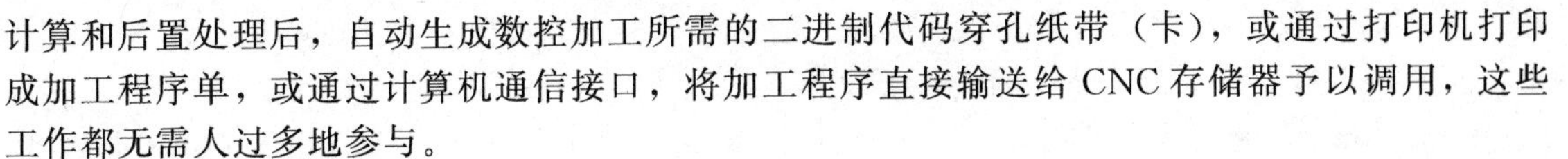
计算和后置处理后，自动生成数控加工所需的二进制代码穿孔纸带（卡），或通过打印机打印成加工程序单，或通过计算机通信接口，将加工程序直接输送给 CNC 存储器予以调用，这些工作都无需人过多地参与。

(1) 自动编程基本原理

自动编程系统的组成和自动编程的过程如图 3-26 所示。

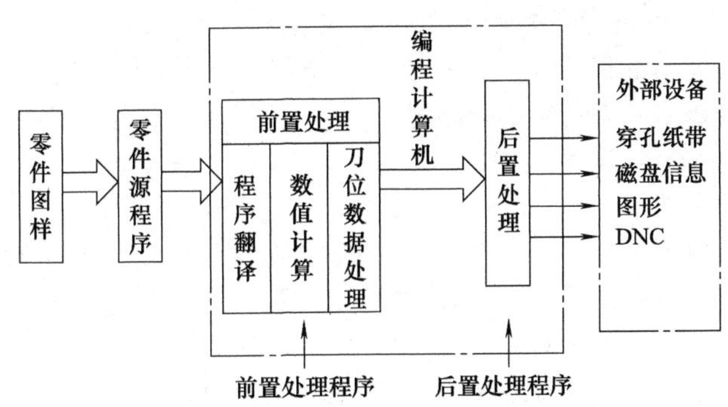

图 3-26　自动编程系统的功能框图

第一阶段：对零件图样进行工艺分析，用编程语言编写零件加工的零件源程序。编写源程序就是按自动编程系统所规定的“语言”和“语法”，来描述被加工零件的几何形状、尺寸、加工时刀具相对于工件的运动轨迹、切削条件、机床的辅助功能等一些必要的工艺参数内容。将源程序制成源程序带作为编程计算机的输入信息。

应该注意的是：这种用“语言”编写的零件源程序和手工编程所得的零件数控加工程序有本质上的差别。前者不能用于控制数控机床进行零件加工，仅能作为编程计算机处理的依据。

第二阶段：借助“编译程序”和计算机，对源程序进行处理，并且自动打印零件加工的程序单和数控加工的控制介质，这和手工编程所得的数控加工程序单和介质是完全相同的。

当零件源程序输入给计算机后，由编译程序将源程序翻译成计算机能够接受的机器语言，然后进行主信息计算和后置处理，最后获得某特定数控机床所需的一套加工指令代码，并能自动地将其制备到穿孔带或打印出程序清单。其中主信息处理完成诸如刀具中心轨迹、基点、节点计算，并制订辅助功能等工作；后置处理则针对机床数控系统的要求，将主信息处理后的数据变成数控装置所要求的数控加工程序，因此不同的数控系统，有相应的后置处理程序。

自动编程主要通过电子计算机完成编程工作，用零件源程序作为编程计算机的输入，用编译程序和后置处理程序来处理零件源程序。编程的大量计算、制备数控加工程序、制作穿孔纸带、程序和纸带的校对等工作，都由计算机自动完成，因此加快了编程的进度，减少了出错的机会。

(2) 自动编程的主要特点

① 数学处理能力强。自动编程借助于系统软件强大的数学处理能力，人们只需给计算机输入该二次曲线的描述语句，计算机就能自动计算出加工该曲线的刀具轨迹，快速且又准确。功能较强的自动编程系统还能处理手工编程难以胜任的二次曲面和特种曲面。

② 能快速、自动生成数控程序。自动编程的一大优点就是在完成计算刀具运动轨迹之后，后置处理程序能在极短的时间内自动生成数控程序，且该数控程序不会出现语法错误。当然自动生成程序的速度还取决于计算机硬件的档次，档次越高，速度越快。

③ 后置处理程序灵活多变。同一个零件在不同的数控机床上加工，由于数控系统的指令形式不相同，机床的辅助功能也不一样，伺服系统的特性也有差别。因此，数控程序也是不一样的。但在前置处理过程中，大量的数学处理、轨迹计算却是一致的。这就是说，前置处理可以通用化，只要稍微改变一下后置处理程序，就能自动生成适用于不同数控机床的数控程序

来，后置处理相比前置处理工作量要小得多，但它灵活多变，适应不同的数控机床。

④ 程序自检、纠错能力强。自动编程能够借助于计算机在屏幕上对数控程序进行动态模拟，连续、逼真地显示刀具加工轨迹和零件加工轮廓，发现问题及时修改，快速又方便。现在，往往在前置处理阶段计算出刀具运动轨迹以后，立即进行动态模拟检查，确定无误以后再进入后置处理，从而编写出正确的数控程序来。

⑤ 便于实现与数控系统的通信。自动编程系统通信可以把自动生成的数控程序经通信接口直接输入数控系统，控制数控机床加工。无需再制备穿孔纸带等控制介质，而且可以做到边输入，边加工，不必考虑数控系统内存不够大，免除了将数控程序分段。自动编程的通信功能进一步提高了编程效率，缩短了生产周期。

自动编程技术优于手工编程，这是不容置疑的。但是，并不等于说凡是编程必选自动编程。编程方法的选择必须考虑被加工零件形状的复杂程度、数值计算的难度和工作量的大小、现有设备条件（计算机、编程系统等）以及时间和费用等诸多因素。一般说来，加工形状简单的零件，如点位加工或直线切削零件，用手工编程所需的时间和费用与计算机自动编程所需的时间和费用相差不大，这时采用手工编程比较合适。

3.8.2 自动编程系统的基本类型与特点

美国麻省理工学院（MIT）于1952年研制成功世界上第一台数控铣床。为了充分发挥数控机床的加工能力，克服手工编程时计算工作量大、烦琐易出错、编程效率低、质量差、对于形状复杂零件由于计算困难而难以编程等缺点，美国麻省理工学院伺服机构实验室于1953年在美国空军的资助下，开始研究数控自动编程问题，并于1955年发布了世界上第一个语言自动编程系统APT-I（Automatical Programmed Tools），后来迅速应用于生产。之后短短几十年，自动编程技术飞跃发展，自动编程种类越来越多，极大地促进了数控机床在全球范围内日益广泛的使用。

(1) 自动编程系统的类型

1）按使用的计算机硬件种类划分　可分为微机自动编程、小型计算机自动编程、大型计算机自动编程、工作站自动编程、依靠机床本身的数控系统进行的自动编程。

2）按程序编制系统（编程机）与数控系统紧密程度划分　可分为离线自动编程和在线自动编程。

离线自动编程是指与数控系统相脱离，采用独立机器进行程序编制工作的。其特点是可为多台数控机床编程，功能多而强，编程时不占用机床工作时间。随着计算机硬件价格的下降，离线编程将是未来的趋势。

在线自动编程指的是数控系统不仅用于控制机床，而且用于自动编程。

3）按编程信息的原始输入方式划分

① 语言自动编程。这是在自动编程初期发展起来的一种编程技术。语言自动编程的基本方法是：编程人员在分析零件加工工艺的基础上，采用编程系统所规定的数控语言，对零件的几何尺寸信息、工艺参数、切削刀具、切削用量、工件的相对运动轨迹、加工过程和辅助要求等原始信息进行描述形成“零件源程序”。然后，把零件源程序输入计算机，由存于计算机内的数控编程系统软件自动完成机床刀具运动轨迹数据的计算，得到加工程序单和控制介质（或加工程序的输入），并进行程序的模拟仿真、校验等工作。

② 图形自动编程。这是一种先进的自动编程技术，目前很多CAD/CAM系统都采用这种方法。在这种方法中，编程人员直接输入各种图形要素，从而在计算机内部建立起加工对象的几何模型，然后编程人员在该模型上进行工艺规划、选择刀具、确定切削用量以及走刀方式，之后由计算机自动完成机床刀具运动轨迹数据的计算、加工程序的编制和控制介质的制备（或加工程序的输入）等工作。此外，计算机系统还能够对所生成的程序进行检查与模拟仿真，以

消除错误，减少试切。

目前，在国内市场上销售比较成熟的CAD/CAM系统软件有十几种。比较典型的有：CAXA、UG、CATIA、Solid Work、MasterCAM等。

③ 其他输入方式的自动编程。除了前面两种主要的输入方式外，还有语音自动编程和数字化技术自动编程两种方式。

语音数控自动编程是指采用语音识别技术，直接采用音频数据作为自动编程的输入信息，并与计算机和显示器直接对话，令计算机编出加工程序的一种方法。编程时，编程员只需对着传声器讲出所需的指令即可。编程前应使系统“熟悉”编程员的“声音”，即首次使用该系统时，编程员必须对着传声器讲该系统约定的各种词汇和数字，让系统记录下来，并转换成计算机可以接受的数字指令。用语音自动编程的主要优点是：便于操作，未经训练的人员也可使用语音编程系统；可免除打字错误，编程速度快，编程效率高。

数字化仪自动编程适用于有模型或实物而无尺寸零件加工的程序编制，因此也称为实物编程。这种编程方法是指通过一台三坐标测量机或装有探针、具有相应扫描软件的数控机床，对已有零件或实物模型进行扫描；将测得的数据直接送往数控编程系统；由计算机将所测数据进行处理，生成数控加工指令，形成加工程序；最后控制输出设备，输出零件加工程序单或穿孔纸带，即所谓的探针编程。这种系统可编制两坐标或三坐标数控铣床加工复杂曲面的程序。

(2) 自动编程系统的特点

1）语言自动编程的特点　自动编程技术的研究是从语言自动编程系统开始的，世界各国已研制出上百种数控语言系统。其中最早出现的、功能最强、使用最多的是美国的APT语言系统。经过多年的研究开发，先后又开发出的APT系统有APT-Ⅱ、APT-Ⅲ、APT-Ⅳ。其中APT-Ⅱ是曲线（平面零件）的自动编程，APT-Ⅲ是3～5坐标立体曲面的自动编程，APT-Ⅳ是自由曲面编程，并可联机和图形输入。APT系统编程语言的词汇量较多，定义的几何类型也较全面，后置处理程序有近1000个，在各国得到广泛应用。但APT系统软件庞大，价格昂贵。

因此，各国根据零件加工的特点和用户的需求，开发出许多具有不同特点的自动编程系统，如日本富士通研制的FAPT，法国研制的IFAPT和HAPT，德国研制的EXAPT1～EXAPT3，意大利研制的MODAPT等系统。我国自20世纪50年代末期开始研制数控机床，20世纪60年代中期开始数控自动编程方面的研究工作。20世纪70年代已研制出了SKC、ZCK、ZBC-1等具有二维半铣削加工、车削加工等功能的数控语言自动编程系统。后来又成功研制了具有复杂曲面编程功能的数控语言自动编程系统CAM-251。随着微机性能价格比的提高，后来又推出了HZAPT、EAPT、SAPT等微机数控语言自动编程系统。这些语言系统的开发都是参考APT系统的思路，是APT的衍生。

2）图形自动编程系统特点　正是由于语言自动编程的种种缺点，使人们开始研究图形自动编程技术。而世界上第一台图形显示器于1964年在美国研制成功，为图形自动编程系统的研制奠定了硬件基础；计算机图形学等学科的发展，又为图形自动编程系统的研制准备了理论基础。

图形自动编程系统又称为图形交互式自动编程系统，就是应用计算机图形交互技术开发出来的数控加工程序自动编程系统，使用者利用计算机键盘、鼠标等输入设备以及屏幕显示设备，通过交互操作，建立、编辑零件轮廓的几何模型，选择加工工艺策略，生成刀具运动轨迹，利用屏幕动态模拟显示数控加工过程，最后生成数控加工程序。现代图形交互式自动编程是建立在CAD和CAM系统基础上的，典型的图形交互式自动编程系统都采用CAD/CAM集成数控编程系统模式。图形交互式自动编程系统通常有两种类型的结构：一种是CAM系统中内嵌三维造型功能；另一种是独立的CAD系统与独立的CAM系统集成方式构成数控编程系统。

① 图形交互式自动编程可分为五大步骤。

a. 几何造型。主要是利用CAD软件或CAM软件的三维造型、编辑修改、曲线曲面造型功能，把要加工工件的三维几何模型构造出来，并将零件被加工部位的几何图形准确地绘制在计算机屏幕上。与此同时，在计算机内自动形成零件三维几何模型数据库。它相当于APT语言编程中，用几何定义语句定义零件的几何图形的过程，其不同点就在于它不是用语言，而是用计算机造型的方法将零件的图形数据输送到计算机中的。这些三维几何模型数据是下一步刀具轨迹计算的依据。自动编程过程中，交互式图形编程软件将根据加工要求提取这些数据，进行分析判断和必要的数学处理，形成加工的刀具位置数据。

b. 加工工艺决策。选择合理的加工方案以及工艺参数是准确、高效加工工件的前提条件。加工工艺决策内容包括定义毛坯尺寸、边界、刀具尺寸、刀具基准点、进给率、快进路径以及切削加工方式。首先按模型形状及尺寸大小设置毛坯的尺寸形状，然后定义边界和加工区域，选择合适的刀具类型及其参数，并设置刀具基准点。

CAM系统中有不同的切削加工方式供编程中选择，可为粗加工、半精加工、精加工各个阶段选择相应的切削加工方式。

c. 刀位轨迹的计算机生成。图形交互式自动编程的刀位轨迹的生成是面向屏幕上的零件模型交互进行的。首先在刀位轨迹生成菜单中选择所需的菜单项；然后根据屏幕提示，用光标选择相应的图形目标，指定相应的坐标点，输入所需的各种参数；交互式图形编程软件将自动从图形文件中提取编程所需的信息，进行分析判断，计算出节点数据，并将其转换成刀位数据，存入指定的刀位文件中或直接进行后置处理生成数控加工程序，同时在屏幕上显示出刀位轨迹图形。

d. 后置处理。由于各种机床使用的控制系统不同，所用的数控指令文件的代码及格式也有所不同。为解决这个问题，交互式图形编程软件通常设置一个后置处理文件。在进行后置处理前，编程人员需对该文件进行编辑，按文件规定的格式定义数控指令文件所使用的代码、程序格式、圆整化方式等内容；在执行后置处理命令时将自行按设计文件定义的内容生成所需要的数控指令文件。另外，由于某些软件采用固定的模块化结构，其功能模块和控触系统是一一对应的，后置处理过程已固化在模块中，所以在生成刀位轨迹的同时便自动进行后置处理生成数控指令文件，而无需再进行单独后置处理。

e. 程序输出。图形交互式自动编程软件在计算机内自动生成刀位轨迹图形文件和数控程序文件，可采用打印机打印数控加工程序单，也可在绘图机上绘制出刀位轨迹图，使机床操作者更加直观地了解加工的走刀过程，还可使用计算机直接驱动的纸带穿孔机制作穿孔纸带，提供给有读带装置的机床控制系统使用。对于有标准通信接口的机床控制系统，可以和计算机直接联机，由计算机将加工程序直接送给机床控制系统。

② 图形交互式自动编程的特点

a. 这种编程方法既不像手工编程那样需要用复杂的数学手工计算算出各节点的坐标数据，也不需要像APT语言编程那样用数控编程语言去编写描绘零件几何形状、加工走刀过程及后置处理的源程序，而是在计算机上直接面向零件的几何图形以光标指点、菜单选择及交互对话的方式进行编程，其编程结果也以图形的方式显示在计算机上。所以该方法具有简便、直观、准确、便于检查的优点。

b. 图形交互式自动编程软件和相应的CAD软件是有机地连在一起的一体化软件系统，既可用来进行计算机辅助设计，又可以直接调用设计好的零件图进行交互编程，对实现CAD/CAM一体化极为有利。

c. 这种编程方法的整个编程过程是交互进行的，简单易学，在编程过程中可以随时发现问题并进行修改。

d. 编程过程中，图形数据的提取、节点数据的计算、程序的编制及输出都是由计算机自动进行的。因此，编程的速度快、效率高、准确性好。

e. 此类软件都是在通用计算机上运行的，不需要专用的编程机，所以非常便于普及推广。

第4章

FANUC系统数控车床的编程

4.1 FANUC 数控编程概述

对于数控车床来说，采用不同的数控系统，其编程方法也不同。FANUC-0i 数控系统是目前应用最为广泛的数控系统之一，与其他数控系统控制的数控机床加工一样，数控机床在加工过程中，用来驱动数控机床的启停、正反转，刀具走刀路线的方向，粗、精切削走刀次数的划分，必要的端点停留，换刀，确定主轴转速，进行直线、曲线加工等动作，都是事先由编程人员在程序中用指令的方式予以规定的，这类指令称为工艺指令。工艺指令大体上可分为两类：一类是准备性工艺指令——G 指令；另一类是辅助性工艺指令——M 指令。

此外，还有控制进给速度、主轴转速、刀具功能指令等其他功能指令。

以下以 FANUC 系统为例，介绍其在数控车床编程的相关问题。

4.1.1 准备功能

准备性工艺指令——G 指令。这类指令是在数控系统插补运算之前或进行加工之前需要预先规定，为插补运算或某种加工方式做好准备的工艺指令，如刀具沿哪个坐标平面运动，是直线插补还是圆弧插补，是在直角坐标系下还是在极坐标系下等。FANUC-0i 数控系统常用的准备功能指令，如表 4-1 所示。

表 4-1 准备功能

序号	代码	组别	功能
1	G00	01	快速点定位
2	G01		快速插补
3	G02		顺时针圆弧插补
4	G03		逆时针圆弧插补
5	G04		暂停
6	G20	06	英制输入
7	G21		米制输入
8	G27	00	回参考点检验
9	G28		返回参考点
10	G29		由参考点返回
11	G32	01	螺纹插补
12	G34		变螺距螺纹插补
13	G40	07	取消刀尖半径补偿
14	G41		刀尖圆弧半径左补偿
15	G42		刀尖圆弧半径右补偿
16	G50	00	设立工件坐标系，设定主轴最高转速

续表

序号	代码	组别	功能
17	G53	12	选择机床坐标系
18	G54～G59		工件坐标系选择
19	G70	00	精加工循环
20	G71		外圆、内孔粗车循环
21	G72		端面粗车循环
22	G73		仿形循环
23	G74		端面切槽循环
24	G75		内径、外径切槽循环
25	G76		复合螺纹切削循环
26	G90	01	单一形状固定循环加工
27	G92		螺纹车削循环
28	G94		端面车削循环
29	G96	02	恒线速度控制有效
30	G97		恒线速度控制取消
31	G98	05	每分钟进给速度
32	G99		每转进给速度

4.1.2 辅助功能

辅助性工艺指令——M 指令。这类指令与数控系统插补运算无关，而是根据操作机床的需要予以规定的工艺指令。常用来指令数控机床辅助装置的接通和断开（即开关动作），表示机床各种辅助动作及其状态，如主轴的启停、计划中停、主轴定向等。

辅助功能可发出或接收多种信号，控制机床主轴、转位刀架或其他机械装置的动作，也用于其他的辅助动作。FANUC-0i 数控车床系统常用的辅助功能，如表 4-2 所示。

表 4-2 辅助功能

序号	代码	功能	序号	代码	功能
1	M00	程序暂停	7	M08	冷却液开启
2	M01	选择性停止	8	M09	冷却液关闭
3	M02	结束程序运行	9	M30	结束程序运行且返回程序开头
4	M03	主轴正转	10	M98	子程序调用
5	M04	主轴反转	11	M99	子程序结束
6	M05	主轴停止	—	—	—

4.1.3 F、S、T 功能

在数控编程时，有些指令必须配合 F、S、T 功能使用。

(1) F 功能

F 功能是表示进给速度，用于指定刀具插补运动（即切削运动）的速度，是模态指令。有两种指令来指定其单位。

① 每分钟进给 G98。数控系统在执行了 G98 指令后，遇到 F 指令时，便认为 F 所指定的进给速度单位为 mm/min，如遇到 F200 即认为进给速度是 200mm/min。

G98 被执行一次后，数控系统就保持 G98 状态，直至数控系统执行了含有 G99 的程序段，G98 才被取消，而 G99 将发生作用。

② 每转进给 G99。数控系统在执行了 G99 指令后，遇到 F 指令时，便认为 F 所指定的进给速度单位为 mm/r，如遇到 F0.2 即认为进给速度是 0.2mm/r。

要取消 G99 状态，须重新指定 G98，G98 与 G99 相互取代。

要注意的是 FANUC 数控系统通电后一般默认为 G99 状态。

(2) S 功能

S 功能即主轴功能，用于指定主轴的转速或速度，有三种设定方法。

① 恒线速度控制 G96。G96 是恒线速切削控制有效指令。系统执行 G96 指令后，S 后面的数值表示切削速度。例如“G96 S100”表示切削速度是 100m/min。

② 主轴转速控制 G97。G97 是恒线速切削控制取消指令。系统执行 G97 后，S 后面的数值表示主轴每分钟的转数。例如“G97 S800”表示主轴转速为 800r/min。系统开机状态为 G97 状态。

③ 主轴最高速度限定 G50。G50 除了具有坐标系设定功能外，还有主轴最高转速设定功能，即用 S 指定的数值设定主轴每分钟的最高转速。例如“G50 S2000”表示主轴转速最高为 2000r/min。

用恒线速控制加工端面、锥面和圆弧时，由于 X 坐标值不断变化，当刀具逐渐接近工件的旋转中心时，主轴转速会越来越高，工件有从卡盘飞出的危险，所以为防止事故的发生，有时必须限定主轴的最高转速。

(3) T 功能

T 功能即刀具功能。用于指定加工时采用的刀具号。在数控车床上进行多工序加工时，选用的刀具不尽相同，为了编程方便，应对加工中所选刀具进行编号，由编码环(带刀库由刀座号)来决定。在程序中指定所用刀具时，只需用 T 功能选择相应的刀具号。其由 T 后带四位数值组成，其中前两位是刀具号（01～16)，后两位是偏置器号（刀补号，0～99)。偏置器号是用来存放车刀刀尖圆弧和长度补偿量的，事先确定后由人工输入到数控系统中（图 4-1 所示为刀具补偿参数的设定)，使用时直接调用。如果后两位是 00 表示取消刀补。刀具号和用来存放刀补的偏置器号不必相同，但为了方便通常使它们一致。例如 T0404，表示调用第 4 号刀和第 4 号偏置寄存器的刀补量。

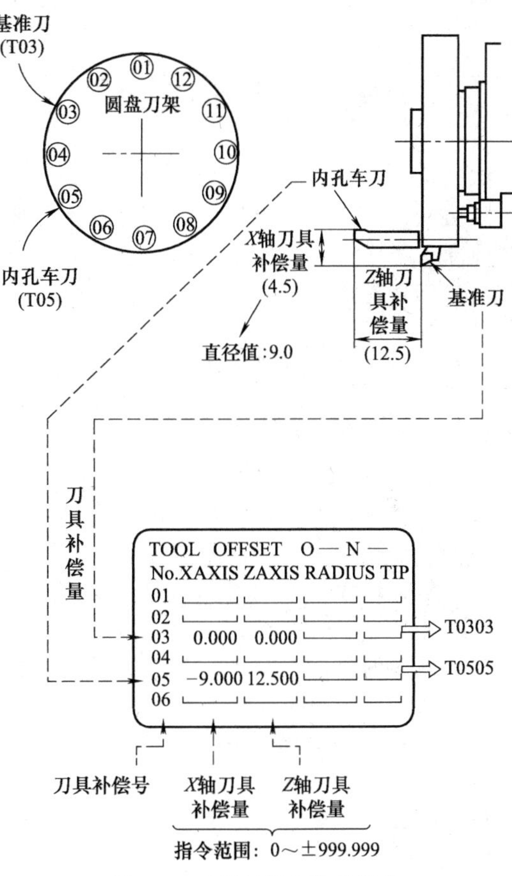

图 4-1 刀具补偿参数的设定

4.1.4 坐标系

数控车床编程时，首先必须建立工件坐标系，FANUC-0i 数控系统对工件坐标系的建立主要有以下方面的内容。

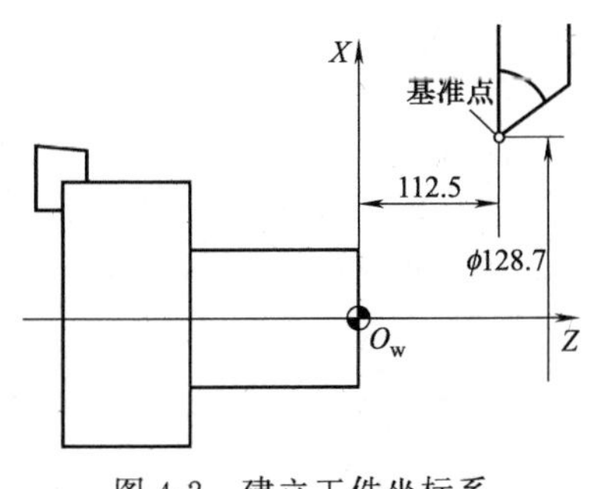

图 4-2 建立工件坐标系

(1) 机床坐标系

机床坐标系是以机床原点为坐标原点建立的 XOZ 坐标系，Z 轴与主轴中心线重合，为纵向进刀方向；X 轴与主轴垂直，为横向进刀方向。

机床坐标系是通过机床回参考点来建立的。

(2) 工件坐标系的建立

工件坐标系是以工件原点为坐标原点建立的 X、Z 轴坐标系，编程时工件各尺寸的 X、Z 坐标值都是相对工件原点而言的。

FANUC-0i 数控系统可使用 G50 准备功能指令建立工件坐标系，如图 4-2 所示，建立工件坐标系指令：

G50 X128.7 Z112.5；

FANUC-0i 数控系统也可采用刀具偏置的方法建立工件坐标系，该方法详见第 2 章的对刀部分内容。

4.2 直线插补指令

数控机床加工的零件轮廓一般由直线、圆弧组成，也有一些非圆曲线轮廓，例如高次曲线、列表曲线、列表曲面等，但都可以用直线或圆弧去逼近。当按各直线和圆弧线段的数据编写数控加工程序并启动数控系统工作时，数控系统便将程序段进行输入处理、插补运算、输出处理，并按计算结果控制伺服机构，从而驱动数控机床的伺服机构，使刀具和零件做精确的完全符合各程序段的相对运动，最后加工出符合要求的零件。其中 FANUC-0i 数控系统中用于直线插补的指令主要有以下几种。

4.2.1 G00 指令

G00 为快速点定位指令，G00 指令能使刀具以点定位控制方式从刀具所在点快速运动到下一个目标位置，用于刀具进行加工以前的空行程移动或加工完成的快速退刀。它只是快速定位，而无运动轨迹要求，且无切削加工过程，不需特别规定进给速度。

指令书写格式：

G00 X(U)__ Z(W)__；

即当采用绝对值编程时，上述格式为：G00 X __ Z __；当采用增量编程时，上述格式为：G00 U __ W __；

其中，X、Z 为刀具所要到达点的绝对坐标值；U、W 为刀具所要到达点距离现有位置的增量值。

加工如图 4-3 所示的零件，要求刀具快速从 A 点移动到 B 点，编程格式如下。

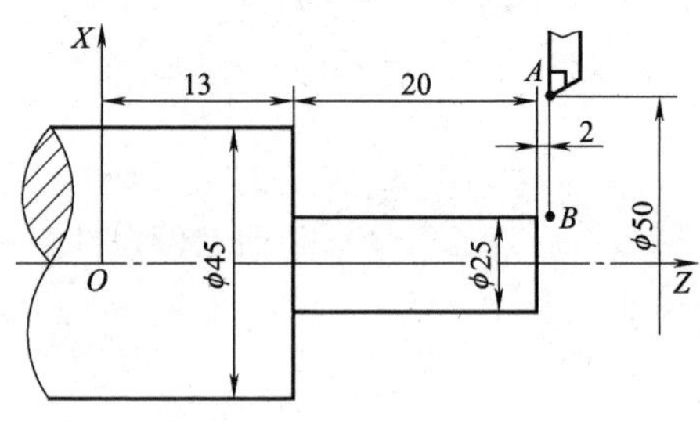

图 4-3 快速点定位编程示例

绝对值编程为

G00 X25.0 Z35.0；

增量值编程为

G00 U−25.0 W0；

说明：

① G00 为模态指令（模态指令的功能在它被执行后会继续维持，非模态指令仅仅在收到该命令时起作用），继续执行时，后面程序段可省略写 G00，其后的功能可由 G01、G02、G03 或 G33 功能注销。

② 移动速度不能用程序指令设定，而是由厂家预先设置的；快速移动速度可通过面板上的进给修正调旋钮修正。

③ G00 的执行过程：刀具由程序起始点加速到最大速度，然后快速移动，最后减速到终点，实现快速点定位。

④ 刀具的实际运动路线有时不是直线，而是折线，使用时注意刀具是否和工件干涉。

⑤ G00 一般用于加工前的快速定位或加工后的快速退刀。

4.2.2 G01 指令

G01 为直线插补指令，G01 指令用于直线运动，规定刀具在两坐标以插补联动方式按指定的 F 进给速度做任意的直线运动。

指令书写格式：G01 X(U)__ Z(W)__ F __；

直线插补指令应用如图 4-4 所示。

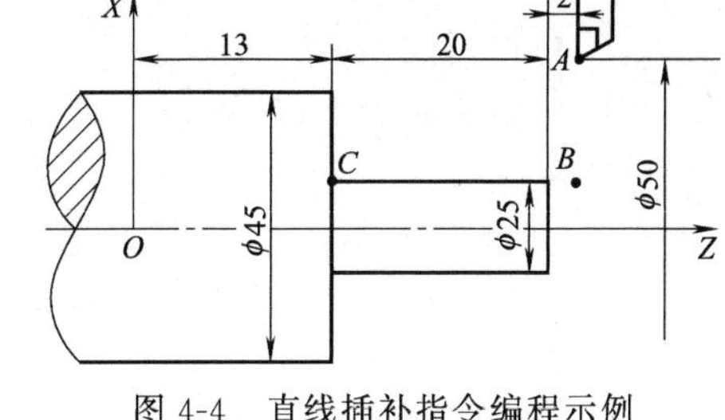

图 4-4　直线插补指令编程示例

绝对值编程：(O 点为工件原点) 从 A→B→C

G01 X25.0 Z35.0 F0.3；

G01 X25.0 Z13.0；

增量值编程：从 A→B→C

G01 U－25.0 W0 F0.3；

G01 U0 W－22.0；

说明：

① 进给速度由 F 指令决定。F 指令也是模态指令，可由 G00 指令取消。如果在 G01 程序段之前的程序段没有 F 指令，且现在的程序段中没有 F 指令，则机床不运动。因此，G01 程序中必须含有 F 指令。

② 程序中 F 指令进给速度在没有新的 F 指令以前一直有效，不必在每个程序段中都写入 F 指令。

③ G01 为模态指令；可由 G00、G02、G03 或 G33 功能注销。

4.3　直线插补指令的应用

G00、G01 直线插补指令常用于常见轮廓面的车削，如端面、圆锥面、槽、套等部位的车削。

4.3.1　车削端面

(1) 车削右端面

车削如图 4-5 所示工件右端面，选择 90°正偏刀。

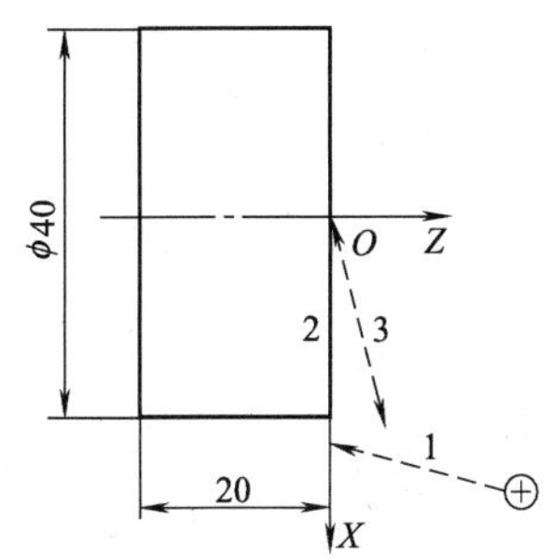

图 4-5　车削右端面

编制程序如下。

O4001；

N70 G00 X45.0 Z0；	进刀至右端面
N80 G01 X－1.0 F0.3；	车削右端面
N90 G00 25.0；	Z 方向退刀
N100 X40.0；	X 方向退刀

……

注意：

① 数控车床上常利用 90°偏刀加工端面、台阶轴、倒角等，做到一刀多用。

② 车削端面时，车刀刀尖一定要和工件中心等高，否则在工件端面中心将出现小凸台，或损坏刀尖。

③ 由于刀尖有圆弧过渡刃，车端面时刀尖要过端面中心 1mm 左右，即程序中的“X－1.0”，以去除由于刀尖圆弧在工件端面中心产生的小凸台。

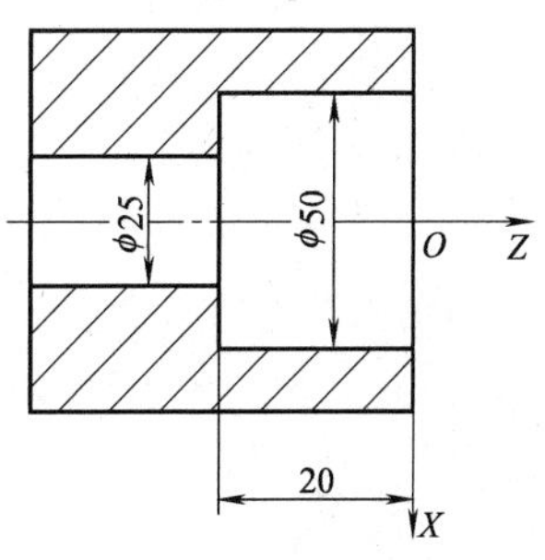

图 4-6　车削内孔左端面

(2) 车削内孔左端面

车削如图 4-6 所示工件内孔左端面，选择 90°内孔车刀。

编制程序如下。

O4002；

```
……
N100 G00 X22.0 Z4.0;
N110 G00 X22.0 Z20.0;         进刀至内孔左端面
N120 G01 X50.0 F0.2;          车削内孔左端面
N130 G00 X46.0 Z-18.0;        退刀
N140 G00 X46.0 Z4.0;          退出
……
```

车内表面要选择合适的内孔车刀，要特别注意进刀与退刀的路线，以防止碰刀。

4.3.2 车削圆锥面

当应用 G01 指令使 X 和 Z 两个轴同时移动时可加工圆锥面。

(1) 车削外圆锥面

如图 4-7 所示，此圆锥为正圆锥，刀具选择 90°正偏刀。

工艺分析：该圆锥大、小端直径相差较小，适合用终点法车削，进给路线为一个直角三角形。

注意：车圆锥时，起刀点必须设在小端平面处(车内锥时，在大端平面)，否则锥体的长度改变，会影响锥度。

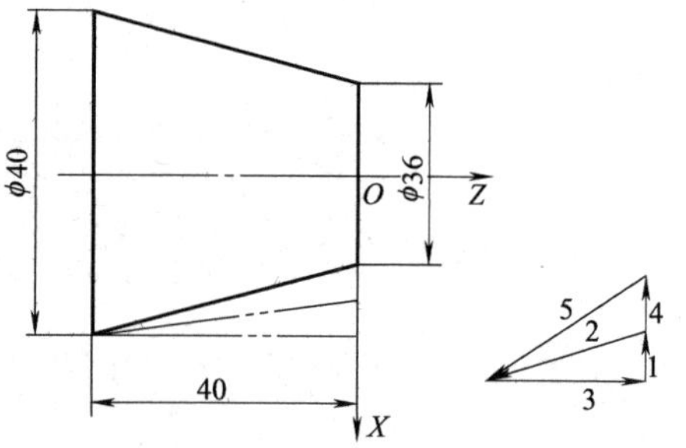

图 4-7　车削外圆锥面

编制程序如下。

```
O4003;
……
N40 G00 X45.0 Z0;
N50 G01 X38.0 F0.3;               进刀
N60 G01 X40.0 Z-40.0 F0.2;        车削外圆锥面第一刀
N70 G00 X40.0 Z0;                 退刀
N80 G01 X36.0 F0.2;               进刀
N90 G01 X40.0 Z-40.0 F0.2;        车削外圆锥面第二刀
……
```

当圆锥大、小端直径相差较大时，如图 4-8 所示，适合用平行法车削，即车削路线和锥体母线平行。

相关计算如下。

余量总和为 50－30＝20（mm）；每次切削深度为 4mm（直径量）。故切削次数为$\frac{20}{4}$＝5 次。

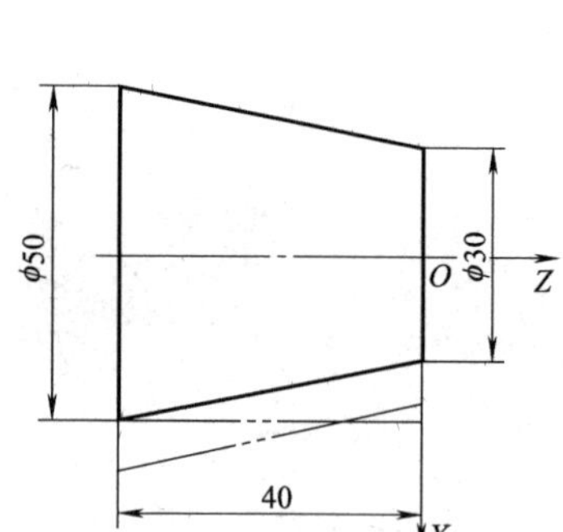

图 4-8　车削外圆锥面

编制程序如下（起刀点设在工件外）。

```
O4004;                       车削外圆锥面
N10 G50 X100.0 Z50.0;        设定工件坐标系
N20 M03 S500 T0101;          主轴正转，转速为 500r/min；选择 1 号刀
N30 G00 X51.0 Z0 F0.2;       快速靠近工件
N40 G01 U-5.0 F0.2;          进刀至锥面起点，车第一刀
N50 U20.0 W-40.0;            直线插补至锥面终点
N60 U1.0;                    退刀
N70 U-20.0 W40.0 F1.0;       退刀，完成第一刀车削
N80 U-5.0 F0.2;              进刀车第二刀
```

```
N90 U20.0 W-40.0;
N100 U1.0;
N110 U-20.0 W40.0 F0.1;
N120 U-5.0 F0.2;              进刀车第三刀
N130 U20.0 W-40.0;
N140 U1.0;
N150 U-20.0 W40.0 F1.0;
N160 U-5.0 F0.2;              进刀车第四刀
N170 U20.0 W-40.0;
N180 U1.0;
N190 U-20.0 W40.0 F1.0;
N200 U-5.0 F0.2;              进刀车第五刀
N210 U20.0 W-40.0;
N220 G00 X100.0;
N230 G00 Z50.0;
N240 M30;
```

这种车削法，易用子程序进行编程。

如用子程序进行编程，上述程序简化为如下形式。

```
O4005;
N10 G50 X100.0 Z50.0;
N20 M03 S500 T0101;
N30 G00 X51.0 Z0;
N40 M98 P054006;              调用子程序 O4006，调用 5 次
N50 G00 X60.0 Z30.0 M02;
O4006;                        子程序
N10 G01 U-5.0 F0.2;
N20 U20.0 W-40.0 F0.2;
N30 U1.0;
N40 U-20.0 W40.0 F1.0;
N50 M99;
```

(2) 车削内圆锥面

车削内圆锥面，如图 4-9 所示，毛坯孔为 ϕ30mm 通孔，选择 90°内孔车刀。

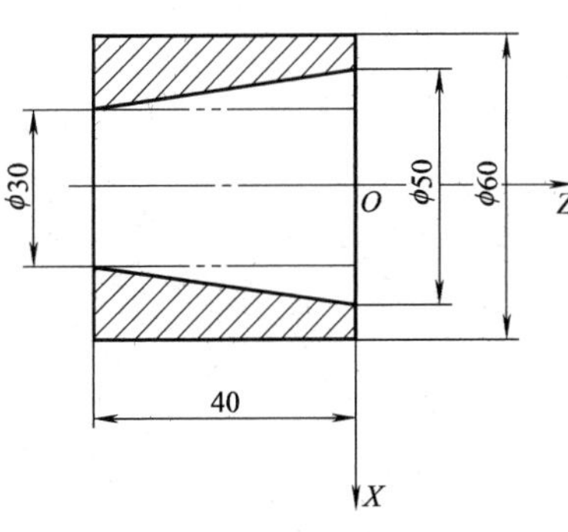

图 4-9 车削内圆锥面

相关计算如下。

余量总和为 50－30＝20（mm）；每次切削深度为 4mm（直径量）。故切削次数为$\frac{20}{4}=5$。

程序如下。

```
O4007;                        主程序，车削内圆锥面
N5 G50 X100.0 Z50.0;
N10 M03 S500 T0101;
N20 G00 X28.0 Z4.0;
N30 G01 X30.0 Z0 F0.2;
N40 M98 P54008                调用子程序 O4008，调用 5 次
```

```
N50 G00 X25.0;
N60 Z50.0;
N70 X100.0;
N80 M30;
O4008;                         子程序
Nl0 G01 U4.0;
N20 U－20.0 W－40.0;
N30 G00 W40.0;
N40 U20.0;
N50 M99;
```

4.3.3 套的加工

G00、G01直线插补指令还常用于套类零件的车削加工。

如加工图4-10所示的套，已用ϕ37mm麻花钻钻孔，此处只选用90°内孔车刀车孔。

车孔程序如下。

```
O4009;
……
N100 G00 X39.0 Z4.0;
N110 G01 Z－22.0 F0.3;       车孔至ϕ39mm
N120 G00 X37.0;
N130 G00 Z4.0;
N140 G01 X40.0 F0.1;
N150 G01 Z－22.0;            车孔至ϕ40mm
N160 G00 X37.0;
N170 G00 Z4.0;
……
```

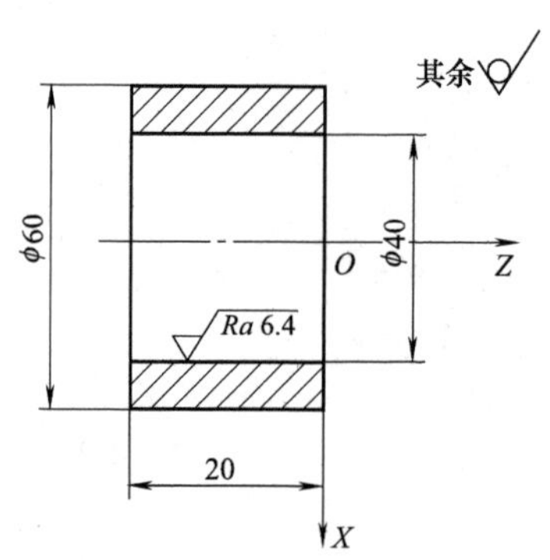

图4-10　套的加工

4.3.4 切槽与切断

G00、G01直线插补指令还常用于零件的切槽与切断加工。

(1) 切槽

加工如图4-11所示的槽，选择刀头宽度为4mm的切断刀，以左刀尖为基准对刀。

加工程序如下。

```
O4010;
……
N100 G00 X28.0 Z－30.0;     快速退刀
N110 G01 X13.0 F0.2;        切槽
N120 G00 X28.0;             快速退刀
……
```

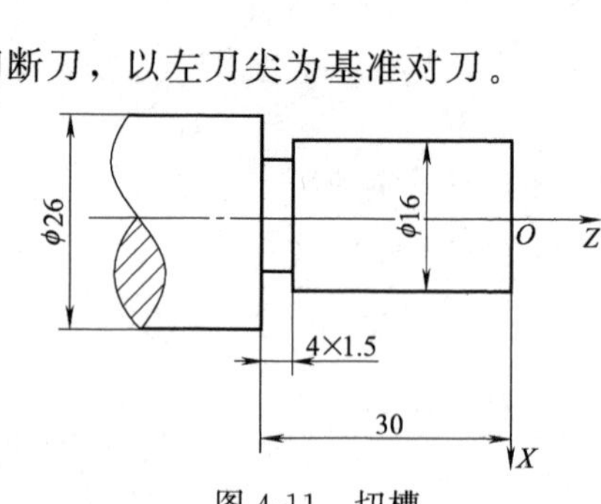

图4-11　切槽

切槽时应注意以下两个问题。

① 尽量使刀头宽度与槽宽一致；若切削宽槽，可用排刀法。

② 注意Z向对刀基准为左刀尖还是右刀尖，以免编程时发生Z向尺寸错误。

(2) 切断

将图4-12所示的工件切断，选择刀头宽度为4mm的切断刀，以左刀尖为基准对刀。

加工程序如下。

```
O4011;
……
N70 G00 X28.0 Z−34.0;    进刀
N80 G01 X1.0 F0.2;       切断
N90 G00 X28.0;           退刀
……
```

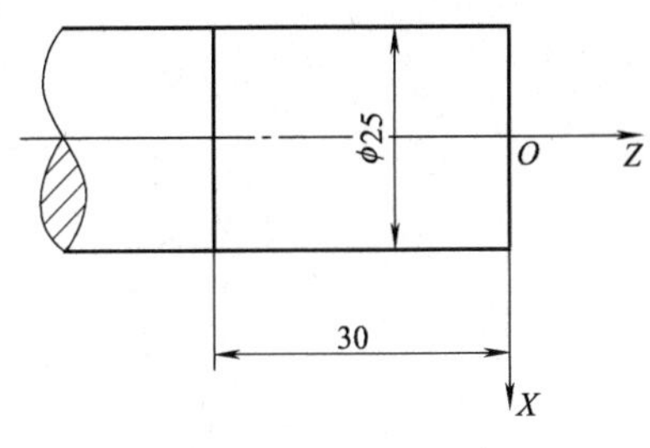

图 4-12　工件切断

切断时应注意以下两个问题。

① 切断时切断刀的刀头长度应满足要求。

② 切断较大工件时，不能将工件直接切断，以防发生事故。

4.4　圆弧插补指令及应用

与直线插补指令一样，数控车床加工时，对于圆弧、曲线的车削加工也需用圆弧插补指令去逼近，最后加工出符合要求的零件。其中 FANUC-0i 数控系统中用于圆弧插补的指令主要有以下几种。

4.4.1　G02、G03 指令

圆弧插补 G02/G03 指令使刀具相对工件以指令的速度从当前点（起始点）向终点进行圆弧插补。

格式：G02/G03 X(U)__ Z(W)__ R __ F __;

或：G02/G03 X(U)__ Z(W)__ I __ K __ F __;

其中绝对指令时 X、Z 为圆弧终点坐标值；增量指令时其为圆弧终点相对始点的距离，用 U、W 表示。

R 为圆弧半径，当圆弧所对的圆心角为 0°～180°时，R 取正值；当圆弧所对的圆心角为 180°～360°时，R 取负值。这样可用来区别在同一半径 R 的情况下，从圆弧的起点到终点有两个圆弧的可能性，R 正负来区别圆心位置。

I、K 为圆心在 X、Z 轴方向上相对始点的坐标增量，无论是直径编程还是半径编程，I 均为半径量；当 I、K 为零时可以省略，见图 4-13。

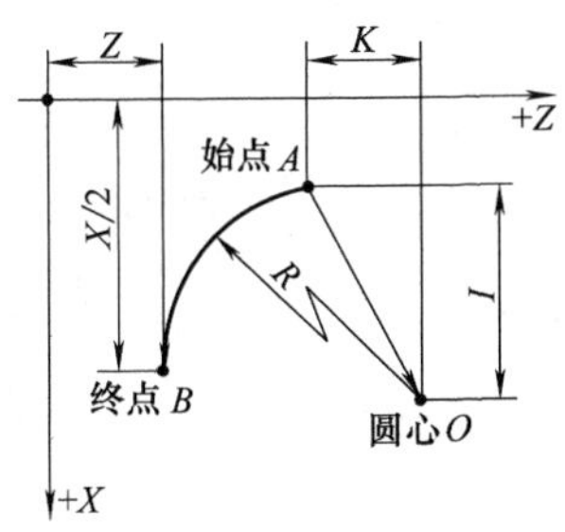

(a) 绝对指令的圆弧参数

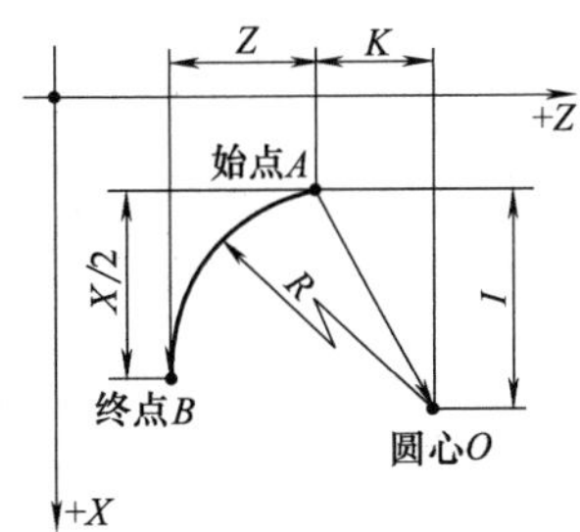

(b) 增量指令的圆弧参数

图 4-13　圆弧参数确定

（1）圆弧插补方向 G02、G03 的判断　G02、G03 的插补方向可按如图 4-14（a）所示的方向判断：沿与圆弧所在的平面（如 XZ 平面）相垂直的另一坐标轴的负方向（$-Y$）看去，顺时针为 G02，逆时针为 G03，如图 4-14（b）所示为车床上圆弧的顺逆方向。数控车床是两坐标的机床，只有 X 轴和 Z 轴，应按右手定则的方法将 Y 轴也加上去考虑。观察者让 Y 轴的正方向指向自己（即沿 Y 轴的负方向看去），站在这样的位置上就可正确判断出 XZ 平面上圆

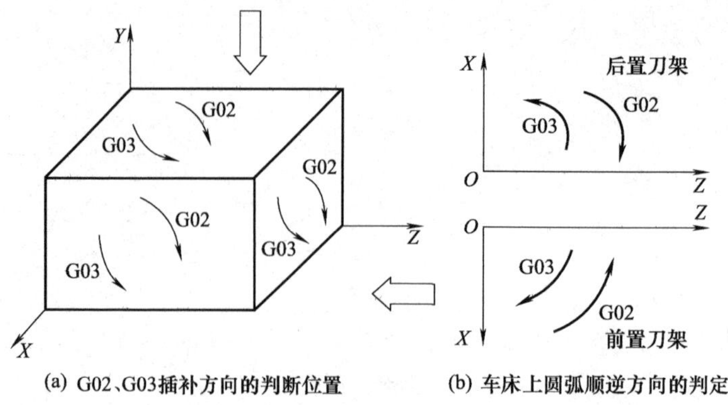

(a) G02、G03插补方向的判断位置　　(b) 车床上圆弧顺逆方向的判定

图 4-14　圆弧插补方向确定

弧的顺逆。

（2）注意事项

① I、K 和 R 在程序段中等效，在一程序段中同时指令了 I、K、R 时，R 有效。

② 用半径 R 指定圆心位置时，不能描述整圆，但这种情况在数控车削中很少见。

（3）圆弧插补指令的使用　为便于正确使用好圆弧插补指令，特以图 4-15 为例说明如下。

① 如图 4-15（a）所示，当从 A 点运动到 B 点时，编程如下。

用 I、K 表示圆心位置：

采用绝对坐标编程指令为 G02 X60.0 Z0. I－20.0 K0. F60；

采用相对坐标编程指令为 G02 U－40.0 W20.0 I－20.0 K0. F60；

用 R 表示圆心位置：

采用绝对坐标编程指令为：G02 X60.0 Z0. R20.0 F60；

当从 B 点运动到 A 点时，编程如下。

用 I、K 表示圆心位置：

采用绝对坐标编程指令为 G03 X100.0 Z20.0 I0. K－20.0 F60；

采用相对坐标编程指令为 G03 U40.0 W－ 20.0 I0. K－20.0　F60；

用 R 表示圆心位置：

采用绝对坐标编程指令为 G03 X100.0 Z－20.0 R20.0 F60；

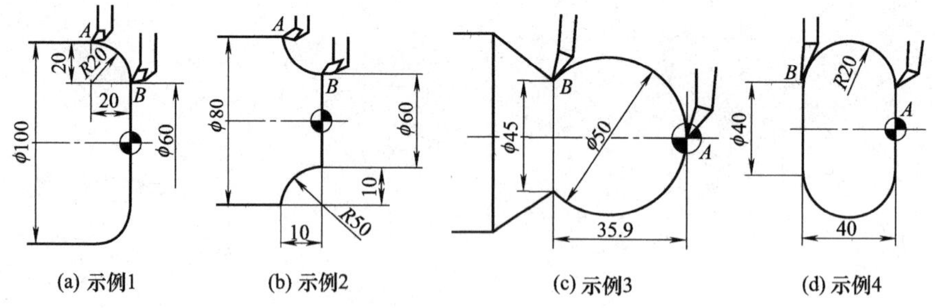

(a) 示例1　(b) 示例2　(c) 示例3　(d) 示例4

图 4-15　圆弧插补举例

② 如图 4-15（b）所示，当从 A 点运动到 B 点时，编程如下。

用 I、K 表示圆心位置：

采用绝对坐标编程指令为 G03 X60.0 Z0. I0. K20.0 F60；

采用相对坐标编程指令为 G03 U－40.0 W20.0 I0. K20.0 F60；

用 R 表示圆心位置：

采用绝对坐标编程指令为 G03 X60.0 Z0. R20.0 F60；

当从 B 点运动到 A 点时，编程如下。

用 I、K 表示圆心位置：

采用绝对坐标编程指令为 G02 X100.0 Z—20.0 I20.0 K0. F60；

采用相对坐标编程指令为 G02 U40.0 W—20.0 120.0 K0. F60；

用 R 表示圆心位置：

采用绝对坐标编程指令为 G02 X100.0. Z—20.0 R20.0 F60；

③ 如图 4-15（c）所示，当从 A 点运动到 B 点时，编程如下。

用 I、K 表示圆心位置：

采用绝对坐标编程指令为 G03 X45.0 Z—35.9 I0. K—20.0. F60；

采用相对坐标编程指令为 G03 U45.0 W—35.9 I0. K—20.0 F60；

用 R 表示圆心位置：

采用绝对坐标编程指令为 G03 X45.0 Z—35.9 R25.0 F60；

当从 B 点运动到 A 点时，编程如下。

用 I、K 表示圆心位置：

采用绝对坐标编程指令为 G02 X0. Z0. I—22.5 K—15.9 F60；

采用相对坐标编程指令为 G02 U—45.0 W35.9 I—22.5 K—15.9 F60；

用 R 表示圆心位置：

采用绝对坐标编程指令为 G02 X0. Z0. R25.0 F60；

④ 如图 4-15（d）所示，当从 A 点运动到 B 点时，编程如下。

用 I、K 表示圆心位置：

采用绝对坐标编程指令为 G03 X40.0 Z40.0 I0. K—20.0 F60；

采用相对坐标编程指令为 G03 U0. W—40. I0. K—20.0 F60；

用 R 表示圆心位置：

采用绝对坐标编程指令为 G03 X40.0 Z40.0 R20.0 F60；

当从 B 点运动到 A 点时，编程如下。

用 I、K 表示圆心位置：

采用绝对坐标编程指令为 G02 X40.0 Z0. I0. K20.0 F60；

采用相对坐标编程指令为 G02 U0. W40.0 I0. K20.0 F60；

用 R 表示圆心位置：

采用绝对坐标编程指令为 G02 X40.0 Z0. R20.0 F60。

4.4.2 圆弧插补指令的应用

(1) 车锥法

如图 4-16 所示，先用车锥法粗车掉以 AB 为母线的圆锥面外的余量，再用圆弧插补粗车右半球。

相关计算如下。

确定点 A、B 两点坐标，经平面几何的推算，得出一简单公式：$CA=CB=\frac{R}{2}$，即 $CA=CB=\frac{22}{2}=11$（mm）

所以 A 点坐标为（22，0），B 点坐标为（44，—11）。

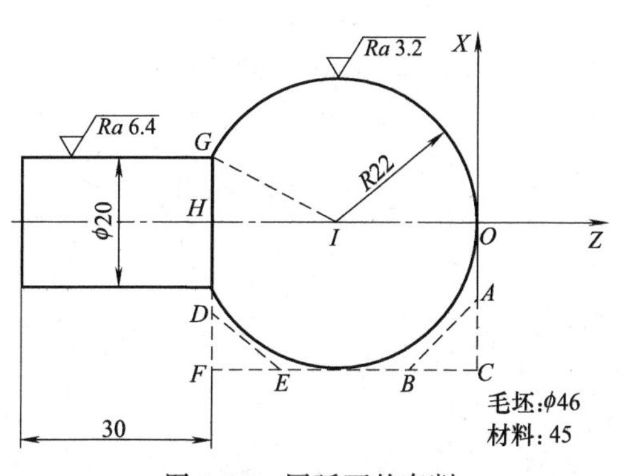

图 4-16 圆弧面的车削

编程举例（用车锥法车掉以 *AB* 为母线的圆锥面外的余量）如下。

```
O4012;
……
N50 G01 X46.0 Z0 F0.3;
N60 U—4.0;                              车第一刀
N70 X44.0 Z—11.0;
N80 G00 Z0;
N90 G01 U—8.0;                          车第二刀
N100 X44.0 Z—11.0;
N110 G00 Z0;
N120 G01 U—12.0                         车第三刀
N130 X44.0 Z—11.0;
N140 G00 Z0;
N150 G01 U—16.0;                        车第四刀
N160 X44.0 Z—11.0;
N170 G00 Z0;
N180 G01 U—20.0;                        车第五刀
N190 X44.0 Z—11.0;
N200 G00 Z0;
N210 G01 U—24.0;                        车第六刀
N220 X44.0 Z—11.0;
N230 G00 Z0;
N240 G01 X0;
N250 G03 X44.0 Z—22.0 R22.0 F0.2;       圆弧插补右半球
N260 G00 X100.0 Z50.0;
……
```

同样的方法车掉以 *DE* 为母线的圆锥面外的余量，再用圆弧插补车削左半球，编程时，要注意使用车刀的角度。

(2) 车圆法

① 同心圆法。圆心不变，圆弧插补半径依次减小（或增大：车凹形圆弧）一个背吃刀量，直到尺寸要求，如图 4-17 所示。

相关计算：*BC* 圆弧的起点坐标为（*X*20.0，*Z*0），终点坐标为（*X*44.0，*Z*—12.0），半径为 *R*12；依此类推，可知同心圆的起点、终点及半径分别为（*X*20.0，*Z*2）、（*X*48.0，*Z*—12.0）、*R*14；（*X*20.0，*Z*4）、（*X*52.0，*Z*—12.0）、*R*16；（*X*20.0，*Z*6）、（*X*56.0，*Z*—12.0）、*R*18；（*X*20.0，*Z*8）、（*X*60.0，*Z*—12.0）、*R*20。

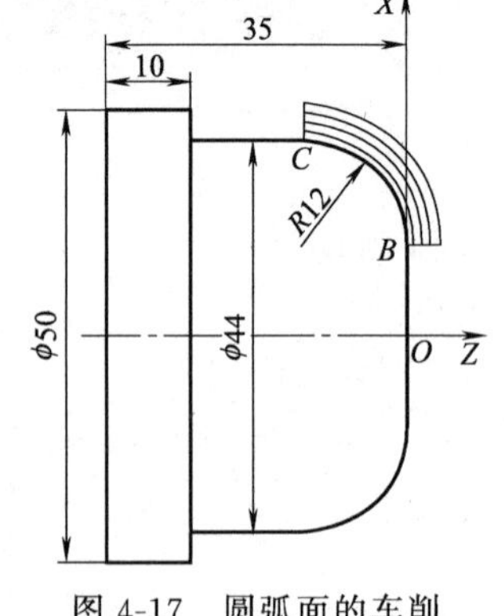

图 4-17　圆弧面的车削

编程举例如下。

```
O4013;
……
N130 G01 X20.0 Z8.0;
N140 G03 X60.0 Z—12.0 R20.0;       圆弧插补第一刀
N150 G01 26.0;
N160 X20.0;
```

N170 G03 X56.0 Z—12.0 R18.0;　　　　圆弧插补第二刀
N180 G01 Z4.0;
N190 X20.0;
N200 G03 X52.0 Z—12.0 R16.0;　　　　圆弧插补第三刀
N210 G01 Z2.0;
N220 X20.0;
N230 G03 X48.0 Z—12.0 R14.0;　　　　圆弧插补第四刀
N240 G01 Z0;
N250 X20.0;
N260 G03 X44.0 Z—12.0 R12.0;　　　　圆弧插补至尺寸要求
……

这种插补方法适用于起、终点正好为1/4的圆弧或1/2的圆弧，每车一刀 *X*、*Z* 方向分别改变一个背吃刀量。车削一般圆弧时，使用圆心偏移法比较好。

② 圆心偏移法。圆心依次偏移一个背吃刀量，直至尺寸要求。如图4-18所示。

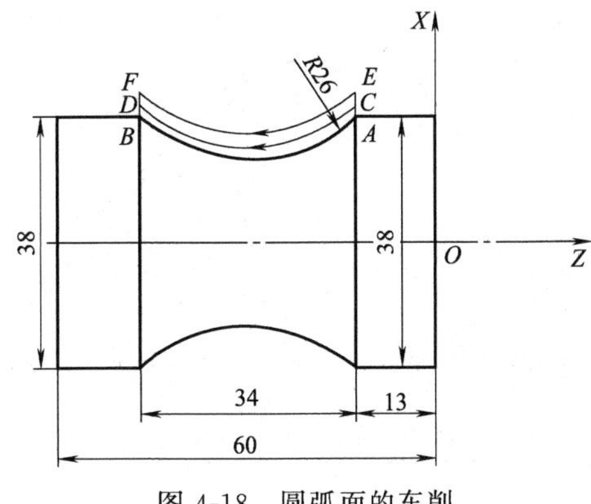

图4-18　圆弧面的车削

由图可知：*A* 点坐标为（*X*38.0，*Z*—13.0），*B* 点坐标为（*X*38.0，*Z*—47.0）；*C* 点坐标为（*X*42.0，*Z*—13.0），*D* 点坐标为（*X*42.0，*Z*—47.0）；*E* 点坐标为（*X*46.0，*Z*—13.0），*F* 点坐标为（*X*46.0，*Z*—47.0）。

编程举例如下。

O4014;
……
N90 G00 Z—13.0;
N100 G01 X46.0 F0.3;
N110 G02 X46.0 Z—47.0 R26.0 F0.2;　　　　圆弧插补第一刀
N120 G01 Z—13.0;
N130 G01 X42.0;　　　　圆心 *X* 向进一个吃刀深度
N140 G02 X42.0 Z—47.0 R26.0 F0.2;　　　　圆弧插补第二刀
N150 G01 Z—13.0;
N150 G01 X38.0 F0.3　　　　圆心 *X* 向进一个吃刀深度
N160 G02 X38.0 Z—47.0 R26.0 F0.2;　　　　圆弧插补第三刀
……

这种圆弧插补方法，*Z* 向坐标、圆弧半径 *R* 不需改变，每车一刀，*X* 向改变一个背吃刀量就可以了。

4.5　固定循环指令及应用

对数控车床而言，非一刀加工完成的轮廓表面、加工余量较大的表面，采用循环编程，可以缩短程序段的长度，减少程序所占内存。各类数控系统循环的形式和编程方法相差很大。FANUC-0i数控车床系统设置了许多循环功能，主要指令有：单一形状固定循环指令G90、螺纹车削循环G92、端面车削循环G94、外圆及内孔粗车循环G71、端面粗车循环G72、仿形循环G73、精加工循环G70、复合螺纹切削循环G76等。若恰当使用这些循环功能可免去许多复杂的计算，并使程序简化。

考虑到编程加工及应用的方便连贯，螺纹车削循环 G92、复合螺纹切削循环 G76 指令放于本章“4.6 螺纹加工”中进行叙述。

4.5.1 G90 单一形状固定循环指令及应用

G90 为单一形状固定循环指令，该循环主要用于圆柱面和圆锥面的循环切削。

(1) 圆柱切削循环

圆柱切削循环轨迹如图 4-19 所示。

编程格式：G90 X(U)__ Z(W)__ F __；

其中，X(U)__ Z(W)__为 *C* 点坐标。F 为进给速度。

刀具的运动轨迹为：刀具从 *A* 点出发，第一段沿 *X* 轴快速移动到 *B* 点，第二段以 *F* 指令的进给速度切削到达 *C* 点，第三段切削进给退到 *D* 点，第四段快速退回到出发点 *A* 点，完成一个切削循环。

(2) 圆锥面切削循环

圆锥面切削循环轨迹如图 4-20 所示。

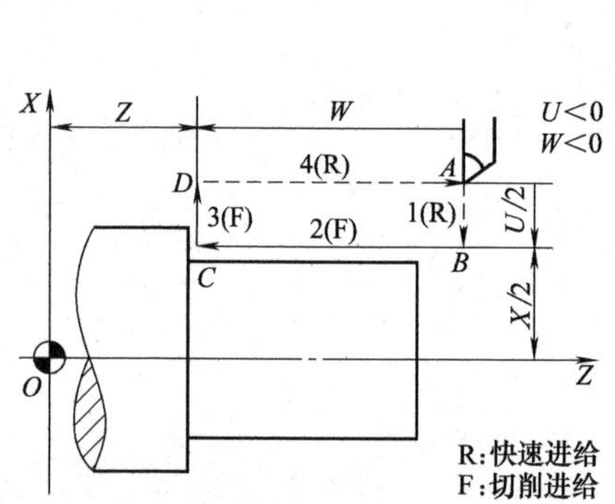

图 4-19 圆柱面切削循环

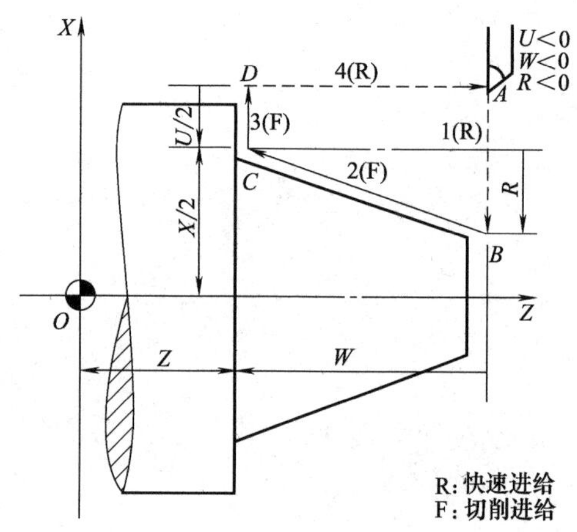

图 4-20 圆锥面切削循环

编程格式：G90 X(U)__ Z(W)__ R __ F __；

其中，X(U)__ Z(W)__为 *C* 点坐标。*R* 为车削圆锥面时起端、终端半径的差值，并且，$|R| \leqslant |U/2|$。*F* 为进给速度。

注意：刀具从 *A*→*B* 为快速进给，因此在指令时，*A* 点在轴向上要离开工件，以保证快速进刀时的安全。有的系统将该段改为切削进给，保证了进刀的安全。刀具从 *C* 点退到 *D* 点时为切削进给，为了提高生产率，*D* 点在径向上不要离 *C* 点太远。有的系统将此段改为快速退回，这样，虽然提高了生产率，但不能保证端面（底面）的加工质量和孔加工的安全。

在增量编程中，地址 *U*、*W* 和 *R* 后的数值符号与刀具轨迹之间的关系如图 4-21 所示。

编程举例：车削如图 4-22 所示零件。

```
O4015;
N5 G50 X100.0 Z50.0;
N10 M04 S500 T0101;
N20 G00 X55.0 Z0;
N30 G01 X51.0 Z0 F0.2;
N40 G90 X50.0 Z-40.0 R-2.0 F0.2;
N50 R-4.0;
```

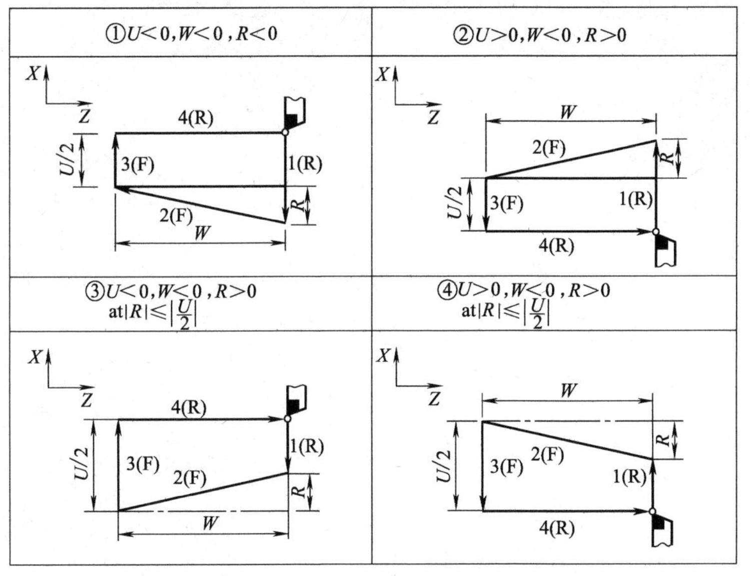

图 4-21　地址 U、W 和 R 后的数值符号与刀具轨迹之间的关系

N60 R－6.0；

N70 R－8.0；

N80 R－10.0；

N90 G00 X100.0 Z50.0；

N100 M02；

可见使用 G90 指令大大简化了编程操作。

用棒料直接车削过渡尺寸较大的阶梯轴时，有些多次重复进行的动作，使用 G90 指令编程仍然比较麻烦，用 G71、G72、G73、G70 指令更能简化编程，数控系统能自动地计算出加工路线和进给路线，控制机床自动完成工件的加工。

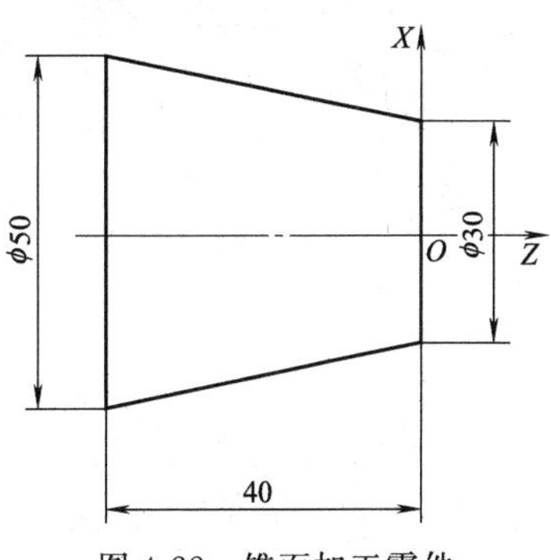

图 4-22　锥面加工零件

4.5.2　G94 端面车削循环指令及应用

G94 为端面车削循环指令，是一种单一固定循环，适用于端面切削加工。

(1) 平面端面切削循环

平面端面切削循环轨迹如图 4-23 所示。

编程格式：G94 X(U)__ Z(W)__ F __；

其中，X、Z 为端面切削的终点坐标值；U、W 为端面车削的终点相对于循环起点的坐标值。

应用端面切削循环指令加工图 4-23 所示零件的加工程序如下所示。

……

G00 X85 Z5；

G94 X30 Z－5 F0.2；

Z－10；

Z－15；

……

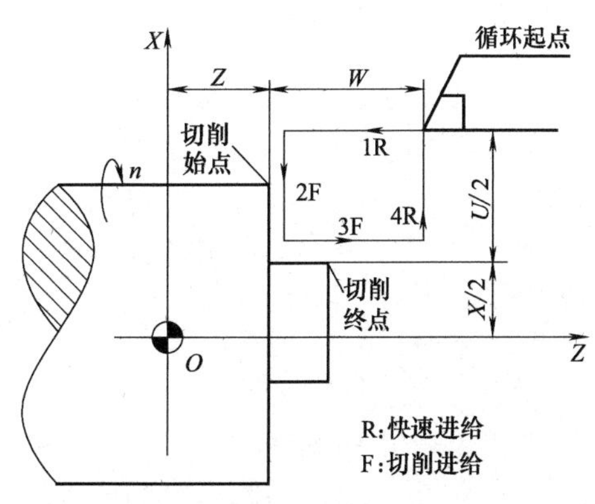

图 4-23　平面端面切削循环轨迹

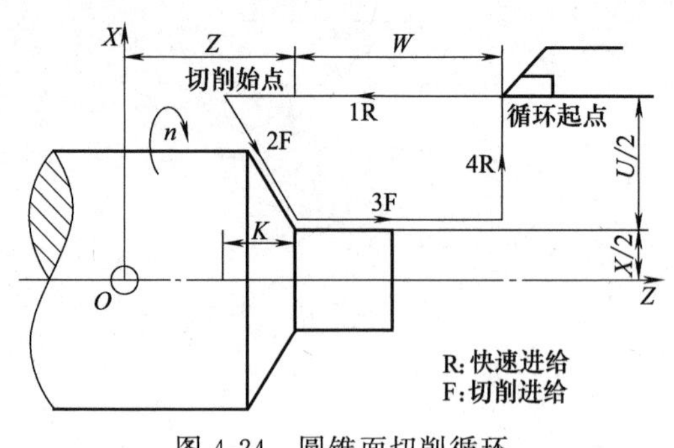

图 4-24　圆锥面切削循环

(2) 圆锥面切削循环

圆锥面切削循环轨迹如图 4-24 所示。

编程格式：G94 X(U)__ Z(W)__ K __ F __；

其中，X、Z 为端面切削的终点坐标值；U、W 为端面车削的终点相对于循环起点的坐标值；K 为端面切削的起点相对于终点在 Z 轴方向的坐标分量。当起点 Z 向坐标小于终点 Z 向坐标时，K 为负，反之为正。

应用端面切削循环指令加工图 4-24 所示零件的加工程序如下所示。

```
……
G94 X20 Z0 K－5 F0.2；
Z－5；
Z－10；
……
```

4.5.3　G71 内外径粗车循环指令及应用

G71 为内外径粗车循环指令，主要用于粗车圆柱棒料，以切除较多的加工余量。

编程格式：G71 U(Δd) R(e)；

G71 P(ns) Q(nf) U(Δu) W(Δw) F __ S __ T __；

其中　Δd——粗加工每次车削深度（半径量）；

e——粗加工每次车削循环的 X 向退刀量；

ns——精加工程序的第一个程序段的顺序号；

nf——精加工程序的最后一个程序段的顺序号；

Δu——X 向精加工余量（直径量）；

Δw——Z 向精加工余量。

如图 4-25 所示，G71 指令循环路线如下。

注意：

① 在 $A \to B$ 之间的移动指令中指令 F、S、T 功能，仅在 G70 后有效。粗车循环使用 G71 程序段或以前指令的 F、S、T 功能当有恒线速控制功能时，在 $A \to B$ 之间移动指令中指定的 G96 或 G97 也无效。

② 在顺序号 ns 的程序段中指定 $A \to A'$之间的刀具轨迹。可以用 G00 或 G01 指令，但不能指定 Z 轴的运动。

③ $A' \to B$ 之间的零件形状在 X 轴和 Z 轴方向都必须是单调增大或减小的图形。

④ 在顺序号 ns 到 nf 的程序段中不能调用子程序。

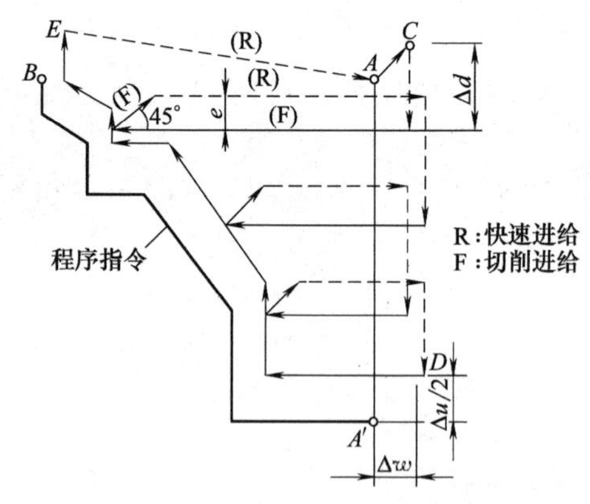

图 4-25　G71 指令刀具循环路径

⑤ 在程序指令时，A 点在 G71 程序段之前指令。在循环开始时，刀具首先由 A 点退到 C 点，移动 $\Delta u/2$ 和 Δw 的距离。然后刀具从 C 点平行于 AA'移动 Δd，开始第一刀的切削循环。第一步的移动是由顺序号 ns 的程序段中 G00 或 G01 指定的。第二步切削运动用 G01 方式，当

到达本段终点时，以与 Z 轴夹角45°的方向退出。第三步以离开切削表面 e 的距离快速返回到 Z 轴的出发点。再以切深为 Δd 进行第二刀切削，当达到精车余量时，沿精加工余量轮廓 DE 加工一刀，使精车余量均匀。最后从 E 点快速返回到 A 点，完成一个粗车循环。

⑥ 当顺序号 ns 的程序段用 G00 方式移动时，在指令 A 点时，必须保证刀具在 Z 轴方向上位于零件之外。顺序号 ns 的程序段，不仅用于粗车，还要用于精车时的进刀，一定要保证进刀的安全。

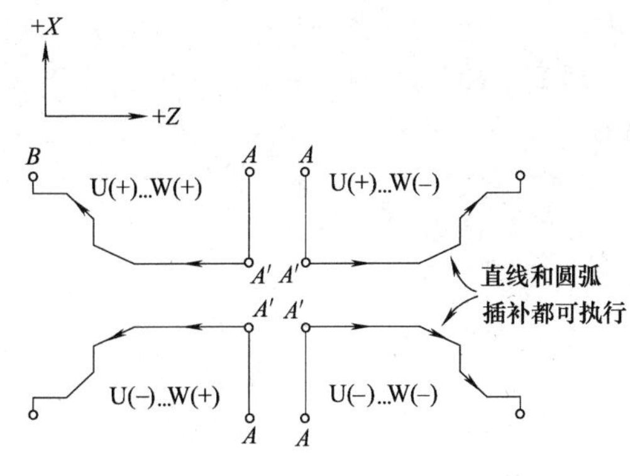

图 4-26　G71 循环中 U 和 W 的符号

⑦ X 向和 Z 向精加工余量 U 和 W 的符号如图 4-26 所示。

4.5.4　G72 端面粗车循环指令及应用

端面粗车循环指令的含义与 G71 类似，不同之处是刀具平行于 X 轴方向切削，它是从外径方向往轴心方向切削端面的粗车循环，该循环方式适用于对长径比较小的盘类工件端面粗车，如图 4-27 所示。

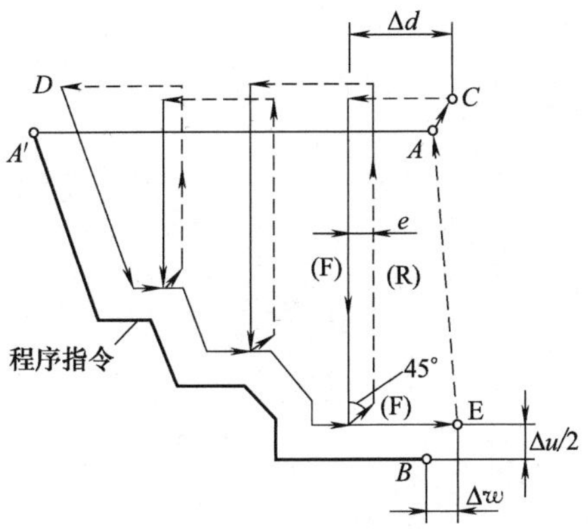

图 4-27　端面粗车循环

格式：G72 W(Δd) R(e)；

G71 P(ns) Q(nf) U(Δu) W(Δw) F__ S__ T__；

其中　Δd——粗加工每次车削深度（正值）；

e——粗加工每次车削循环的 Z 向退刀量；

ns——精加工程序的第一个程序段的顺序号；

nf——精加工程序的最后一个程序段的顺序号；

Δu——X 向精加工余量（直径量）；

Δw——Z 向精加工余量。

4.5.5　G73 仿形循环指令及应用

G73 为仿形循环指令，主要适用于毛坯轮廓形状与零件轮廓形状基本接近时的粗车，如一些锻件、铸件的粗车。编程格式如下。

G73 U(Δi) W(Δk) R(Δd)；

G73 P(ns) Q(nf) U(Δu) W(Δw) F__ S__ T__；

其中　Δi——粗切时径向切除的总余量（半径值）；

Δk——粗切时轴向切除的总余量；

Δd——循环次数。

其他参数含义与 G71 中相同。

其进给路线如图 4-28 所示。执行 G73 功能时，每一刀的切削路线的轨迹形状是相同的，只是位置不同。每走完一刀，就把切削轨迹向工件移动一个位置，因此对于经锻造、铸造等粗加工已初步成型的毛坯，可高效加工。

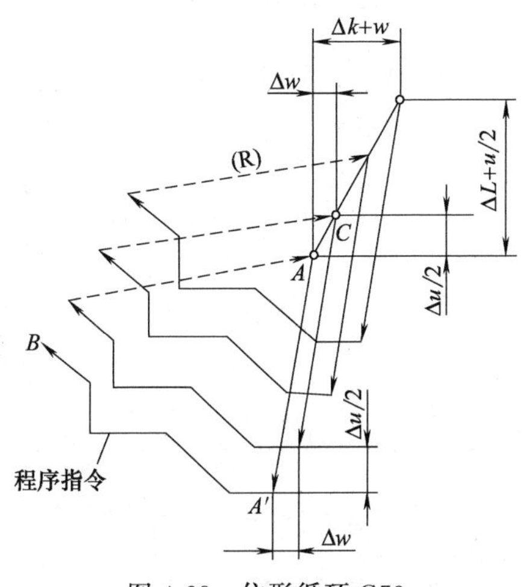

图 4-28　仿形循环 G73

4.5.6　G70 精加工循环指令及应用

G70 为精加工循环指令，采用 G71 或 G73 指令进行粗车后，用 G70 指令可进行精车循环车削。

格式：G70 P(ns) Q(nf)；

其中　*ns*——精加工程序的第一个程序段的顺序号；

nf——精加工程序的最后一个程序段的顺序号。

在精车循环 G70 状态下，*ns* 至 *nf* 程序中指定的 F、S、T 有效。

如果 *ns* 至 *nf* 程序中不指定 F、S、T，则粗车循环中指定的 F、S、T 有效。在使用 G70 精车循环时，要特别注意快速退刀路线，防止刀具与工件发生干涉。

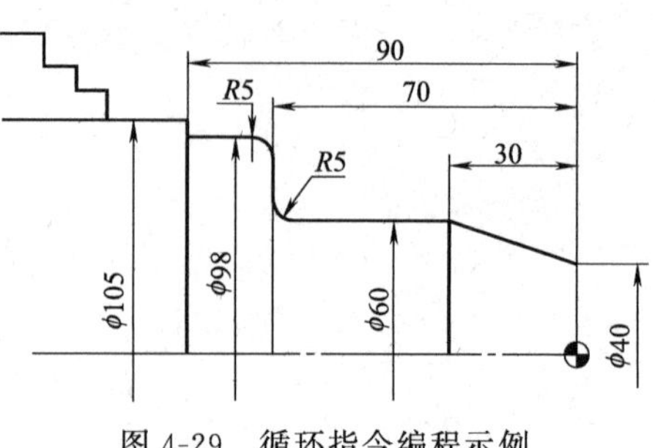

图 4-29　循环指令编程示例

编程举例：加工如图 4-29 所示的零件。

```
O4016;
N5 G50 X150.0 Z50.0;
N10 S500 M04 T0101;                    换车刀
N20 G00 X106.0 Z5.0;                   进刀至循环起点
N30 G71 U2.0 R0.5;                     粗车削循环
N40 G71 P50 Q130 U0.5 W0.2 F0.2;
N50 G00 G42 X40.0;
N60 G01 Z0 F0.1;
N70 X60.0 Z-30.0;
N80 Z-65.0;
N90 G02 X70.0 Z-70.0 R5.0;
Nl00 G01 X88.0;
Nll0 G03 X98.0 Z-75.0 R5.0;
N120 G01 Z-90.0;
N130 X106.0;
N140 G70 P50 Q130;
N150 G40 G00 X150.0 Z50.0;
N160 M30;
```

4.6　螺纹加工

螺纹加工的类型包括内外圆柱螺纹和圆锥螺纹、恒螺距和变螺距螺纹。FANUC-0i 数控系统提供的螺纹加工指令如表 4-3 所示。

表 4-3　FANUC-0i 系统有关螺纹切削指令

指令名称	应用格式	主要工艺用途
单行程螺纹切削 G32	G32 IP __ F __；	直螺纹、锥螺纹
变螺距螺纹切削 G34	G34 IP __ F __ K __；	变螺距直螺纹、锥螺纹
螺纹切削固定循环 G92	G92 IP __ R __ F __(L)；	直螺纹、锥螺纹简化编程
螺纹切削复合循环 G76	G76P(m)(r)(a)Q(Δd_{min})R(d)； G76X(U) __ Z(W) __ R(i)P(K)Q(Δd)F(L)；	梯形、大螺距三角等螺纹

4.6.1　G32 单行程螺纹插补指令及应用

G32 为单行程螺纹插补指令，主要用于单行程螺纹的车削加工。

(1) 指令格式

G32 指令的编程格式为：G32 X(U)__ Z(W)__ F __；

其中，X(U)__ Z(W)__为螺纹终点坐标，圆柱螺纹切削时，X(U) 可省略；端面螺纹切削时，Z(W) 可省略。F 为螺纹导程，单位为 mm。

应该注意的是：螺纹切削应在两端设置足够的升速进刀段 δ_1 和降速退刀段 δ_2；加工多头螺纹时，在加工完一个头后，将车刀用 G00 或 G01 方式移动一个螺距，再按要求编程加工下一个头螺纹。

(2) 应用范围

用 G32 指令可以切削直螺纹、锥螺纹和端面螺纹，如图 4-30 所示。

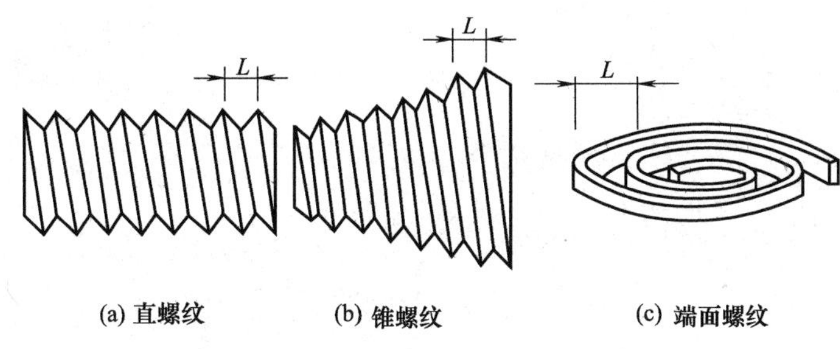

图 4-30　G32 螺纹加工指令适用范围

(3) 编程举例

如图 4-31 所示圆柱螺纹 M30×1.5，$\delta_1=2$mm，$\delta_2=1$mm，试编程加工该螺纹。

相关计算如下。

螺纹大径 $d_1=D-0.13P=30\text{mm}-0.13\times1.5\text{mm}=29.805\text{mm}$。

螺纹小径 $d_2=D-1.08P=30\text{mm}-1.08\times1.5\text{mm}=28.38\text{mm}$。

程序编制如下。

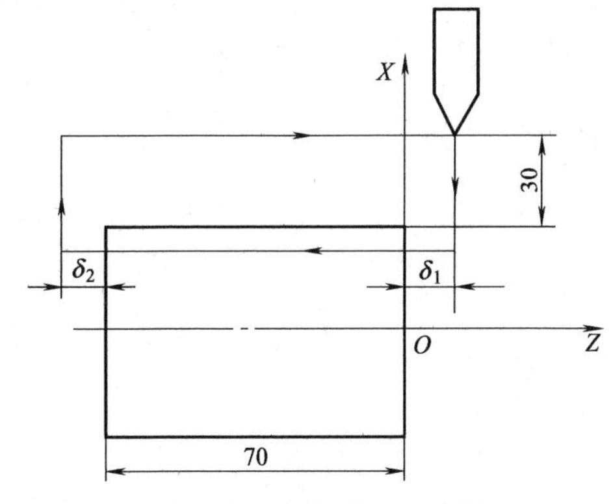

图 4-31　直螺纹 G32 编程

```
O4017;
……
N100 G00 X29.3;         进刀，车螺纹第一刀
N110 G32 W-73.0 F1.5;  螺纹插补
N120 G00 X40.0;         退刀
N130 W73.0;             退刀
N140 X28.9;             进刀，车螺纹第一刀
N150 G32 W-73.0 F1.5;
N160 G00 X40.0;
N170 W73.0;
N180 X28.5;             进刀，车螺纹第二刀
N190 G32 W-73.0 F1.5;
N200 G00 X40.0;
N210 W73.0;
N220 X28.38;            进刀，车螺纹第三刀
N230 G32 W-73.0 F1.5;
……
```

如图 4-32 所示，螺纹导程为 3.5mm，$\delta_1=2$mm，$\delta_2=1$mm，吃刀量为 1mm。

编程举例如下。

```
O4018;
……
N100 G00 X12.0;
N110 G32 X41.0 Z－43.0 F3.5;    车螺纹第一刀
N120 G00 X50.0;
N130 Z2.0;
N140 X10.0;
N150 G32 X39.0 Z－43.0 F3.5;    车螺纹第二刀
N160 G00 X50.0;
N170 Z2.0;
……
```

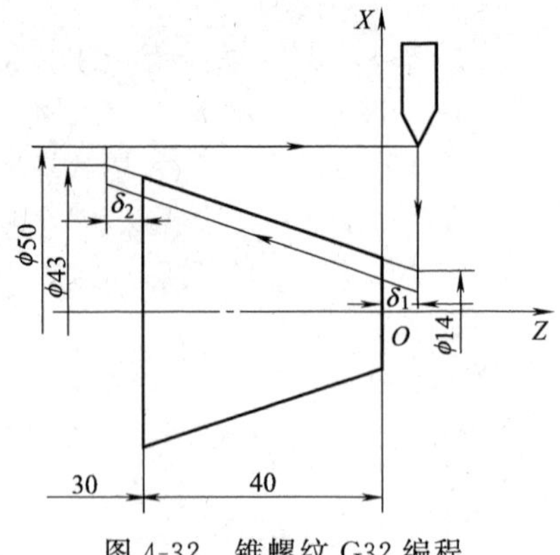

图 4-32 锥螺纹 G32 编程

可见车削螺纹时，每车一刀需 X 向进刀、车削螺纹、X 向退刀、Z 向退刀四个程序段。

4.6.2 G92 螺纹切削固定循环指令及应用

G92 为螺纹切削固定循环指令，主要用于圆柱螺纹及圆锥螺纹的数控车削加工。

(1) 车圆柱螺纹

利用 G92 指令车削圆柱螺纹的编程格式及应用主要有以下内容。

① 指令格式：G92 X(U)__ Z(W)__ F __；

其中，X(U)__ Z(W)__为螺纹终点坐标；F 为螺纹导程，单位为 mm。

图 4-33 所示为 G92 车圆柱螺纹固定循环轨迹，即刀尖从起始点开始，按矩形循环。

② 编程示例：加工如图 4-34 所示螺纹。

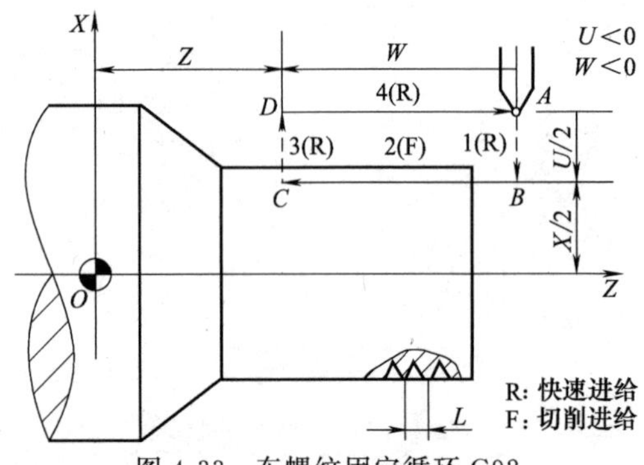

图 4-33 车螺纹固定循环 G92

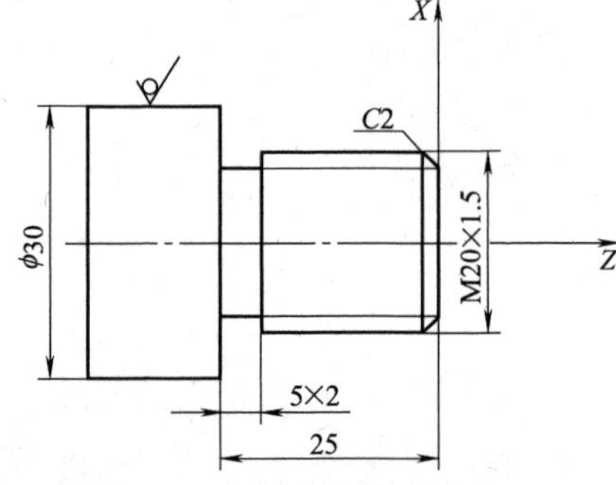

图 4-34 G92 外圆柱螺纹加工

程序示例如下。

```
O4019;
……
N60 G00 X22.0 Z2.0;
N70 G92 X19.2 Z－21.0 F1.5;
N80 X18.8;
N90 X18.5;
N100 X18.38;
N110 G00 X50.0 Z30.0;
……
```

(2) 车圆锥螺纹

利用 G92 指令车削圆锥螺纹的编程格式及应用主要有以下内容。

① 指令格式：G92 X(U)__ Z(W)__ R __ F __；

其中，X(U)__ Z(W)__为螺纹终点坐标；*R* 为圆锥螺纹起端、终端的半径差值（如图4-35所示）；*F* 为螺纹导程，单位为 mm。

图 4-35 所示为 G92 车圆锥螺纹固定循环轨迹，即刀尖从起始点开始，按梯形循环。

② 编程示例：加工如图 4-36 所示锥螺纹，螺距为 1.5mm。

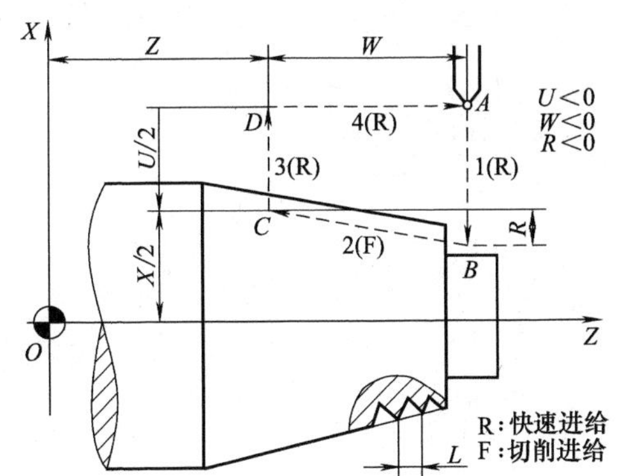

图 4-35　车圆锥螺纹固定循环 G92

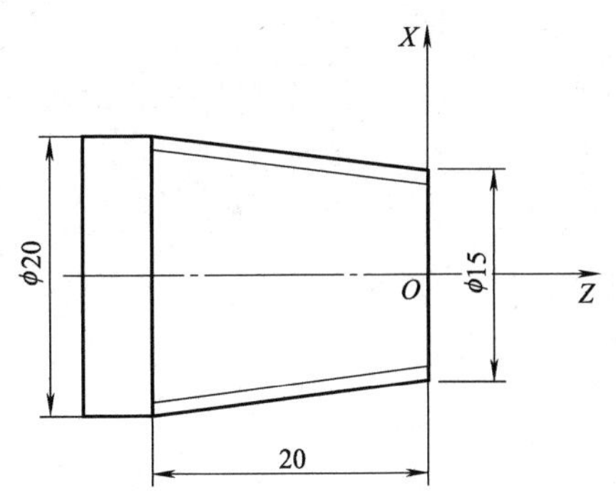

图 4-36　G92 加工外锥螺纹

程序示例如下。

```
O4020；
……
N60 G00 X22.0 Z2.0；
N70 G92 X19.2 Z－20.0 R－2.5 F1.5；
N80 X18.8 R－2.5；
N90 X18.5 R－2.5；
N100 X18.38 R－2.5；
N110 G00 X50.0 Z30.0；
……
```

4.6.3　G76 螺纹切削复合循环指令及应用

G76 指令用于多次自动循环切削螺纹。如图 4-37（a）所示为螺纹切削多重循环路径及进刀方式。

（1）指令格式

G76 P(*m*)(r)(*α*) Q(Δd_{min}) R(d)；

G76 X(U)__ Z(W)__ R(i) P(k) Q(Δd) F；

其中各字母含义如下。

① *m*：精车重复次数，从 1～99 中选择，该值是模态的，在下次被指定之前一直有效。也可以用参数设定。

r：螺纹尾端倒角量，是螺纹导程（*L*）的 0.1～9.9 倍，以 0.1 为一挡逐步增加，设定时用 00～99 之间的两位数表示。

α：刀尖角度，可从 0°、29°、30°、55°、60°和 80°六个角度中选择合适的一种，用两位数表示；其值是模态的，在下次被指定之前一直有效。也可以用参数设定。

m、*r*、*α* 用地址 P 同时指定，例如：*m*＝2，*r*＝1.5*L*，*α*＝60°，可表示为 P021560。

② Δd_{min}：最小车削深度，用半径值指令。

③ *d*：精车余量，用半径值指令。

④ X(U)__ Z(W)__为螺纹终点坐标。

⑤ i：锥螺纹起、终端的半径差值，圆柱螺纹时为零可省略。

⑥ k：螺纹高度（X 轴方向上的牙高），用半径值指令。

⑦ Δd：第一次车削深度，用半径值指令。

⑧ F：螺纹导程。

在指令中，P、Q、R 地址后的数值应表示为无小数点形式。单侧刃切入加工的详细进刀，如图 4-37（b）所示。

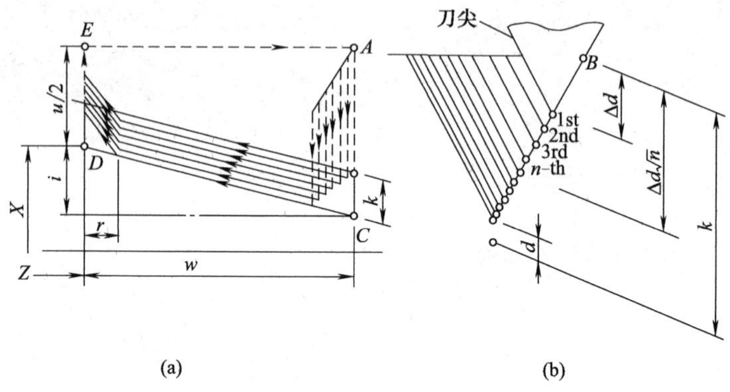

图 4-37　螺纹切削多重循环路径及进刀方式

(2) 编程示例

如图 4-38 所示零件，用 G76 指令加工螺纹。

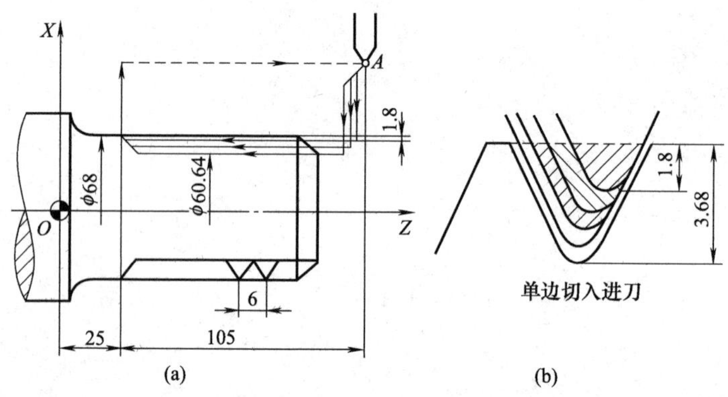

图 4-38　G76 指令编程示例

参量的选择如下。

① A 点位置。A 点应在毛坯之外，以保证快速进给的安全，并且还应保证螺纹切削精度，Z 轴方向应大于 δ_1。

② m 值的选取。精加工走刀次数，选 $m=1$。

③ r 值的选取。r 值若选得过大，在近似 45°方向上退刀时，不能保证螺纹长度，若选的过小，则收尾部分太短，若用收尾部分进行螺纹密封，则效果不会理想。若设计有要求，则按要求设定，本例按 1 个螺距选取，$r=10$。

④ α 的确定。米制螺纹，牙型角 $\alpha=60°$。

⑤ Δd_{min}的确定。最小切入增量 $\Delta d_{min}=0.1$mm。

⑥ d 的确定。精加工余量，本例选 $d=0.2$mm。

⑦ k 值的确定。牙型高 $k=3.68$mm。

⑧ Δd 的确定。第 1 次切入量，选 $\Delta d=1.8$mm。

程序示例如下。

```
N100 G00 X80.0 Z130.0;                      快速移动到A点
N120 G76 P011060 Q100 R200;                 指令m、r、α、Δdmin、d值
N120 G76 X60.64 Z25.0 P3680 Q1800 F6.0;     指令D点，k、Δd、F值
……
```

注意：编程时，P 和 Q 值不能使用小数点编程。

又如图 4-39 所示零件，用 G76 指令加工螺纹时，编制的程序如下。

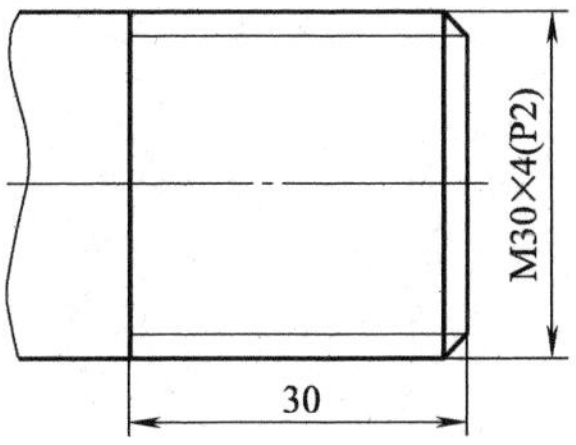

图 4-39 G76 编程举例

```
O4021;
……
N110 S200 T0303;                            换螺纹刀
N120 G00 X35.0 Z5.0;
N130 G76 P021260 Q100 R200;                 循环车M30×4/2螺纹第一个头
N140 G76 X26.97 Z-30.0 R0 P1510 Q200 F4.0;
N150 G00 Z3.0;
N160 G76 P021260 Q100 R200;                 循环车M30×4/2螺纹第二个头
N170 G76 X26.97 Z-30.0 R0 P1510 Q200 F4.0;
N180 G00 X60.0 Z30.0;
N190 M30;
```

4.7 数控车床的子程序

在数控车削编程时，编程者常会遇到一系列加工指令重复出现的情况。例如在一个工件不同的位置上有相同的几何形状，编程者可以为每个加工形状都编写指令，这样做会导致在同一个程序中多次出现相同的系列加工指令，从而造成程序过长，出错机会增多，程序也将在 CNC 机床控制单元中占用更多的内存。

解决此类问题的方法是创建称为子程序的独立程序，它包含加工某一个形状的系列指令，再创建一个可多次调用子程序的主程序，以便简化编程。

FANUC-0i 控制系统子程序指令代码主要有 M98、M99。

(1) 子程序的调用

M98 P□□□ □□□□

其中，M98 为子程序调用，后四位数值代表在内存中的子程序编号，前三位数值是子程序重复调用的次数，如果忽略，子程序只调用一次。

(2) 子程序的格式

0□□□□或□□□□（子程序号）

程序段 1

程序段 2

……

程序段 n

M99;　　　（从子程序返回主程序）

M99 是子程序中最后的语句，示意返回主程序。系统将返回到主程序中 M98 命令后最近的语句。

应该注意的是：在包含 M98 和 M99 的程序段中可以包括移动命令，程序转移将会在移动命令完成后发生。一个子程序可以调用另一个子程序（嵌套），层次在 4 层以内。

(3) 应用实例

如图 4-40 所示加工零件，已知毛坯直径为 32mm，长度为 77mm，利用 1 号刀外圆车刀，3 号切断刀（刀宽 2mm）加工。该零件加工程序如下。

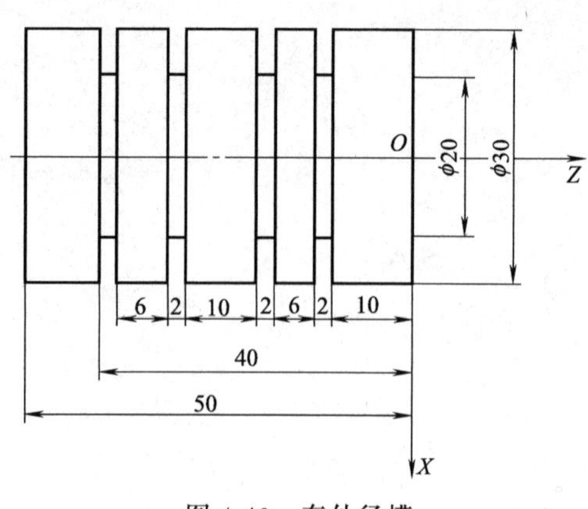

图 4-40　车外径槽

```
O0010;                               主程序号
N001 G50 X150.0 Z100.0;
N002 M03 S800 M08 T0101;
N003 G00 X35.0 Z0;
N004 G01 X0 F0.3;
N005 G00 Z2.0;
N006 G00 X30.0;
N007 G01 Z-55.0 F0.3;
N008 G00 X150.0 Z100.0;
N009 T0300;                          （以左刀尖为基准）
N010 X32.0 Z0;
N011 M98 P20015;                     调用子程序 2 次
N012 G00 X150.0 Z0;
N013 M09 M30;
O0015;                               子程序号
N012 G00 W-12.0;
N013 G01 X20 F0.12;
N014 G04 X2.0;
N015 G01 X32.00 F0.3;
N016 G00 W-6 F0.3;
N017 G01 X20 F0.12;
N018 G01 X32.00 F0.3;
N019 M99;
```

第5章

数控车床操作基础

5.1 操作面板

由于数控车床采用的系统不同，控制面板的外形及各按键的布局也有所不同，如有些数控车床的控制开关、按键用英文表示，有些用中文表示，有些则用图形符号表示，但基本上各控制开关、按键等都具有相同的功能，其操作方式也大同小异。

5.1.1 数控车床控制面板

图 5-1 所示为大连机床厂生产的 FANUC-0i-TB 系统 CKA6150 型数控车床的控制面板布局图，通常数控车床的控制面板均是由数控系统控制面板和机床控制面板两部分组成的。

(1) 数控系统控制面板

FANUC-0i-TB 数控车床系统控制面板由一个 9in CRT 显示器和一个 MDI 键盘构成，如图 5-2 所示。FANUC-0i-TB 数控系统控制面板各按键的功能见表 5-1。

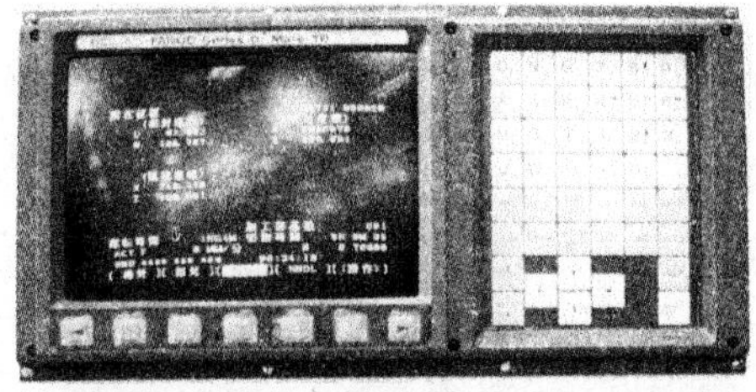

图 5-1 FANUC-0i-TB 标准面板布局图

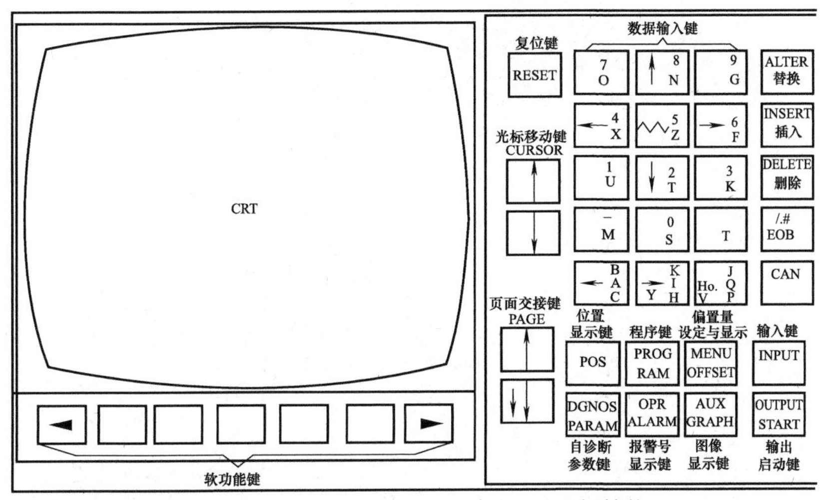

图 5-2 FANUC-0i-TB CRT 与 MDI 面板结构

表 5-1 FANUC-0i-TB 数控系统控制面板各按键功能表

序号	功能块名称	键	功能说明
1	功能键	POS:位置显示器	显示机床现在位置
		PROGRAM:程序键	在 EDIT 方式下,用于编辑、显示程序 在 MDI 方式下,用于输入、显示 MDI 数据 在机床自动操作时,用于显示程序指令值
		MENU/OFFSET:偏置量设定与显示键	设定、显示刀具补偿值
		DGNOS/PARAM:自诊断参数键	参数的设定、显示及自诊断数据的显示
		OPR/ALARM:报警号显示键	用于显示报警信号
		AUX/GRAPH:图像显示键	用于图像的显示
2	输出/启动	OUTPUT/START	可以执行 MDI 的命令或自动运行的循环启动
3	输入	INPUT	可以输入参数或补偿值等 在 MDI 方式下输入命令数据
4	取消	CAN	删除已输入到缓冲器里的最后一个字符
5	程序段结束	EOB	程序段结束
6	程序编辑	DELETE	程序或字符删除
		INSERT	程序或字符插入
		ALTER	程序或字符变更
7	数据输入	地址、数据键	输入字母、数字及其他符号
8	复位	RESET	机床复位以消除报警等
9	光标移动	CURSOR ↑	光标向上移动
		CURSOR ↓	光标向下移动
10	翻页	PAGE ↑	向前翻页
		PAGE ↓	向后翻页
11	手动功能	软键(CRT 显示器下方中间五个键)	显示在当前屏幕上对应软键的位置

(2) 数控车床控制面板

FANUC-0i-TB 数控车床控制面板如图 5-3 所示，各按键的功能名称及说明见表 5-2。

图 5-3 FANUC-0i-TB 数控车床控制面板

表 5-2 FANUC-0i-TB 车床控制面板各按键功能说明

序号	功能块名称	键	功能说明
1	循环	绿色:循环启动	自动运行启动
		红色:循环停止	暂停进给,按循环启动键后可以恢复自动运行
2	工作方式	自动	按程序运行自动加工
		编辑	对程序、刀具参数等进行编辑
		MDI	MDI 方式,即手动输入数据、指令方式
		JOG	JOG 点动方式,即手动控制机床进给、换刀等
		手摇	手摇轮方式,即用手摇轮控制机床进给

续表

序号	功能块名称	键	功能说明
3	主轴功能	正转	主轴正转
		停止	主轴停止转动
		反转	主轴反转
4	操作选择	单段	在自动运行方式下，执行一个程序段后自动停止
		空运行	程序中的F代码无效，滑板以进给速率开关指定的速度移动，同时滑板快速移动有效
		跳选	程序开头有/符号的程序段被跳过不执行
		锁住	滑板被锁住
		尾架	控制尾架的自动进给
		回零	机床返回参考点
		辅助2、3、4	辅助功能，即控制F、M、S功能
5	速度变化	×1	手摇轮转动一格，滑板移动0.001mm
		×10	手摇轮转动一格，滑板移动0.01mm
		×100	手摇轮转动一格，滑板移动0.1mm
		辅助1	未定义
		轴选择	选择坐标轴，灯亮为 X 轴，不亮为 Z 轴
		复位	机床复位
		主轴减少	主轴低于设定转速运行
		主轴100%	主轴按设定转速运行
		主轴增加	主轴高于设定转速运行
6	轴/位置	$-X$	沿 X 轴负向移动，即刀具沿横向接近工件
		$+X$	沿 X 轴正向移动，即刀具沿横向远离工件
		$-Z$	沿 Z 轴负向移动，即刀具沿纵向接近工件
		$+Z$	沿 Z 轴正向移动，即刀具沿纵向远离工件
		空白键	沿所选轴快速移动（$\pm X$ 与 $\pm Z$ 中间的键）
7	系统启动 POWER	绿色启动	机床数控系统通电
		红色（方形）停止	机床数控系统断电
8	急停 EMERGENCY	红色（圆）	出现异常情况时按下此键机床立即停止工作
9	旋转手轮	进给速率	在自动状态下，由F代码指定的进给速度可以用此开关调整，调整范围为0～150%。车螺纹时不允许调整
		手摇轮	沿逆时针方向旋转表示沿轴负向进给，沿顺时针方向旋转表示沿轴正向进给
10	程序保护	程序保护1	1位置可以进行程序的编辑
		程序保护0	0位置存储器中的程序不能改变
11	指示灯	X 零点	X 轴回零指示灯亮，完成 X 向回零
		Z 零点	Z 轴回零指示灯亮，完成 Z 向回零
		电源	电源指示灯亮，系统接通电源

5.1.2 数控车床的基本操作

各种类型数控车床的操作方法基本相同。对于不同型号的数控车床，由于机床的结构以及操作面板、数控系统的差别，操作方法会有所不同，但基本操作方法是相同的。以下以大连机床厂生产的FANUC-0i-TB系统CKA6150型数控车床为例，简述其基本操作方法。

(1) 开机的操作步骤

① 检查机床各部分初始状态是否正常。

② 将机床控制箱上的电源开关拨至“ON”位置，点击操作面板上的系统电源“POWER”开关按钮，并检查急停按钮“EMERGENCY”是否处于松开状态，若未松开，点

击急停按钮“”，将其松开。系统进行自检后进入“加工”操作区JOG运行方式，如图5-4所示。

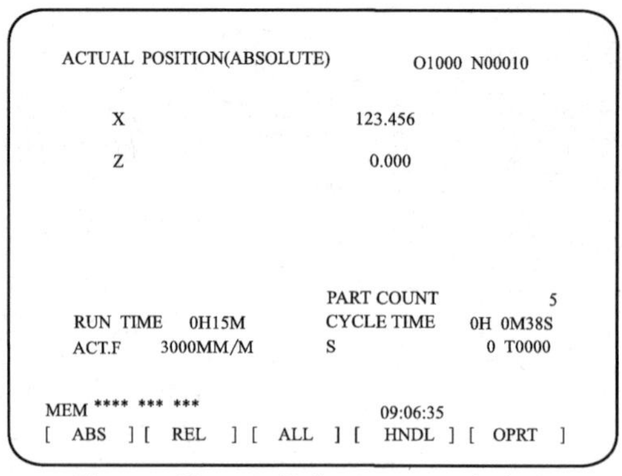

图5-4 “加工”操作区JOG运行方式

(2) 回参考点操作步骤

打开机器后必须确定零点，通常是通过回参考点来完成，若不回参考点，螺距误差补偿、背隙补偿等功能将无法实现。

① 转动机床控制面板上的工作方式旋钮到“ZRN”回零状态，如图5-5所示。

图5-5 回零状态

② 按坐标轴方向键“$+X$、$-X$、$+Z$、$-Z$”，点动使每个坐标轴逐一回参考点，如果选错了回参考点方向，则不会产生运动。

③ 通过选择另一种运行方式（MDI或JOG）可以结束该功能。

(3) 手动进给

手动调整机床或要求刀具快速移动接近或离开工件时，需要手动操作机床进给。滑板进给的手动操作有3种：第一种是用JOG键进给（手动连续进给）使滑板快速移动；第二种是增量进给滑板；第三种是用手摇轮移动滑板。

1）进给　将操作面板中的模式旋钮切换到“JOG”上，如图5-6所示。

然后，使用按钮“”“”“”和“”可以快速准确地移动机床。其中，手动连续进给速度可由手动连续进给速度倍率刻度盘调整。

图5-6 JOG进给

2）增量进给　在增量进给（STEP）方式下，按机床操作面板上的进给轴和方向选择开关，机床在选择的轴和方向上移动一步。机床移动的最小距离是最小输入增量单位。每一步可以是最小输入增量单位0.001mm的1倍、10倍、100倍或1000倍。当没有手摇脉冲发生器时此方式有效。步骤如下。

① 将操作面板上的模式旋钮切换到“STEP”上，机床沿选择的轴和方向移动。每按一次开关就移动一步。其进给速度的大小按所选×1、×10、×100或×1000倍率确定。

图5-7 手摇轮移动

② 在按进给轴和方向选择开关期间按快速移动开关，机床将按快速移动速度移动。

3）手摇轮移动　将控制面板上的模式旋钮切换到×1、×10或×100上，如图5-7所示。

然后，配合移动方向开关“”，摇动手轮进行精确调节机床。旋转手轮机床沿选择轴移动。旋转手轮360°，机床移动距离相当于100个刻度的距离。其中×1为0.001mm，×10为0.01mm，

×100为 0.1mm。

(4) 手动控制主轴转动

CKA6150 型车床主轴采用齿轮变速，有低（L)、中（M)、高（H）三挡，所对应的代号及转速见表 5-3，其他类型数控车床也具有同样的机床主轴转速说明，可参照相应的操作手册进行。

表 5-3 主轴转速对照表

位置	代号	转速/(r/min)	位置	代号	转速/(r/min)
低(L)	S01	44	中(M)	S07	358
	S02	64		S08	518
	S03	88	高(H)	S09	716
	S04	128		S10	1130
中(M)	S05	180		S11	1425
	S06	260		S12	2050

① 主轴启动。将操作面板上的模式旋钮切换到“MDI”上，CRT 上出现“MDI”画面，输入 M03 或 M04 后输入“Sl0”，然后按下“INSERT”键及结束符号“;”，再按下按钮“NOE”或“REV”，使主轴转动。

② 主轴停止。按下按钮“STOP”，使主轴停止转动。

(5) 机床停止

机床无论是在手动或自动运转状态，如遇不正常情况需要机床紧急停止，可以按表 5-4 操作。

表 5-4 止动按钮说明

序号	按键	说　明
1	急停按钮(红色)	机床动作和各种功能均被停止。故障排除后,顺时针旋转按钮复位 注意:此时要恢复机床正常工作,必须进行返回参考点操作
2	RESET 复位	自动运行状态下,机床全部操作停止
3	系统停止	系统断电
4	循环停止	机床在自动运行状态中,滑板停止运动,机床其他功能仍有效。按下循环功能中的绿色循环启动键,机床从当前位置开始继续执行下面的程序

5.2 程序的输入与编辑

正确的输入与编辑程序是数控机床操作的基础，目前，随着数控加工及网络技术的发展，数控加工程序的输入不仅仅限于控制面板，常用的程序输入与编辑方法主要有以下几种。

5.2.1 数控加工程序的输入方法

(1) 手工直接编程输入

编程员用数控机床提供的指令直接编写出零件数控程序并在数控机床控制面板上直接输入，由于手工直接编程能充分发挥数控系统的功能及编程员的工艺和加工经验，因此不必再用其他编程设备。随着数控系统编程功能的不断增强，直接编程有着广阔的应用前景。手工直接编程输入及处理方式可分为以下三类。

第一类，用 ISO（国际标准化组织）代码编程。一个代码代表一个意义或刀具的一步运动，或者代表一组意义或一组运动。按其性质，可分为基本代码编程和简化编程。简化编程分为两方面：一方面是用一个指令代表几步甚至几十步的运动，如固定循环、宏指令等；另一方面是简化数值点的计算，如蓝图直接编程功能、意大利 ECS 公司的 GAP 编程、美国 A-B 公司的 GTL 编程、法国 NUM 公司的 PGP 编程等。另外，由于先进的数控系统开发了样条插补

(NURBS) 功能，可以直接处理离散点。有的系统开发了抛物线插补功能，使非圆曲线加工编程变得简捷，直接编程能力不断提高。

第二类，用户宏程序编程。系统提供了变量、数据计算、程序控制等功能，用户自己用这些功能去编程，完成一个功能或一组功能的加工。用户宏程序功能使平面非圆曲线、柱面曲线、空间解析曲线及曲面的编程变得简捷。用宏程序还可以编制其他功能，如测量功能、控制功能等。

第三类，会话编程。它用图形进行数据输入，经数控系统内部编译处理后，生成 ISO 代码加工程序，如日本 MAZAK 公司的数控系统及 FANUC 系统等都有此功能。

(2) 存储介质输入

数控程序存储介质的输入方法主要有以下两种。

① 用纸带传输程序。用纸带传输程序是用穿孔纸带通过光电阅读机输入的，它采用光电转换技术，将纸带上已记录的信息（有孔或无孔）转换成相应的电信号，经过放大、整形后送入数控装置、数控加工程序缓冲器。

② 用软磁盘输入程序。有些数控系统如西门子数控系统使用软磁盘输入程序可以先在计算机上编写程序，然后用专用传输软件输入到数控系统中。

(3) 计算机网络输入

随着计算机网络技术日益普遍运用，数控机床走向网络化、集成化已成为必然的趋势和方向，互联网进入制造工厂的车间只是时间的问题。工厂、车间的最底层加工设备——数控机床不能够连成网络或信息化就必然成为制造业工厂信息化的制约瓶颈。所以，对于面临日益全球化竞争的现代制造工厂来说，第一是要大大提高机床的数控化率，即数控机床必须达到起码的数量或比例；第二就是所拥有的数控机床必须具有双向、高速的联网通信功能，以保证信息流在工厂、车间的底层之间及底层与上层之间通信的畅通无阻。

5.2.2 用操作面板编辑加工程序

(1) 准备工作

编辑加工程序主要操作内容包括一个新程序的录入和程序的检索、修改、删除、插入以及程序的输入、输出（通信方式）操作。首先准备好零件的加工程序，打开数控车床电源并启动系统，将操作面板中的模式旋钮切换到“EDIT”编辑状态下，此时 CRT 显示的是“加工”操作画面，按下“MDI”控制面板中的“PROG”程序编辑键，进入编辑页面，在该页面下 CRT 显示数控程序目录。

(2) 程序输入

如将下面的程序输入到系统内存。

O0100;

N04 G01 X50.0 F0.2;

N05 G01 220.0 F0.15;

N06 G00 X52.0 Z1.0;

N07 M30;

按机床操作面板上的“EDIT”键选取 PROGRAM 画面。在 CRT 操作面板中依次输入程序的内容。每输入一个程序语句后按“EOB”键表示语句结束，然后按“INSERT”键将该语句输入。在 MDI 控制面板键入顺序如下。

O0100→“EOB”→“INSERT”

N01 G50 M03 S500；→“EOB”→“INSERT”

N02 G00 G40 G97 G99 T0101 M04 F0.15；→“EOB”→“INSERT”

N03 Z1.0→“EOB”→“INSERT”

N04 G01 X50.0 F0.2 → “EOB” → “INSERT”

N05 G01 Z20.0 F0.15 → “EOB” → “INSERT”

N06 G00 X52.0 Z1.0→ “EOB” → “INSERT”

N07 M30→ “EOB” → “INSERT”　输入结束

程序输入完成后还应对程序进行检索，检查有无错误。

① 在 PROGRAM 画面下输入要检索的程序号 O0100。

② 按下“CURSORk↓”键，即可调出所要检索的程序。

③ 检索程序段。

(3) 程序的修改

1) 字的修改　例如，将上例中的 Z20.0 改为 Z10.0。

① 用检索程序段的方法将光标移至 Z20.0 位置。

② 输入要改变的字 Z10.0，按“ALTER”键即可。

2) 删除字　例如，在上例中的“N01 G50 M03 S500”；删除其中的 G50。

① 用检索程序段的方法将光标移至 G50 位置。

② 按“DELETE”键即可。此时光标移至 M03 位置。

3) 删除程序段　例如，将上例中的“N01 G50 M03 S500”；程序段删除。

① 用检索程序段的方法将光标移至程序段的第一个字 N01 处。

② 按“EOB”键后再按“DELETE”键即可。

4) 插入字　例如，在上例中的“N03 Z1.0”；程序段中插入 G01 X55。

① 用检索程序段的方法将光标移至 Z1.0 处的前一个字位置。

② 输入 G01 X55 后按“EOB”键，再按“INSERT”键即可。

5) 删除程序　例如，删除程序号为 O0100 的程序。

① 模式选择开关定为“EDIT”编辑状态下。

② 按“PROGRAM”键显示编辑画面。

③ 输入要删除的程序号 O0100。

④ 按“DELETE”键即可。

6) 显示程序目录　模式选择开关定为“EDIT”编辑状态下，按“PROGRAM”键显示编辑画面，如图 5-8 所示。

PROGRAM NO USED;　　已经输入的程序个数（用数字表示）

FREE;　　可以继续输入的程序个数

MEMORY AREA USED;　　已输入的程序所占内存容量（用数字表示）

FREE;　　剩余内存容量

PROGRAM LIBRARY LIST;　　所有内存程序号显示

按“PROGRAM”键或“CURSOR↑”键可以翻页。

```
PROGRAM                       O0050   N0050
SYSTEM EDITION                 D25.02
PROGRAM NO USED:5              FREE:58
MEMORY AREA USED:7424          FREE:767
PROGRAM LIBRARY LIST
00001
00002
...
ADRS                      SOT
                           EDIT
```

图 5-8　显示程序目录

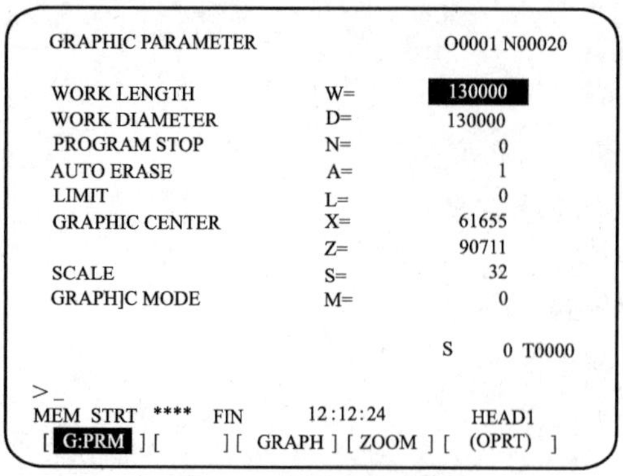

```
GRAPHIC PARAMETER                         O0001 N00020

WORK LENGTH            W=           130000
WORK DIAMETER          D=           130000
PROGRAM STOP           N=                0
AUTO ERASE             A=                1
LIMIT                  L=                0
GRAPHIC CENTER         X=            61655
                       Z=            90711
SCALE                  S=               32
GRAPH]C MODE           M=                0

                                  S      0 T0000
>_
MEM STRT ****  FIN    12:12:24      HEAD1
[ G:PRM ][      ][ GRAPH ][ ZOOM ][ (OPRT) ]
```

图 5-9　绘图参数画面

(4) 图形模拟检验程序

编好加工程序后可以在 CRT 画面上显示编程的刀具轨迹，通过观察屏显的轨迹可以检查加工过程。显示的图形画面可以放大和缩小，但显示刀具轨迹前必须设定画图坐标（参数）和绘图参数。图形显示步骤如下。

① 将机床控制面板中的模式旋钮切换到“AUTO”自动上，在 MDI 控制面板中按“AUX/GRAPH”图形功能键，则显示绘图参数画面，如图 5-9 所示（如果不显示该画面，按软键［G：PRM］）。

② 用光标键将光标移动到所需设定的参数处。

③ 输入数据，然后按“INPUT”键。

④ 重复第②和③步直到设定完所有需要的参数。

⑤ 按下软键［GRAPH］。

⑥ 按循环启动按钮自动运行，于是机床开始移动，并且在画面上绘出刀具的运动轨迹。

⑦ 按下“GRAPH”功能键，然后按下［ZOOM］软键以显示放大图，放大图画面有 2 个放大光标，用 2 个放大光标定义的对角线的矩形区域被放大到整个画面。

⑧ 用光标键移动放大光标，按［HI/LO］软键启动放大光标的移动。

⑨ 为使原来图形消失，按［EXEC］键。

⑩ 恢复前面的操作，用放大光标所定义的绘图部分被放大。

⑪ 为显示原始图形，按［NORMAL］软键，然后开始自动运行。

在执行图形模拟检验程序时，应注意以下两点。

① 若要检验程序，在编辑、MDI 及手动方式时不能绘制图形，因此必须通过自动运行才能绘图。为了执行绘图而不移动机床，必须使机床处于机械锁住状态。

② 在图形画面上按［REVIEW］软键以删除原来的刀具轨迹。设定图形参数：AUTO. ERASE（A）=1，从而使复位时启动自动运行，清除以前的图形后自动执行程序（AUTO. ERASE=1）。

5.3　对刀

数控程序一般按工件坐标系编程，对刀的过程就是建立工件坐标系与机床坐标系之间关系的过程。正确、合理的对刀是保证数控车削工件质量的基础。

5.3.1　对刀的方法

在执行加工程序前，应把每把刀具用于编程的刀位点（例如尖形车刀的刀尖、圆弧车刀的圆心等）尽量重合于某一个理想基准点，这一过程称为对刀。常用的对刀方法主要有以下几种。

(1) 试切对刀

用 G50 X　Z 语句设定刀具工件坐标系时，加工前需要先对基准刀。在进行返回参考点建立机床坐标系操作后，手动操作机床试切工件，X 向对刀时，车削任一外径后，使刀具 Z 向退离工件，待主轴停止转动后，测量刚刚车削出来的外径尺寸 ϕD 并记录当前刀具位置的坐标值 X_1；Z 向对刀时，车削工件端面后，刀具沿 X 方向退离工件，但 Z 方向不可移动，测量对

刀长度 L 并记录当前刀具位置的坐标值 Z_1。根据程序所要求的起点位置（如 α、β）将刀具移动到坐标显示为 $X=X_1+\alpha-D$，$Z=Z_1+\beta-L$ 的位置。

执行程序段“G50 X__ Z__”，则 CRT 将会立即变为显示当前刀尖在工件坐标系中的位置，即数控系统建立的工件坐标系。

如图 5-10 所示，设以卡盘爪前端面中心为工件原点（G50 X200.0 Z190.0;），完成回参考点操作后，试切工件，测得工件直径为 65mm，试切端面至卡爪前端面的距离尺寸为 90mm，而 CRT 上显示的位置坐标值为 X240.563、Z290.582。为了将刀尖调整到起刀点位置 X200.0、Z190.0 上，只要将显示的位置 X 坐标增加 200－65＝135，Z 坐标增加 190－90＝100，即将刀具移到使 CRT 上显示的位置为 X＝240.563＋200－65＝375.563，Z＝290.582＋190-90＝390.582 即可。在这个位置上执行加工程序段“G50 X200.0 Z190.0”，即可建立工件坐标系，并显示刀尖在工件坐标系中的当前位置 X200.0、Z190.0。

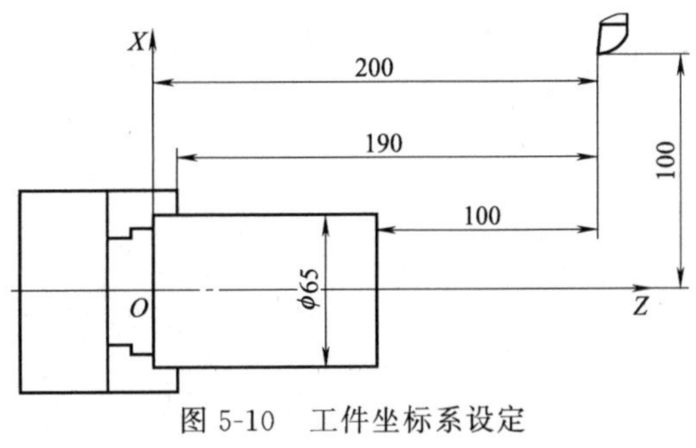

图 5-10　工件坐标系设定

另一种较为简便的用 G50 设定坐标系的方法是，试切如图 5-10 所示工件外圆，测得工件直径为 65mm，在工件端面切削 ϕ65mm 到中心，以工件右端面为工件原点，在 MDI 状态下输入“G50 X0 Z0”并执行，CRT 上显示的位置为 X0、Z0。再将刀具移动到 X200.0、Z190.0 位置，在这个位置上执行加工程序段“G50 X200.0 Z190.0”即可。

用 G50 设定坐标系，对刀后必须将刀移动到 G50 设定的位置才能加工。对刀时先对基准刀，其他刀的刀偏都是相对于基准刀的。在加工过程中按复位或急停键后，必须要再回到设定的 G50 起点继续加工。

目前多数数控车床都可通过对刀将刀偏值写入系统从而获得工件坐标系。这种方法操作简单，可靠性好，通过刀偏与机械坐标系紧密地联系在一起，只要不断电、不改变刀偏值，工件坐标系就会存在且不会变，即使断电，重启后回参考点，工件坐标系还在原来的位置。例如在 FANUC-0i mate-TB/TC 系统中，工件和刀具装夹完毕，驱动主轴旋转，移动刀架至工件试切，先用外径刀车削工件端面，然后刀具沿 X 方向退离工件，但 Z 方向不可移动。打开工具补正/形状界面，Z 向对刀时输入“Z0”（以工件端面为工件坐标系原点），按软键“测量”（FANUC-OT 系统输入 MZO，按“INPUT”键输入）；X 向对刀时，车削任一外径后，使刀具 Z 向退离工件，待主轴停止转动后，测量刚刚车削出来的外径尺寸，如测量值为 ϕ50.01mm，则在工具补正/形状界面输入“X50.01”，按软键“测量”（FANUC-0T 系统输入 MX50.01，按“INPUT”键输入）。采用这种方法对刀不需使用基准刀，在加工之前将需要用到的刀具全部都对好，更换刀具只需重新对刚换的刀即可。只要机床、刀具、工件不发生干涉，任何位置都可以自动执行加工程序。图 5-11 为 FANUC-0i mate-TC 系统对刀时的显示画面。

工具补正 / 形状　　O0001 N00002

番号	X	Z	R	T
G 01	-474.897	-824.186	0.000	8
G 02	-466.548	-818.026	0.000	0
G 03	-455.097	-842.886	0.000	0
G 04	-461.257	-866.647	0.000	0
G 05	0.000	0.000	0.000	0
G 06	0.000	0.000	0.000	0
G 07	0.000	0.000	0.000	0
G 08	0.000	0.000	0.000	0

现在位置　（相对坐标）

U -411.257　　W -666.646

>_　　S　0 T0000

JOG **** *** ***　08:59:12

（NO检索）（测量）（C.输入）（+输入）（输入）

图 5-11　FANUC-0i mate-TC 系统对刀时的显示画面

另外，G54～G59 是系统预定的六个坐标系，也可以根据需要选用。这六个工件坐标系的坐标原点在机床坐标系中的坐标值，在对刀时从工件坐标系设定界面输入。图 5-12 为 FANUC-0i mate-TC 系统工件坐标系设定显示画面。在使用 G54～G59 指令编程时，该程序段必须放在第一段。

工件坐标系设定 O0001 N00002
(G54)
番号 数据 番号 数据
00 X 0.000 02 X 0.000
(EXT) Z 0.000 (G55) Z 0.000
01 X 0.000 03 X 0.000
(G54) Z 0.000 (G56) Z 0.000
S 0 T0000
JOG **** *** *** 10:03:12
[补正][SETING][坐标系][ ][(操作)]

图 5-12 FANUC-0i mate-TC 系统工件坐标系设定显示画面

(2) 机械对刀仪对刀

将刀具的刀尖分别与机械对刀仪的测头接触，得到两个方向的刀偏量，记录并输入。有的机床具有刀具探测功能，通过机床上的对刀仪测头测量后自动记录刀偏量至系统。使用对刀仪对刀可免去测量时产生的误差，大大提高对刀精度。

例如 MAZATROL 640T 数控车床对刀仪（参见图 5-13），对刀时，按下“输入刀具设定”菜单键，选择车刀并使刀尖随刀架向已设定好位置的对刀仪 X 方向的传感器检测点移动并与之接触，直到内部电路接通发出电信号（发出一声“嘣”的声音），轴移动自动停止，X 数值自动记录在“刀具设定”的 X 数值中。移动刀尖离开传感器，与 Z 方向的传感器检测点接触发出一声“嘣”的声音后，轴移动自动停止，Z 方向数值自动记录在“刀具设定”Z 数值中（如图 5-14 所示）。其他刀具的对刀按照相同的方法操作。

图 5-13 MAZATROL 640T 数控车床对刀仪

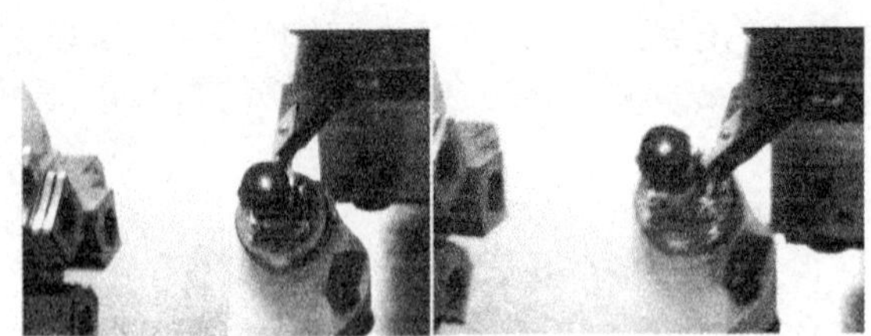

图 5-14 对刀仪对刀

(3) 光学对刀仪对刀

图 5-15 是一种比较典型的机外光学对刀仪。对刀时，将刀具随同刀夹一起紧固在对刀刀具台上，摇动 X 方向和 Z 方向进给手柄，使移动部件载着投影放大镜沿着两个方向移动，让假想刀尖点与放大镜中的十字线交点重合，如图 5-16 所示。此时，通过 X 方向和 Z 方向的微型读数器分别读出的 X 向和 Z 向刻度值，就是这把刀的对刀数值，把对刀数值输入到相应的刀补号中即可。图 5-17 所示为一种车床机内光学对刀仪。

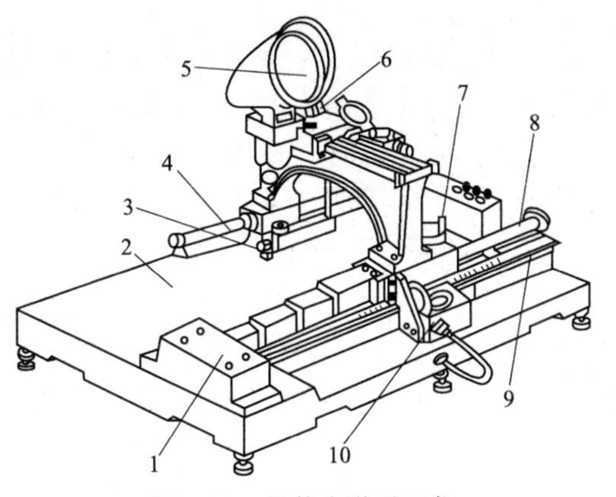

图 5-15 机外光学对刀仪

1—刀具台安装座；2—底座；3—光源；4—轨道；5—投影放大镜；6—*X* 向进给手柄；
7—*Z* 向进给手柄；8—轨道；9—刻度尺；10—微型读数器

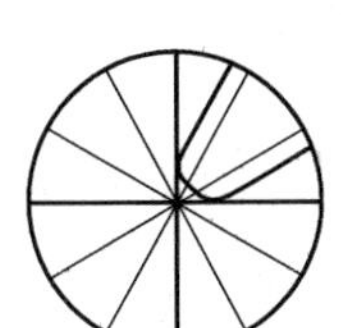
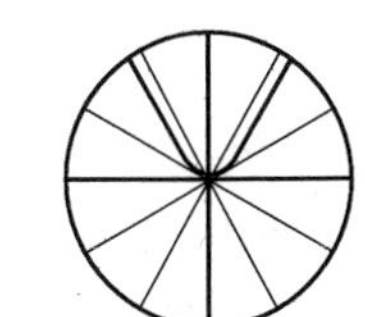
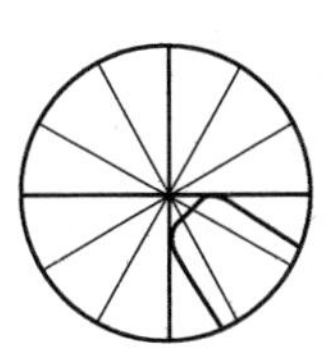

图 5-16 光学对刀仪放大镜中的刀尖

图 5-17 车床机内光学对刀仪

5.3.2 刀具补偿值的设置

在数控车削加工过程中，由于刀具的磨耗及加工系统的刚性不足等原因，需要根据所检测的加工件质量情况，对刀具进行补偿，车床的刀具补偿值设置主要包括刀具实际安装位置补偿和刀尖圆弧半径补偿两类。刀具补偿值的设置实质上主要就是围绕这两者对车刀的偏置量分别进行补偿。

(1) 刀具位置补偿

数控机床在切削过程中不可避免地存在加工系统刚度不足产生的让刀及刀具磨损等问题，这使得加工出的零件尺寸也随之变化。借助系统中的刀具实际安装位置尺寸补偿功能，通过机床面板上的功能键“OFFSET”（FANUC 系统）分别输入相应的修正值，可使加工出的零件尺寸仍然符合图样要求，而不必重新修改、编写加工程序。选择刀具和确定刀具参数是数控编程的重要步骤，其编程格式因数控系统的不同而异，主要格式有以下两种。

① 采用 T 指令编程。T 指令由地址功能码 T 和数字组成，有 T××和 T××××两种格式，数字的位数由所用数控系统决定，T 后面的数字用来指定刀具号和刀具补偿号。例如现在的 FANUC 数控系统中常用 T 和后面 4 位数字组成，其中前两位数字表示刀具号，后两位数字表示刀具磨损补偿号。

例如 T0404 表示选择第 4 号刀，4 号刀具补偿；T0200 表示选择第 2 号刀，刀具补偿取消。

② 采用 T、D 指令编程。在 SIEMENS 数控系统中常利用 T 功能选择刀具，利用 D 功能可以选择相关的刀偏刀具补偿号。在定义这两个参数时，其编程的顺序为 T、D。T 和 D 可以编写在一起，也可以单独编写。

例如 T5 D6 表示选择 5 号刀，采用 6 号的刀具补偿；T4 D20 表示选择 4 号刀，采用 20 号的刀具补偿。

(2) 刀尖圆弧半径补偿

刀尖圆弧半径补偿是车床刀具补偿值的另一种补偿方式，具体内容可参见本书“3.7.2 刀尖圆弧半径补偿”的相关内容。

5.3.3 对刀的技术要求

(1) 刀具的安装

数控车床的刀具安装与普通车床的刀具安装基本相似，主要有以下方面的安装要求。

① 外圆车刀伸出长度一般为刀杆厚度的 1～1.5 倍。

② 镗孔类车刀伸出长度大于孔长 5～10mm 即可。

③ 车槽和切断刀伸出长度大于切入深度 2～3mm 即可。

④ 车刀中心要严格对正主轴回转中心。

⑤ 刀架的紧固螺钉要逐个锁紧，并检查刀具安装后的主、副偏角是否符合要求。

由于数控车床连续加工较多，刀具安装时更要注意多把车刀的安装顺序，尽可能减少刀架回转次数；注意车刀安装位置及刀杆伸出长度，避免加工时发生干涉；注意车刀夹紧力度要适当，既不能损坏机床刀架和车刀刀体，又不能因夹紧力不够使加工当中由于刀具位置移动造成工件尺寸变化。

(2) 对刀点与换刀点的确定

对刀点是数控加工中刀具相对工件运动的起点。对刀点可以设在被加工工件上，也可以设在与工件定位基准有一定尺寸关系的工件外面某一位置（如选在夹具或机床上）。例如在数控车床上，对刀点经常设定在被加工工件外端面的中心。

对刀时应使对刀点与刀位点重合。所谓刀位点是指刀具的定位基准点。对于数控车床而言，刀位点取车刀的刀尖；钻头取为钻尖。

经常运用多种刀具进行加工的机床（如加工中心、数控车床等），因为在加工过程中需要自动换刀，所以应规定换刀点。所谓换刀点是指刀架转位换刀时的位置。这个位置可以是某一个固定点（如加工中心），也可以是任意的一点（如数控车床）。为防止自动换刀时碰伤工件或夹具，换刀点常常设在被加工工件或夹具的外面，并有一定的安全距离。其设定值可以通过实际测量或计算来确定。

(3) 对刀的原则

① 应使工件在机床上找正容易，加工中便于观察，方便、可靠。

② 应使编程时便于数字处理，并有利于简化程序编制。

③ 应能够减少对刀误差，有利于工件加工精度的提高。

(4) 工件坐标系原点的确定

编写程序前需要根据工件的情况选择工件坐标系原点。X 轴的工件原点通常设在工件的轴线上。Z 轴工件原点的选择一般要根据该工件的设计基准，选择在工件轴向的左端面（工件有轴向定位时也可以选择卡盘爪端面），或是选择在工件轴向的右端面。有时为了编程方便，工件原点还可根据计算方便的原则来确定。

如车削图 5-18 所示的台阶轴工件。用左端面为工件原点编程时，车端面和台阶长度要进行计算，且工件越复杂计算越烦琐。

如车削 ϕ40mm 端面时，编程如下。

```
G50 X150 Z150;
M03 S800;
T0101;
G00 X52 Z60.1;
G01 X0 Z60.1 F0.1;
……
```

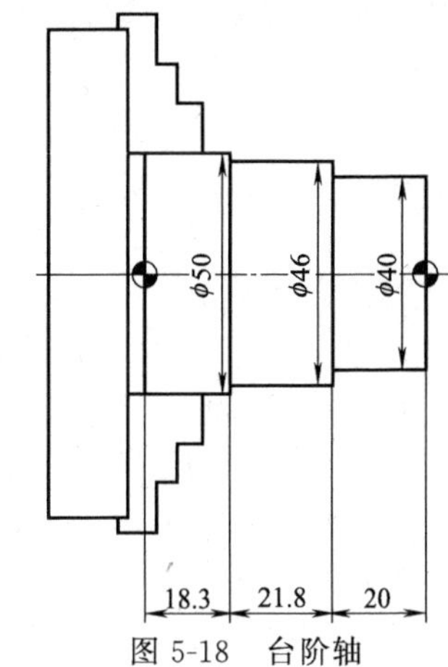

图 5-18 台阶轴

如车削 ϕ40mm×20mm 台阶时，编程如下。

```
G50 X150 Z150;
M03 S800;
T0101;
G00 X40 Z62.1;
G01 X40 240.1 F0.2;
……
```

如果用右端面为工件原点编程时，就要相对方便一些。如车削 ϕ40mm 端面时，编程如下。

```
G50 X150 Z150;
M03 S800;
T0101;
G00 X52 Z0;
G01 X0 Z0 F0.1;
……
```

如车削 ϕ40mm×20mm 台阶时，编程如下。

```
G50 X150 Z150;
M03 S800;
T0101;
G00 X40 Z1;
G01 X40 Z—20 F0.2;
……
```

5.4 程序调试与试运行

5.4.1 程序的检查校验

现代数控机床都是按照事先编制好的加工程序自动地对工件进行加工的。在进行数控编程之前，编程人员应了解所用数控机床的规格、性能和 CNC 系统的功能、编程指令格式等，并且在程序输入数控系统以后还要对程序进行一些必要的检查和图形模拟。

(1) 小数点输入检查

现在的数控系统，多数允许通过系统参数的改变来设置小数点的输入与否，但是一般操作者是不能修改参数的，当遇到系统参数不允许忽略小数点或必须使用小数点的系统时，检查小数点就是程序检查中非常重要的一环。因为程序中有无小数点的含义不同，无小数点时，将与系统设定的最小输入增量有关。小数点可用于距离、时间、速度等单位。如“G01 X1.0”为 X1.0mm；“G01 X1”为 X0.01 或 0.001（系统参数设定）；“G04 X2.0”表示暂停 2s；“G04

U2.0”表示暂停 2s；“G04 P2000”表示暂停 2s（2000ms）。对于没有限制的数控系统，用与不用小数点在距离上是一样的。如“G01 X30.0”和“G01 X30”都是 X30.0mm。

(2) 英/米制输入检查

例如在 FANUC 系统上，G20 为英制，G21 为米制，均为模态指令。必须在程序开始设定坐标系之前在一个单独的程序段中指定，或通过 MDI 方式指定，否则系统将按照已有的模态运行。例如数控系统为 G20 英制输入，加工时候模态未改，程序又未指定为 G21 米制输入时，程序中的数值单位将按照英制单位运行，为加工带来不必要的损失。例如“G01 X35.0”即为 35.0in（英寸），F0.3 即为 0.3in 等。

(3) 进给速度

程序中设定的进给速度要做相应的检查调整，根据需要指定为每转进给量（mm/r）或每分钟进给量（mm/min）。

据此，在不了解所使用的数控系统或机床经常有多名操作者使用时，应该事先指定一些模态代码。如习惯使用米制、转进给的操作者常以以下方法开始编写程序。

```
(FANUC-0i 系统)
G99 G21 G97 G40;
T0100;
M03…
……
```

(4) 图形模拟

在程序检查后，对于有图形显示功能的数控系统，模拟加工零件的图形是必不可少的检查校验过程，通过模拟，检查刀具轨迹是否正确（如图 5-19 中虚线部分为走刀路线，实线部分为工件轮廓）。对没有图形显示功能的数控系统可通过机床空运转进行检查。

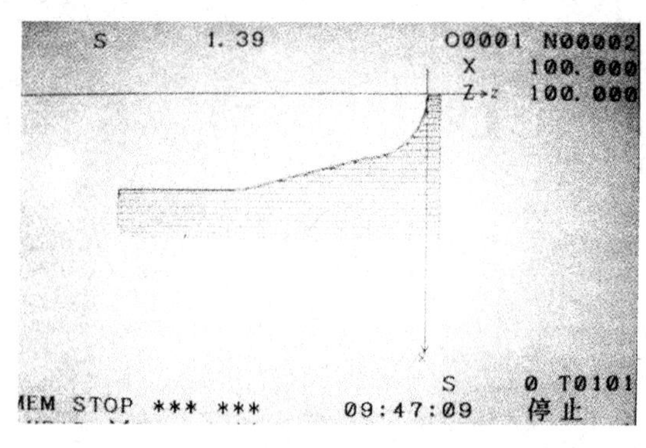

图 5-19 图形模拟

检查模拟方法只能检查刀具运动轨迹的正确性，不能检查对刀误差及加工误差，很难检查某些数值的微小输入误差（如“G01 Z－100.01”输入成“G01 Z－100.1”）和某些数值的计算误差。另外，某些数控系统的图形显示绘图功能在图形模拟后不影响机床的坐标系，而有的系统在机床锁住的情况下进行图形模拟，机床坐标会发生变化，图形模拟后机床需进行返回参考点来确定工件坐标系或系统断电重启。

5.4.2 程序的空运行、单步执行及零件试切

(1) 空运行

当一个数控程序检查模拟之后，在实际加工之前，还可以通过空运行机床的方法来检查程序。这个过程可以检查所输入的加工程序是否能够按照程序希望的那样来操纵机床。

空运行前可以在实际加工工件的位置假定进行对刀（特别要注意 Z 轴方向的安全距离），在不装夹工件的情况下实际地运转机床，观察刀具所走的实际轨迹，在机床实际运转过程中通过控制、改变操作面板上的空运行按钮和进给倍率开关来控制刀具的移动速度。

如果机床上已经装夹工件且已对刀完毕，这时进行自动运行检查时，可以通过工件坐标系平移的方法来进行。

例如工件在机床上的加工长度为 150mm，只需在系统的工件坐标系平移画面中输入 Z 向

长度大于 150mm 的负值（如 Z－200.0）即可。自动运行检查时的刀具运动轨迹就在原工件坐标系的基础上沿 Z 方向远离工件 200mm。检查后在系统的工件坐标系平移画面中输入 Z0，工件坐标系恢复到原来的数值。图 5-20 为 FANUC-0i mate-TC 系统工件坐标系平移画面。

(2) 单步执行

实际加工之前或试切工件时，还可以通过机床单步执行的方法来检查程序。使用这种方法可以逐步检查程序每一步的正确与否。

机床自动运行时，按下操作面板上的单段开关后，按一次循环启动按钮，程序执行一个程序段后就停止。再按一次循环启动按钮，程序执行下一个程序段。

(3) 零件试切

零件试切分模拟件试切及样件试切两种。

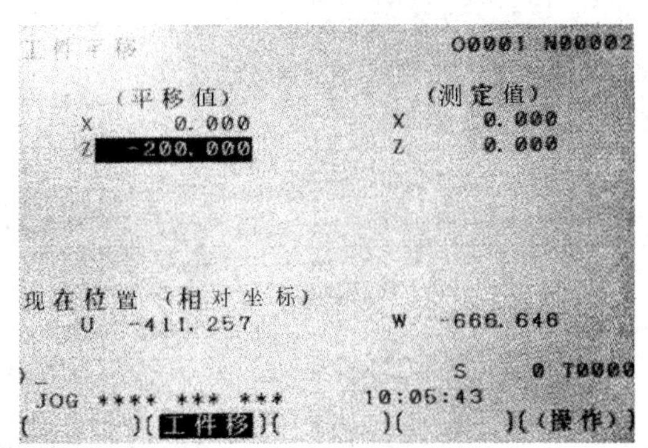

图 5-20　FANUC-0i-mate-TC 系统工件坐标系平移画面

① 模拟件试切。数控程序按上述方法检查校验之后就可以进行模拟件的试切工作。模拟件试切工作的主要任务是在试切过程中对机床转速、背吃刀量、走刀量等一系列切削参数及刀具各种补偿参数进行调整，使机床在高效率的运转中加工出符合图样各项要求的工件，并且为工件的后续加工提供一些必要的数据。

另外，模拟件试切对于某些数量不多的工件、毛坯材料较少或价格昂贵的工件很有必要。要找性能相同或接近的材料进行模拟件试切，以期通过试切获得理想、满意的切削数据。

② 样件试切。在实际生产中，样件试切是非常重要的一步。样件经常是所加工工件的其中之一，它所选用的切削参数可以为以后的加工提供准确的数据。样件试切成功后应及时地进行各项精度检验，只有样件检验合格后方能加工以后的工件。

第6章

用FANUC系统的数控车床车削零件

6.1 典型轴类零件的数控车削

轴类零件是机械加工中经常遇到的典型零件之一，是最适宜车削加工的主要对象，在机器中应用最为广泛，它主要用来支承传动零件，传递运动和转矩，如机床中的主轴、齿轮轴等。以下以几个典型轴类零件为例，简述其数控车削加工。

6.1.1 阶梯轴的数控车削加工

图 6-1 所示阶梯轴零件，毛坯为 ϕ30mm 棒料，材料为 45 钢。加工后要求全部表面表面粗糙度为 Ra3.2μm，图中未注尺寸公差为 IT12。

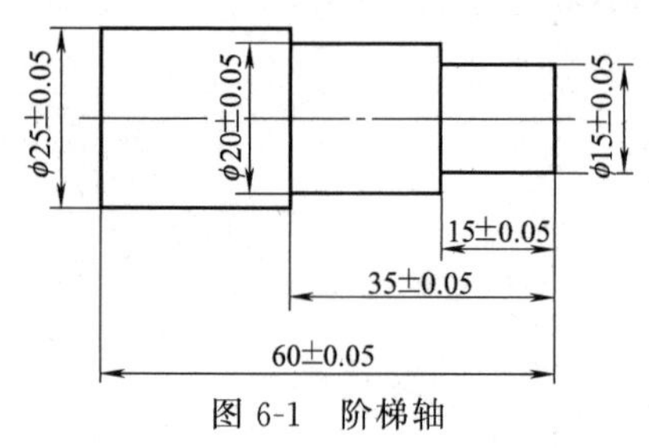

图 6-1　阶梯轴

(1) 工艺分析与工艺设计

1）图样分析　图 6-1 所示零件由阶梯状的圆柱面组成，零件的尺寸精度要求一般。从右至左，零件的外径尺寸依次增大。

2）分析加工方案　用三爪自定心卡盘夹紧工件。采用 90°外圆车刀分层切削的方法进行加工。以工件右端面的中心点为编程原点，基点值为绝对尺寸编程值。根据零件表面对粗糙度要求，粗加工后留有 0.5mm 的加工余量。加工方案见表 6-1。

表 6-1　阶梯轴加工方案

加工步骤和内容	加工方法	选用刀具
①粗精加工右端	先粗车再精车	90°外圆车刀
②加工总长	切断	3mm 宽切断刀

3）加工工艺路线设计。

① 车端面。

② 粗车 ϕ25mm、ϕ20mm、ϕ15mm 外圆，留余量直径 0.5mm。

③ 从右至左精加工各面。

④ 切断。

4）选择机床设备　运用数控车床完成该零件的加工。

5）刀具选择　选用 90°外圆车刀 T0101，用于车端面和粗、精车外圆；选用 3mm 宽切断刀 T0202，用于切断。

(2) 确定切削用量

确定加工方案和刀具后，选择合适的刀具切削参数，见表 6-2。

表 6-2 阶梯轴切削参数表

刀具号	刀具参数	背吃刀量/mm	主轴转速/(r/min)	进给率/(mm/r)
T0101	90°外圆车刀	3	600	粗车 0.2、精车 0.1
T0202	3mm 宽切断刀	—	400	0.05

(3) 确定工件坐标系和对刀点

以工件右端面圆心为工件原点，建立工件坐标系，采用手动对刀方法，把右端面圆心点作为对刀点，如图 6-2 所示。

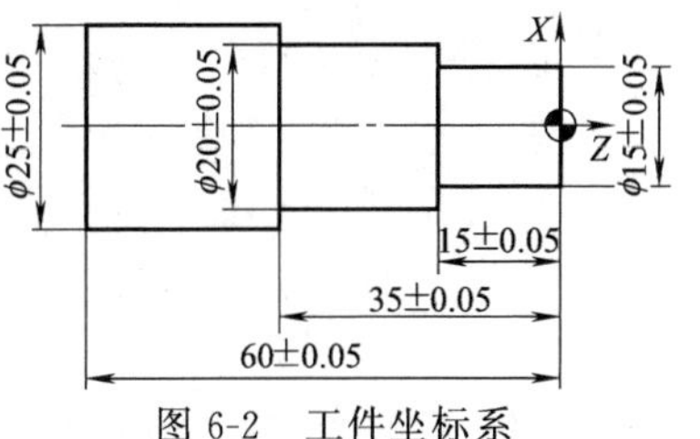

图 6-2 工件坐标系

(4) 程序编制

编制如图 6-1 所示阶梯轴的程序如表 6-3 所示。

(5) 数控车削的机床操作

为完成零件的加工，在数控机床上可按以下方面的步骤和方法进行操作，应该注意的是，该操作步骤和方法为数控车削的基本步骤和方法，其余零件也可参照执行。

表 6-3 阶梯轴数控车削程序 mm

程序	程序说明
O4010;	程序号
N10 M04 S600 T0101;	主轴反转，转速 600r/min，换 1 号刀
N20 G00 X35.0 Z0;	快速到达 ϕ25 右端
N30 G01 X−1.0 F0.1;	车端面
N40 G00 X35.0 Z2.0;	快速到循环起点
N50 G90 X25.5 Z-63.0 F0.2;	粗车 ϕ25 外圆
N60 X20.5 Z−34.5;	粗车 ϕ20 外圆
N70 X15.5 Z−14.5;	粗车 ϕ15 外圆
N80 G00 X15.0 Z2.0 S800;	离开工件
N90 G01 Z−15.0 F0.1;	精车 ϕ15 外圆
N100 X20.0;	车台阶面
N110 Z−35.0;	精车 ϕ20 外圆
N120 X25.0;	车台阶面
N130 Z−63.0;	精车 ϕ25 外圆
N140 G00 X50.0;	
N150 Z50.0;	
N160 T0202;	换 2 号切断刀
N170 G00 X32.0 Z−63.0;	
N180 G01 X−1.0 F0.05;	切断
N190 G00 X50.0 Z50.0;	快速退刀到安全点
N200 M05;	主轴停止
N210 M30;	程序结束

1) 电源的接通

① 检查 CNC 车床的外表是否正常（如后面电控柜的门是否关上、车床内部是否有其他异物）。

② 打开位于车床后面电控柜上的主电源开关，应听到电控柜风扇和主轴电动机风扇开始工作的声音。

③ 按操作面板上的“POWER ON”按钮接通电源。

④ 顺时针方向松开急停“EMERGENCY”按钮。

⑤ 绿灯亮后，机床液压泵已启动，机床进入准备状态。

⑥ 如果在进行以上操作后，机床没有进入准备状态，检查是否有下列情况，进行处理后再按“POWER ON”按钮。

a. 是否按过操作面板上的“POWER ON”按钮？如果没有，则按一次。

b. 是否有某一个坐标轴超过行程极限？如果是，则对机床超过行程极限的坐标轴进行恢复操作。

c. 是否有警告信息出现在 CRT 显示屏上？如果有，则按警告信息做操作处理。

2）工件的装夹

① 数控车床使用三爪自动定心卡盘，对于圆棒料，装夹时工件要水平安放，右手拿工件，左手旋紧夹盘扳手。

② 工件的伸出长度一般比被加工件长 10mm 左右。

③ 对于一次装夹不能满足形位公差的零件，要采用鸡心夹头夹持工件并用两顶尖顶紧的装夹方法。

④ 用校正划针校正工件，经校正后再将工件夹紧，工件找正工作随即完成。

3）刀具安装　将加工零件的刀具依次装夹到相应的刀位上，操作如下。

① 根据加工工艺路线分析，选定被加工零件所用的刀具号，按加工工艺的顺序安装。

② 选定 1 号刀位，装上第一把刀，注意刀尖的高度要与对刀点重合。

③ 手动操作控制面板上的“刀架旋转”按钮，然后依次将加工零件的刀具装夹到相应的刀位上。

4）返回参考点操作　在程序运行前，必须先对机床进行参考点返回操作，即将刀架返回机床参考点。有手动参考点返回和自动参考点返回两种方法，通常情况下，在开机时采用手动参考点返回方法，其操作方法如下。

① 将机床工作方式选择开关设置在 ZRN 手动方式位置上。

② 操作机床面板上的 $+X$ 方向按钮，进行 X 轴回零操作。

③ 操作机床面板上的 $+Z$ 方向按钮，进行 Z 轴回零操作。

④ 当坐标轴返回参考点时，刀架返回参考点，确认灯亮后，操作完成。

操作时，还应注意以下事项。

① 参考点返回时，应先移动 X 轴。

② 应防止参考点返回过程中刀架与工件、尾座发生碰撞。

③ 由于坐标轴加速移动方式下速度较快，没有必要时尽量少用，以免发生预想不到的危险。

5）手动操作　使用机床操作面板上的开关、按钮或手轮，用手动操作移动刀具，可使刀具沿各坐标轴移动。

① 手动连续进给。用手动可以连续地移动机床，操作步骤为：将方式选择开关置于“JOG”的位置上。操作控制面板上的 X 方向慢速或 Z 方向慢速移动按钮，机床将按选择的轴方向连续慢速移动。

② 快速进给。同时按下 X 方向和 Z 方向两个快速移动按钮，刀具将按选择的方向快速进给。

6）程序的输入　程序的输入有两种方式：用键盘输入和用 RS232C 通信接口输入。

用 RS-232C 通信接口输入程序的操作步骤如下。

① 连接好 PC，把 CNC 程序装入计算机。

② 设定好 RS-232C 有关的设定。

③ 把程序保护开关置于“ON”上，操作方式设定为 EDIT 方式（即编辑方式）。

④ 单击屏幕下方的“程式”按钮后，显示程序。

⑤ 当 CNC 磁盘上无程序号或者想变更程序号时，输入 CNC 所希望的程序号：O××××（当磁盘上有程序号且不改变程序号时，不需此项操作）。

⑥ 运行通信软件，并使之处于输出状态（详见通信软件说明）。

⑦ 单击“INPUT”按钮，此时程序即传入存储器，传输过程中，画面状态显示“输入”。

7）对刀　在数控车床车削加工过程中，首先应确定零件的加工原点，以建立准确的加工坐标系；其次要考虑刀具的不同尺寸对加工的影响，这些都需要通过对刀来解决。

8）图形模拟功能　在CRT画面上，可描绘加工中编程的刀具轨迹，由CRT显示的轨迹可检查加工的进展状况。另外也可对画面进行放大或缩小。

9）试运行

① 机床锁。使机床操作面板上的机床锁开关接通，自动运行加工程序时，机床刀并不移动，只是在CRT上显示各轴的移动位置。该功能可用于加工程序的检查。

提示：在“机床锁”状态下，即使用G27、G28来指令，机床也不返回参考点，且指令灯不亮。

② 辅助功能锁。接通机床操作面板的辅助功能锁开关后，程序中的M、S、T代码指令被锁，不能执行。

该功能与机床锁一起用于程序检测。

M00、M01、M30、M98、M99指令可正常执行。

③ 空运行。按一下空运行开关，空运行灯变亮，不装工件，在自动运行状态运行加工程序，机床空跑，检测程序及加工轨迹的正确性。

10）自动运行　按“循环启动”按钮，即开始自动运转，循环启动灯亮。

(6) 零件检测

检测尺寸精度：主要包括直径和长度尺寸，要符合图样中的公差要求。

6.1.2　圆锥轴的数控车削加工

图6-3所示圆锥轴零件，毛坯为ϕ32mm棒料，材料为45钢。加工后，除图示要求外其余表面表面粗糙度为Ra3.2μm，图中未注尺寸公差为IT12。

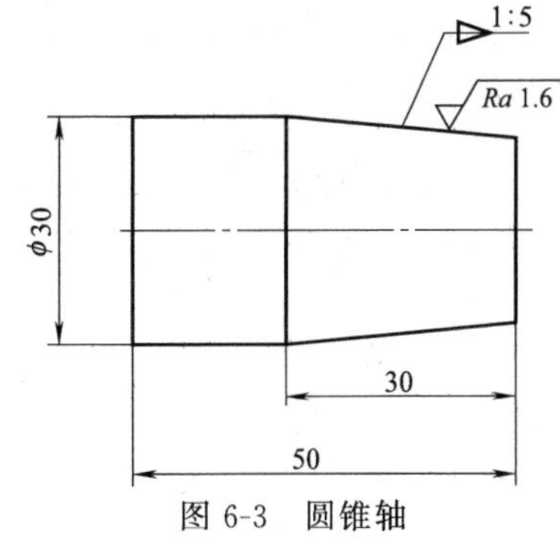

图6-3　圆锥轴

(1) 工艺分析与工艺设计

1）图样分析　图6-3所示零件由圆柱面和圆锥面组成，零件的尺寸精度要求较高。

2）分析加工方案　由于毛坯为棒料，故用三爪自定心卡盘夹紧定位。加工方案见表6-4。

表6-4　圆锥面加工方案

加工步骤和内容	加工方法	选用刀具
①粗精加工右端	先粗车再精车	90°外圆车刀
②加工总长	切断	3mm宽切断刀

3）加工工艺路线设计　根据零件结构，可设计以下的加工工艺路线。

① 粗车ϕ30mm外圆及右端锥面，留余量0.2mm。

② 从右至左精加工各面。

③ 切断。

4）选择机床设备　运用数控车床完成该零件的加工。

5）刀具选择　选用90°外圆车刀T0101，用于车端面和粗、精车外圆；选用3mm宽切断刀T0202，用于切断。

(2) 确定切削用量

确定加工方案和刀具后，选择合适的刀具切削参数，见表6-5。

表 6-5 切削参数表

刀具号	刀具参数	背吃刀量/mm	主轴转速/(r/min)	进给率/(mm/r)
T0101	90°外圆车刀	3	600	粗车 0.2、精车 0.1
T0202	3mm 宽切断刀	—	400	0.05

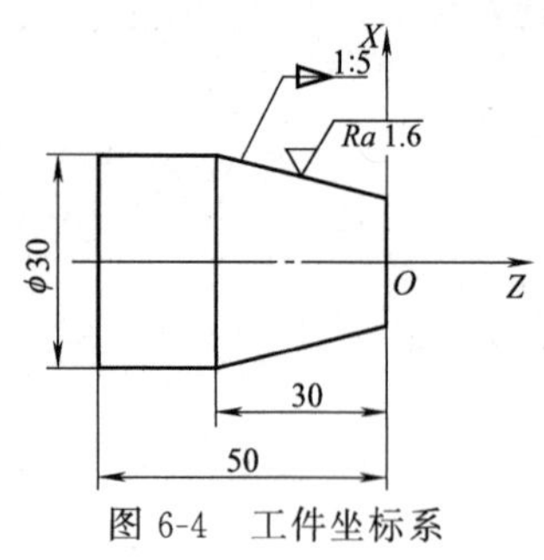

图 6-4 工件坐标系

(3) 确定工件坐标系和对刀点

以工件右端面圆心为工件原点，建立工件坐标系，采用手动对刀方法，把右端面圆心点作为对刀点，如图 6-4 所示。

(4) 程序编制

当加工锥面的 Z 向起始点为 Z2 时，计算精加工圆锥面时，切削起始点的直径 d 的值。

编制的圆锥轴程序如表 6-6 所示。

(5) 零件检测

圆锥的检测主要指圆锥角度和尺寸精度的检测，常用万能角度尺、角度样板检测圆锥角度，采用正弦规或涂色法来评定圆锥精度。

表 6-6 圆锥轴数控车削程序

程　序	程序说明
O4020;	程序号
N10 T0101;	换 1 号刀
N20 M04(M03) S600	主轴反转,(前置刀架用正转)转速 600r/min
N30 G00 X30.4 Z2.0;	快速到达 φ30mm 右端,留 0.2mm 精加工余量
N40 G01 Z−53.0 F0.2;	车 φ30.4mm 外圆
N50 G00 X50.0　Z50.0;	离开工件
N60 G00 G42 X35.0 Z2.0;	循环起点,刀具右补偿
N70 G90 X30.4　Z−30.0　R−3.2　F0.2;	粗加工锥面,留 0.2mm 精加工余量
N80 G00 X23.6　Z2.0;	快速定位至(X23.6,Z2),即精加工锥面的切削始点
N90 G01 X30.0 Z−30.0 F0.1;	精加工圆锥面
N100 Z−53.0;	精加工圆柱面
N110　G40　X35.0;	径向退出,取消刀补
N120 G00 X100.0 Z100.0;	返回程序起点
N130　T0202;	换切断刀
N140 G00 X32.0 Z−53.0 S400;	快速定位
N150 G01 X−1.0 F0.05;	切断
N160 G00 X100.0　Z100.0	返回程序起点
N170 M05;	停主轴
N180 M30;	程序结束

6.1.3 带圆弧面轴的数控车削加工

图 6-5 所示为带圆弧面轴零件，毛坯为 φ32mm 棒料，材料为 45 钢。加工后，要求外表面表面粗糙度为 Ra3.2μm，图中未注尺寸公差为 IT12。

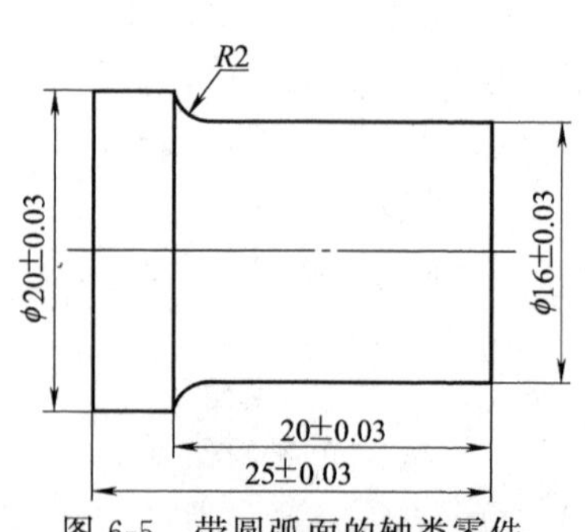

图 6-5 带圆弧面的轴类零件

(1) 工艺分析与工艺设计

1) 图样分析 图 6-5 所示零件由圆柱面和圆弧面组成，零件的尺寸精度要求较高。

2) 分析加工方案　由于毛坯为棒料，故用三爪自定心卡盘夹紧定位。加工方案见表 6-7。

表 6-7　圆弧面零件加工方案

加工步骤和内容	加工方法	选用刀具
①粗精加工右端	先粗车再精车	90°外圆车刀
②加工总长	切断	3mm 宽切断刀

3）加工工艺路线设计　根据零件结构，可设计以下的加工工艺路线。

① 粗车 ϕ20mm 和 ϕ16mm 外圆，留余量 0.5mm。

② 从右至左精加工各面。

③ 切断。

4）选择机床设备　运用数控车床完成该零件的加工。

5）刀具选择　选择 90°外圆车刀 T0101，用于粗、精车外圆；选择切断刀（宽为 3mm）T0202，用于切断。

（2）确定切削用量

确定加工方案和刀具后，选择合适的刀具切削参数，见表 6-8。

表 6-8　切削参数表

刀具号	刀具参数	背吃刀量/mm	主轴转速/(r/min)	进给率/(mm/r)
T0101	90°外圆车刀	3	600	粗车 0.2、精车 0.1
T0202	3mm 宽切断刀	—	400	0.05

（3）确定工件坐标系和对刀点

以工件右端面圆心为工件原点，建立工件坐标系，采用手动对刀方法，把右端面圆心点作为对刀点，如图 6-6 所示。

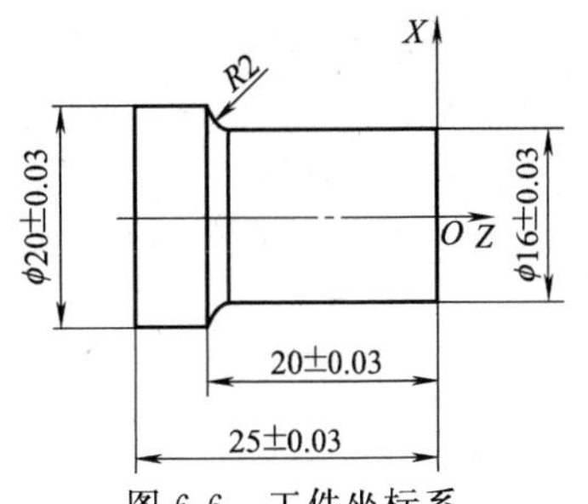

图 6-6　工件坐标系

（4）程序编制

程序如表 6-9 所示。

（5）零件检测

主要检测圆弧表面和圆柱面的尺寸和精度。

表 6-9　圆弧面零件数控车削程序

程序	程序说明
O4030；	程序号
N10 M04　S600　T0101；	换 1 号刀
N20 G00 X30.0 Z2.0；	定位
N30 G90 X20.5 Z－25.0 F0.2；	
N40　X16.5 Z－18.0；	
N50 G00 X16.0 Z2.0;R2.0 F0.2；	
N60 G01　Z－18.0　F0.1；	
N70 G02 X20.0 Z－20.0 R2.0 F0.2；	加工圆弧
(或 N70 G02 X20.0 Z－20.0 I2.0 K0;)	
N80　G01　Z－25.0；	
N90　G00　X50.0；	退刀
N100 G00 Z100.0 M05；	
N110 T0202　M04　S400；	换 2 号刀
N120 G00 X25.0 Z－28.0；	
N130 G01 X－1.0　F0.05；	切断
N140 G00 X50.0　Z100.0；	
N150 M05；	
N160 M30；	

6.1.4 较复杂轴的数控车削加工

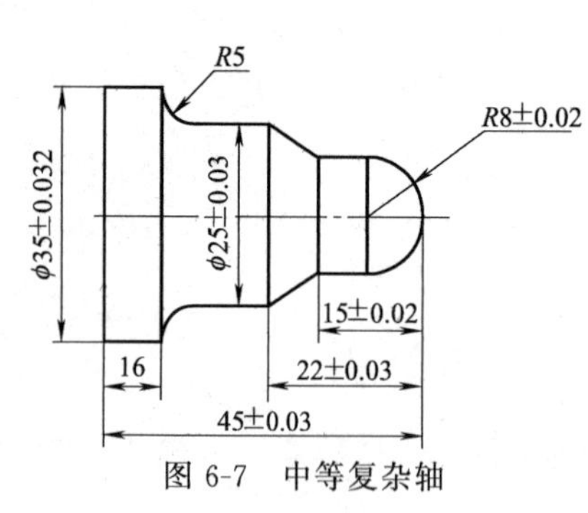

图 6-7 中等复杂轴

图 6-7 所示为中等复杂轴零件，毛坯为 ϕ40mm 棒料，材料为 45 钢。加工后，要求外表面表面粗糙度为 Ra3.2μm，图中未注尺寸公差为 IT12。

(1) 工艺分析与工艺设计

1) 图样分析 图 6-7 所示零件由圆弧表面、圆柱面和圆锥面组成，零件的尺寸精度和表面粗糙度要求较高。从右至左，零件的外径尺寸逐渐放大。

2) 加工方案分析 由于毛坯为棒料，故用三爪自定心卡盘夹紧定位。加工方案见表 6-10。

表 6-10 中等复杂零件加工方案

加工步骤和内容	加工方法	选用刀具
①粗精加工右端	先粗车再精车	90°外圆车刀
②加工总长	切断	3mm 宽切断刀

3) 加工工艺路线设计 根据零件结构，可设计以下的加工工艺路线。

① 粗车各表面。

② 精车各表面。

③ 切断。

4) 选择机床设备 运用数控车床完成该零件的加工。

5) 刀具选择 选择 90°外圆车刀 T0101，用于粗、精车外圆；选择切断刀（宽为 3mm）T0202，用于切断。

(2) 确定切削用量

确定加工方案和刀具后，选择合适的刀具切削参数，见表 6-11。

表 6-11 切削参数表

刀具号	刀具参数	背吃刀量/mm	主轴转速/(r/min)	进给率/(mm/r)
T0101	90°外圆车刀	3	600	粗车 0.2、精车 0.1
T0202	3mm 宽切断刀	—	400	0.05

(3) 确定工件坐标系和对刀点

以工件右端面圆心为工件原点，建立工件坐标系，采用手动对刀方法，把右端面圆心点作为对刀点，如图 6-8 所示。

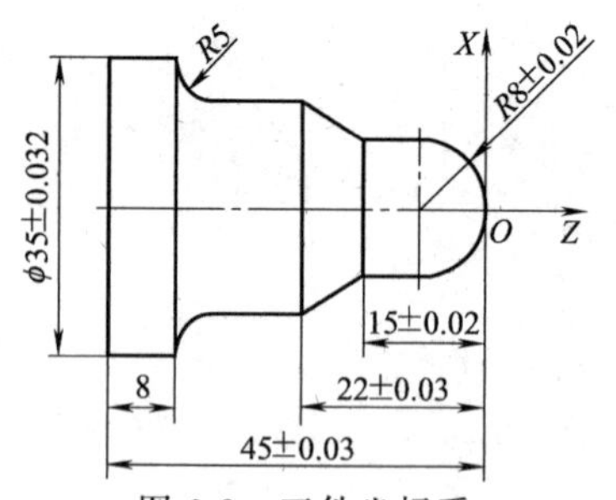

图 6-8 工件坐标系

(4) 程序编制

因零件精度要求较高，加工本零件时采用车刀的刀具半径补偿，使用 G71 进行粗加工，使用 G70 进行精加工。使用 FANUC-0i 系统编程，程序如表 6-12 所示。

(5) 零件检测

零件主要检测：圆弧表面、圆柱面和圆锥面的尺寸和精度检测。

表 6-12 中等复杂轴数控车削程序

程序	程序说明
O4040;	程序号
N10 M03 S600 T0101;	换 90°外圆车刀
N20 G00 X40.0 Z2.0;	循环起点
N40 G71 U2.0 R1.0;	粗车循环

续表

程序	程序说明
O4040；	程序号
N50 G71 P60 Q130 U0.5 W0.5 F0.2；	
N60 G00 G42 X0 S900；	建立车刀的刀具半径右补偿
N70 G01 Z0 F0.1；	
N80 G03 X16.0 Z−8.0 R8.0 F0.1；	
N90 G01 Z−15.0；	
N100 X25.0 Z−22.0；	
N110 Z−32.0；	
N120 G02 X35.0 Z−37.0 R5.0；	
N130 G01 Z−45.0；	
N140 G70 P60 Q130；	精车循环
N150 G00 X100.0 Z100.0 T0100；	
N160 T0202；	换切断刀，设刀宽为 3mm
N170 G00 X35.0 Z-48.0；	
N180 G01 X−1.0 F0.1；	切断
N190 G00 X50.0；	
N200 G00 Z100.0 T0200 M05；	
N210 M30；	

6.1.5 复杂成型面轴类零件的数控车削加工

图 6-9 所示为复杂成型面轴类零件，毛坯为 ϕ25mm 棒料，材料为 45 钢。加工后，要求外表面表面粗糙度为 Ra3.2μm，图中未注尺寸公差为 IT12。

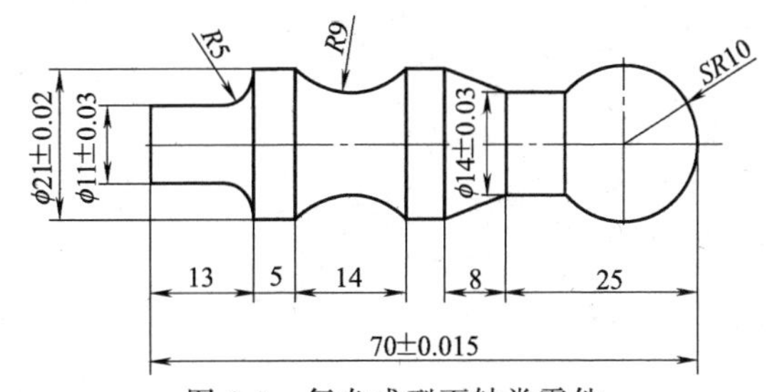

图 6-9 复杂成型面轴类零件

(1) 工艺分析与工艺设计

1) 图样分析 图 6-9 所示零件由球面、圆弧表面、圆柱面和圆锥面组成，零件的尺寸精度和表面粗糙度要求较高。从右至左，零件的外径尺寸有时增大，有时减小。

2) 加工方案分析 由于毛坯为棒料，故用三爪自定心卡盘夹紧定位。加工方案见表 6-13。

表 6-13 复杂成型面加工方案

加工步骤和内容	加工方法	选用刀具
①粗精加工右端	先粗车再精车	90°外圆车刀
②加工总长	切断	3mm 宽切断刀

3) 加工工艺路线

① 粗车各表面。

② 精车各表面。

③ 切断。

(2) 刀具选择

选用 90°外圆车刀和切断刀。切削参数见表 6-14。

表 6-14 切削参数表

刀具号	刀具参数	背吃刀量/mm	主轴转速/(r/min)	进给率/(mm/r)
T0101	90°外圆车刀	3	600	粗车 0.2、精车 0.1
T0202	3mm 宽切断刀	—	400	0.05

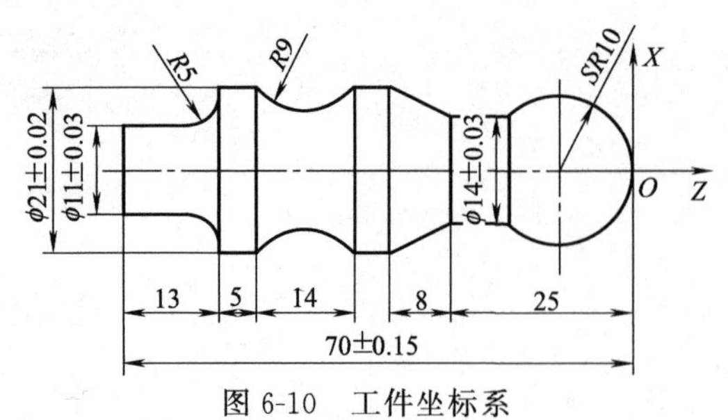

图 6-10 工件坐标系

(3) 确定工件坐标系和对刀点

以工件右端面圆心为工件原点，建立工件坐标系，采用手动对刀方法，把右端面圆心点作为对刀点，如图 6-10 所示。

(4) 程序编制

因零件精度要求较高，可以使用 G73 进行粗加工，使用 G70 进行精加工。程序如表 6-15 所示。

表 6-15 零件数控车削程序

程序	程序说明
O4050；	程序号
N10 M04 S600 T0101；	换 1 号刀
N20 G00 X30 Z10.0；	定位
N30 G73 U7.0 W1.0 R5；	粗车
N40 G73 P50 Q140 U0.5 W0.2 F0.2；	
N50 G00 G42 X0 Z0 S900；	
N60 G03 X14.0 Z−17.141 R10.0；	
N70 G01 Z−25.0；	
N80 G01 X21.0 W−8.0；	
N90 W−5.0；	
N100 G02 X21.0 W−14.0 R9.0；	
N110 G01 W−5.0；	
N120 G02 X11.0 W−5.0 R5.0；	
N130 G01 X−71.0；	
N140 G40 G01 X25.0；	
N150 G70 P50 Q140；	精车循环
N160 G00 X100.0 Z100.0；	
N170 T0202；	换切断刀，设刀宽为 3mm
N180 G00 Z−73.0；	
N190 G00 X15.0；	
N200 G01 X−1.0 F0.1；	切断
N210 G00 X50.0；	
N220 G00 Z100.0；	
N230 M05；	
N240 M30；	

(5) 零件检测

零件主要检测：圆弧表面、圆柱面和圆锥面的尺寸和精度检测。

6.1.6 细长轴的数控车削加工

图 6-11 所示为细长轴零件，在零件螺纹加工前的外轮廓加工，毛坯为 ϕ85mm 的外圆不切削，工件不切断。

(1) 工艺分析与工艺设计

1) 图样分析 如图 6-11 所示零件为细长轴。ϕ85mm 的外圆不切削，工件不切断。

2) 加工方案分析 对于细长轴类零件，轴心线为工艺基准，用三爪自定心卡

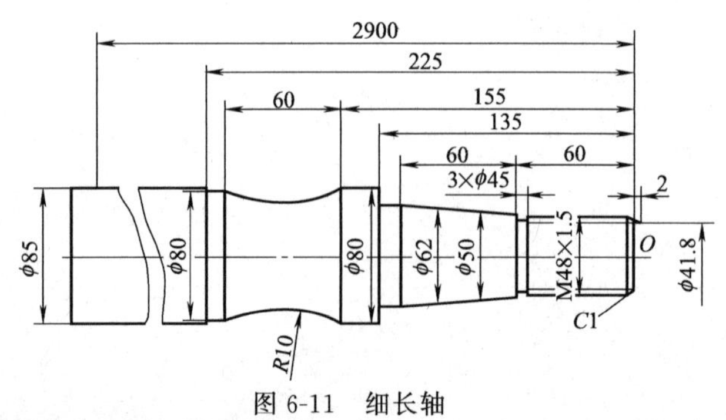

图 6-11 细长轴

盘夹持 ϕ85mm 的外圆一端，使工件伸出卡盘 300mm，另一端用顶尖顶住。一次装夹完成精加工，见表 6-16。

表 6-16 细长轴加工方案

加工步骤和内容	加工方法	选用刀具
粗精加工右端	先粗车再精车	90°外圆车刀

3）加工工艺路线　根据零件结构，先从右至左切削外轮廓面，可设计以下的加工工艺路线。

① 倒角。

② 切削螺纹的实际外圆。

③ 切削锥度部分。

④ 车削 ϕ62mm 外圆。

⑤ 倒角。

⑥ 车削 ϕ80mm 外圆。

⑦ 车削圆弧部分。

⑧ 车削 ϕ80mm 外圆。

(2) 选择刀具确定切削参数

根据加工要求需选用一把刀具，1 号刀车外圆。确定换刀点时，要避免换刀时刀具与车床、工件与夹具发生碰撞。切削参数的确定见表 6-17。

表 6-17 刀具切削参数选用表

刀具编号	刀具参数	主轴转速/(r/min)	进给率/(mm/min)	切削深度/mm
T0101	90°外圆车刀	360	0.15	1.5

(3) 确定工件坐标系和对刀点

以工件右端面圆心为工件原点，建立工件坐标系，采用手动对刀方法，把右端面圆心点作为对刀点，如图 6-12 所示。

(4) 程序编制

细长轴零件的数控车削程序如表 6-18 所示。

(5) 数控车削的机床操作

1）装夹刀具

2）装夹工件　用三爪自定心卡盘夹持 ϕ85mm 的外圆一端，使工件伸出卡盘 300mm，另一端用顶尖顶住，如图 6-13 所示。

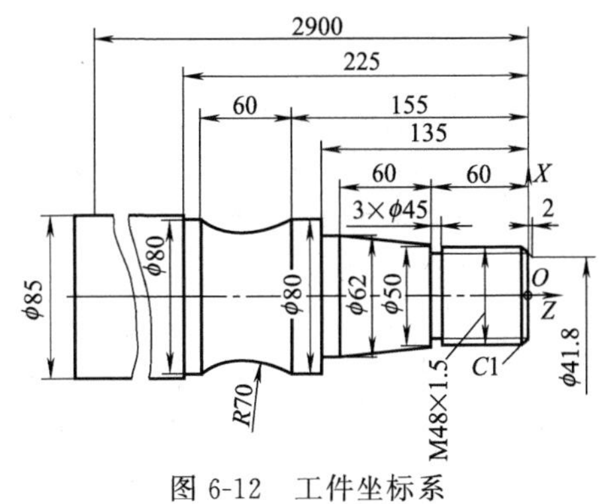

图 6-12　工件坐标系

表 6-18 细长轴零件数控车削程序

程序	程序说明
O4060;	程序号
S500 M04 T0101;	主轴反转，转速 500r/min，换 1 号刀
G00 X87.0 Z0 M08;	快速进给定位，冷却液开
G01 X−1.0 F0.1;	车端面，进给速度 0.1mm/r
G00 X87.0 Z2.0;	快速进给定位
G73 U18.5 W0 R6;	粗车循环
G73 P1 Q2 U0.5 W0.1 F0.2;	
N1 G00 G42 X41.8;	建立刀补
G01 X48.0 Z−1.0 F0.1;	车倒角
Z−60.0;	车 ϕ48mm 外圆
X50.0;	车台阶
X62.0 W−60.0;	车锥面

续表

程序	程序说明
O4040；	程序号
Z－135.0； X80.0； Z－155.0； G02 X80.0 W－60.0 R70.0； G01 Z－225.0； N2 G40 X86.0； G70 P1 Q2； G00 X100.0 Z100.0 M09； M05； M30；	车 ϕ62mm 外圆 车台阶面 车 ϕ80mm 外圆 车圆弧面 车 ϕ80mm 外圆 取消刀补 精车循环 快速回安全点，冷却液关 主轴停 程序结束

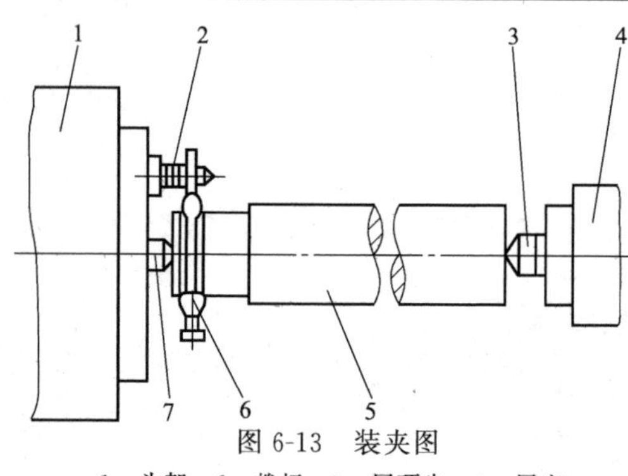

图 6-13　装夹图

1—头架；2—拨杆；3—尾顶尖；4—尾座；5—工件；6—夹头；7—头架顶尖

3）输入程序

4）对刀　使用前面介绍的试切法对刀，外圆刀作为设定工件坐标系的标准刀。

5）启动自动运行　启动自动运行，加工零件。

6）操作时注意事项

① 数控机床车细长轴时，浇注切削液要充足，防止工件热变形，同时也给支承爪处起润滑作用。

② 粗车时应将工件毛坯一次进给车圆，否则会影响跟刀架的正常工作。

③ 在切削过程中，要随时注意顶尖的支顶松紧程度。其检查方法是：开动车床使工件旋转，用右手拇指和食指捏住回转顶尖转动部分，顶尖能停止转动；当松开手指时，顶尖能恢复转动，这就说明顶尖的松紧适当。

④ 车削时如发现振动，可在工件上套一个轻重适当的套环，或挂一个齿轮坯等，这样有可能起消振作用。

⑤ 细长轴取料要直，否则增加车削困难。

⑥ 车削完毕的细长轴，必须吊起来，以防弯曲。

⑦ 车细长轴宜采用三爪跟刀架和弹簧回转顶尖及反向进给法车削。

(6) 零件检测

零件检测主要包括圆弧表面、圆柱面和圆锥面的尺寸和精度检测。

6.1.7　轴类零件数控车削常见问题分析

轴类零件在车削加工中，因受机床、工艺、操作人员技术、环境等因素的影响，会经常遇到一些质量问题影响加工质量和加工效率。表 6-19 列出了常见轴类零件加工质量问题及预防措施。

表 6-19　常见轴类零件加工质量问题及预防措施

常见问题	产生原因分析	预防措施
尺寸精度达不到要求	① 操作者粗心大意，看错图纸、输错程序或计算错误 ② 对刀操作错误、刀具磨损或参数修调操作错误 ③ 编程错误或坐标系错误且没有进行试切削 ④ 量具有误差或测量不正确 ⑤ 由于切削热的影响，工件尺寸发生变化	① 车削时必须看清图纸，检查程序，核实计算方法和结果 ② 正确操作机床 ③ 正确编程，认真校验程序和进行试切削 ④ 检查量具有效期，正确掌握测量操作 ⑤ 不能在工件温度较高时测量，如需测量，应先掌握工件的收缩情况，将其考虑在测量值内，或浇注切削液，降低工件温度

续表

常见问题	产生原因分析	预防措施
产生锥度	① 工件装夹时,工件轴线倾斜于主轴轴线 ② 车床主轴轴线与床身导轨不平行 ③ 工件装夹时悬臂太长,车削时因径向力影响使前端让刀 ④ 用一夹一顶装夹工件时,后顶尖轴线不在主轴轴线上 ⑤ 刀具逐渐磨损 ⑥ 编程错误	① 车削前必须找正工件中心 ② 调整车床主轴与床身导轨的平行度 ③ 尽量减少工件的伸出长度,或另一端用顶尖支顶,以增强装夹刚性 ④ 调整后顶尖使后顶尖轴线在主轴轴线上 ⑤ 选用适当的刀具材料,或适当降低切削速度 ⑥ 正确编程,认真校验程序和进行试切削
圆度超差	① 机床主A轴间隙太大 ② 毛坯余量不均匀,在切削过程中背刀量发生变化 ③ 工件装夹时,工件轴线没有找正,旋转时产生跳动 ④ 工件用顶尖顶紧时中心孔接触不良或顶不紧,产生径向跳动	① 车削前检查主轴间隙,并适当调整,可调整机械间隙补偿参数,或修理主轴 ② 分粗、精车加工 ③ 车削前找正好工件轴线位置 ④ 用顶尖装夹工件时必须松紧适当,若回转顶尖产生径向圆跳动,需及时修理或更换
表面粗糙度达不到要求	① 车床刚性不足产生振动 ② 车刀刚性不足或伸出刀架太长引起振动 ③ 工件刚性不足引起振动 ④ 车刀几何角度参数选用不正确,例如选用过小的前角、主偏角和后角 ⑤ 低速切削时没有加切削液 ⑥ 切削用量选择不当	① 调整机床,消除机床各部分的间隙 ② 选择适当的刀具,正确装夹车刀 ③ 增加工件的装夹刚性 ④ 选择合理的车刀角度,如适当增大前角,选择合理的后角 ⑤ 低速切削时应加切削液 ⑥ 进给量不宜太大,精车余量和切削速度应选择适当

6.2 典型盘套类零件的数控车削

盘套类零件一般由孔、外圆、端面和沟槽等组成。盘类零件的轴向尺寸一般远小于径向尺寸，并以端面面积大为主要特征。例如轴承盖、台阶盘、齿形盘、花盘、轮盘等零件。这类零件较多作为动力部件，配合轴类零件传递运动和转矩。套类零件一般指带有内孔的零件，套类零件主要是作为旋转零件的支承，在工作中承受轴向和径向力。套类零件也是机械加工中经常碰到的一种零件，它的应用范围很广。例如支承旋转轴的各种形式轴承、夹具上的导向套、内燃机上的气缸套等。以下以几个典型轴类零件为例，简述其数控车削加工。

6.2.1 小齿轮坯的数控车削加工

图 6-14 所示为小齿轮零件，采用 40Cr 制造，锻造毛坯，尺寸为 ϕ85mm×45mm。技术要求：未注倒角 $C1$，齿部高频淬火 50～55HRC。现在齿坯内孔及左右端面已经粗加工到尺寸，大端外圆 ϕ84h9 已加工到 ϕ84.8mm，直径上留精加工余量 0.4mm。要求编写齿坯小端外圆 ϕ46mm 的粗加工程序，直径上留精加工余量 0.4mm。

(1) 确定加工方案和切削用量

已知小齿轮零件材料为 40Cr 合金钢，毛坯尺寸为 ϕ94mm×45mm。采用外圆车刀加工外圆 ϕ46.8mm，长度方向保证尺寸 28mm。该零件的加工方案如表 6-20 所示。

表 6-20 零件加工方案

工序号	加工内容	加工方法	选用刀具
1	ϕ46mm 外圆	粗车	外圆车刀

确定加工方案和刀具后，要选择合适的刀具切削参数，如表 6-21 所示。

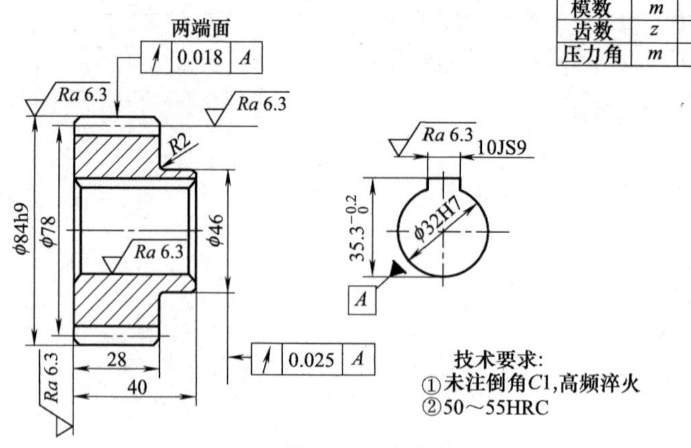

图 6-14 小齿轮

表 6-21 刀具切削参数选用表

刀具编号	刀具参数	主轴转速/(r/min)	进给率/(mm/r)	切削深度/mm
T0101	外圆车刀	600	0.5	3

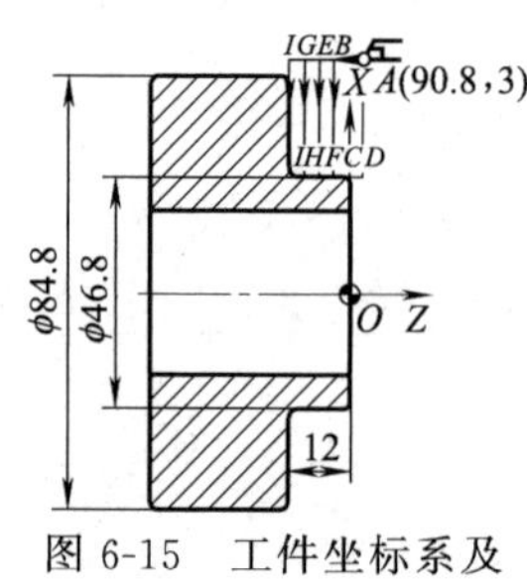

图 6-15 工件坐标系及循环路径

(2) 工件坐标系建立

以齿坯小端中心为原点建立工件坐标系，采用 G94 端面切削循环指令编程，循环起点为 A (90.8, 0)。每次切削深度为 3mm，经 4 次循环完成加工，如图 6-15 所示。

(3) 编写加工程序

加工程序见表 6-22。

(4) 数控车削的机床操作

1) 工件装夹及找正　采用三爪卡盘装夹工件大端外圆，使用百分表找正工件。

表 6-22 齿坯数控车削程序

程序内容	简要注释
O5180;	程序号
T0101;	换 1 号刀
M04 S600;	主轴反转，转速 600r/min
G00 X90.8 Z3.0;	快速定位到循环起点 A(90.8,3)
G94 X46.8 Z－3.0 F0.5;	第一次端面切削循环
Z－6.0;	第二次端面切削循环
Z－9.0;	第三次端面切削循环
Z－12.0;	第四次端面切削循环
M05;	主轴停转
M30;	程序结束

2) 输入与编辑程序

① 开机。

② 回参考点。

③ 输入程序。

④ 程序图形校验。

3) 零件的数控车削加工

① 主轴正转。

② X 向对刀，Z 向对刀，设置工件坐标系。

③ 进行相应刀具参数设置。

④ 自动加工。

(5) 零件检测

零件的检测主要包括使用游标卡尺测量小端外圆尺寸 ϕ46.8mm、长度尺寸 28mm。

6.2.2 定位套的数控车削加工

图 6-16 所示为定位套，材料为 45 钢，毛坯尺寸为 ϕ85mm×35mm，表面粗糙度均为 Ra3.2μm，图中内孔已加工好，要求编制外表面的数控加工程序。

图 6-16 定位套

(1) 确定加工方案和切削用量

该定位套零件的加工对象包括外圆台阶面、倒角、内孔及内锥面等，且径向加工余量大。其中 ϕ80mm 外圆对 ϕ34mm 内孔轴线有同轴度要求，右端面对 ϕ34mm 内孔轴线有垂直度要求，ϕ28mm 内孔有尺寸精度要求。该零件内表面已加工好，只需编制外圆及端面的加工程序。

由于此工件需要两次装夹，工件调头加工，故此工件可分为两个程序进行加工，在 Z 向需分两次对刀确定工件坐标原点。当装夹小端，加工大端面及外圆时，工件坐标原点为大端面中心点；当装夹大端，加工小端面及外圆时，工件坐标原点为大端面中心点。

该零件外圆及端面的加工方案如表 6-23 所示。

表 6-23 定位套零件加工方案

工序	加工内容	加工方法	选用刀具
1	车 ϕ80mm 左端面	车削	90°外圆车刀
2	粗、精车 ϕ80mm 外圆	粗、精车	90°外圆车刀
3	车 ϕ80mm 右端面	车削	90°外圆车刀
4	粗、精车外圆台阶	粗、精车	90°外圆车刀

确定加工方案和刀具后，要选择合适的刀具切削参数，如表 6-24 所示。

表 6-24 刀具切削参数选用表

刀具编号	刀具参数	主轴转速/(r/min)	进给率/(mm/r)	切削深度/mm
T0101	外圆车刀	850	0.1	1

(2) 工件坐标系建立

以定位套小端中心为原点建立工件坐标系，采用 G72 端面复合切削循环指令编程，循环起点为 A（90，5），如图6-17所示。

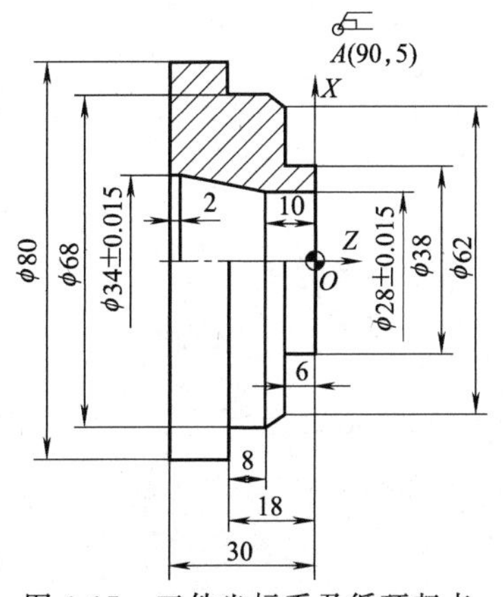

图 6-17 工件坐标系及循环起点

(3) 编写加工程序

由于定位套需要调头二次装夹，所以需要编制两个加工程序。参考程序如表 6-25 所示。

(4) 数控车削的机床操作

1）工件装夹及找正　根据图形分析，此零件需经二次装夹才能完成加工。为保证 ϕ80mm 外圆与 ϕ34mm 内孔轴线的同轴度要求，需在一次装夹中加工完成外圆及内孔的车削。第二次可采用软爪装夹定位，以精车后的 ϕ80mm 外圆为定位基准；也可采用四爪卡盘，用百分表校正内孔来定位，加工右端外形及端面。

2）输入与编辑程序

表 6-25　定位套加工的参考程序

程序内容	简要注释
O5280;加工左端面、外圆	程序号
T0101;	调用 1 号外圆车刀
M04 S850;	主轴反转,转速为 850r/min
G00 X90.0 Z5.0;	快速定位接近工件
Z0;	端面起点
G01 X22.0 F0.08;	车端面
G00 X80.0 Z5.0;	退刀到 ϕ80mm 外圆起点
G01 Z−15.0 F0.2;	车 ϕ80mm 外圆
G00 X100.0 Z150.0;	退到换刀点
O5282;加工右端面、外圆	程序号
T0101;	调用 1 号外圆车刀
M04 S850;	主轴反转,转速为 850r/min
G00 X90.0 Z5.0;	刀具快速定位
G01 Z0;	车端面起点
X22.0 F0.08;	平端面
G00 X90.0 Z5.0;	循环起点
G72 W2.0 R0.5;	G72 循环,Z 向切深 2mm
G72 P100 Q200 U0.1 W0.1 F0.1;	X 向精加工余量 0.1mm,Z 向余量 0.1mm
N100 G41 G00 Z−18.0 S800;	精车第一段
G01 X68.0 F0.05;	车端面
Z−10.0;	车 ϕ68mm 外圆
X62.0 Z−6.0;	车锥面
X38.0;	车端面
Z0;	车 ϕ38mm 外圆
N200 G40 Z2.0;	精车末段
G70 P100 Q200;	G70 外形精车循环
G00 Z150.0;	Z 向退刀
X100.0;	X 向退刀
M05;	主轴停转
M30;	程序结束

① 开机。

② 回参考点。

③ 输入程序。

④ 程序图形校验。

3）零件的数控车削加工　零件的数控车削加工步骤及要点主要有以下方面的内容。

① 主轴正转。

② X 向对刀，Z 向对刀，设置工件坐标系。

③ 进行相应刀具参数设置。

④ 自动加工。

(5）零件检测

按照图纸尺寸，使用游标卡尺进行测量。如果尺寸精度、形位公差精度或表面粗糙度超差，则分析造成超差的原因，并加以排除。

6.2.3　套筒的数控车削加工

图 6-18 所示为套筒，材料为 45 钢，毛坯为 ϕ45mm×40mm 的实心棒料，内孔表面粗糙度均为 Ra3.2μm。技术要求：ϕ30 孔对轴线的圆跳动公差为 0.02mm。要求编制内孔的数控加工程序。

(1) 确定加工方案和切削用量

该套筒零件内孔的尺寸精度与形位公差精度要求较高，ϕ45mm外表面不需加工。零件毛坯尺寸为ϕ45mm×40mm的棒料，材料为45钢。可采用如下工艺路线进行加工。

① 用卡盘装夹ϕ45mm工件毛坯外圆，车右端面。

② 调头装夹ϕ45mm工件毛坯外圆，车左端并保证长度35mm。

③ 用ϕ10mm麻花钻头钻通孔。

④ 用90°不通孔内镗刀粗车，内孔径向留0.8mm精车余量，轴向留0.5 mm精车余量，精车各孔径至尺寸。

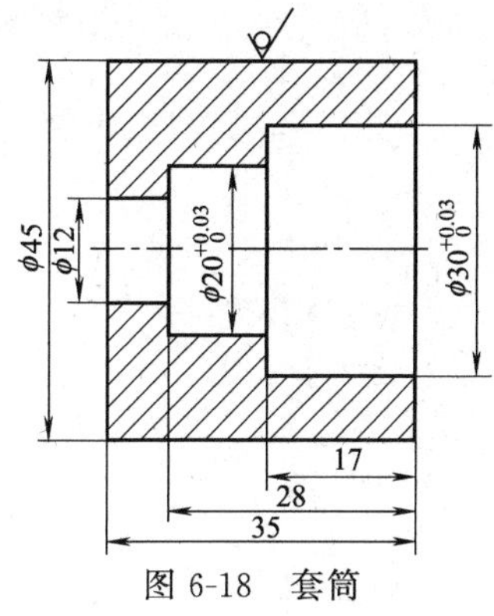

图 6-18 套筒

该零件的整体加工方案如表6-26所示。

表 6-26 套筒零件加工方案

工序	加工内容	加工方法	选用刀具
1	车ϕ45mm右端面	粗、精车	45°端面车刀
2	车ϕ45mm左端面	粗、精车	45°端面车刀
3	钻ϕ10mm通孔	钻孔	ϕ10mm麻花钻
4	车内轮廓表面	粗、精车	90°盲孔内镗刀

确定加工方案和刀具后，要选择合适的刀具切削参数，如表6-27所示。

表 6-27 刀具切削参数选用表

刀具编号	刀具参数	主轴转速/(r/min)	进给率/(mm/r)	切削深度/mm
T0101	45°端面车刀	600	0.05	1
T0202	ϕ10mm麻花钻	650	0.05	—
T0303	90°盲孔内镗刀	800	0.1	0.4

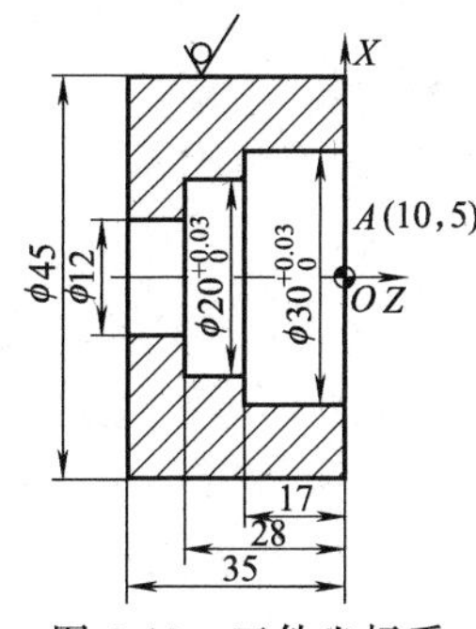

图 6-19 工件坐标系及循环起点

(2) 建立工件坐标系

以套筒右端面中心为原点建立工件坐标系，采用G71内孔复合切削循环指令编程，循环起点为A(10，5)，如图6-19所示。

(3) 编写加工程序

由于套筒零件需要调头加工，车端面及钻孔的工序可采用手工完成，此处仅编制零件内表面的粗精车加工程序，见表6-28。

(4) 数控车削的机床操作

1) 工件装夹及找正 用三爪自定心卡盘装夹ϕ45mm工件外圆，通过百分表找正，保证工件和车床主轴同心。

2) 输入与编辑程序

表 6-28 套筒内孔车削的参考程序

程序	程序说明
O5380；	程序号
T0303；	调用3号内孔镗刀
G40 G97 G99 S700 M03；	初始化
G00 X10.0 Z2.0 M08；	到内孔循环点
G71 U2.0 R0.5；	内孔粗车循环加工
G71 P10 Q20 U−0.8 W0.5 F0.2；	Z向精加工余量0.5mm，X向0.8mm
N10 G00 X30.015；	精加工循环首段(取公差中值)
G01 Z−17.0；	车ϕ30mm内孔
X20.015；	车端面
Z−28.0；	车ϕ20mm内孔
X12；	车端面
Z−36.0；	车ϕ20mm内孔
N20 G00 X11.0；	精加工循环末段
G70 P10 Q20；	精车循环
G28 U0 W0	返回参考点
M05；	主轴停转
M30；	程序结束

① 开机。

② 回参考点。

③ 输入程序。

④ 程序图形校验。

3）零件的数控车削加工

① 主轴正转。

② X 向对刀，Z 向对刀，设置工件坐标系。

③ 进行相应刀具参数设置。

④ 自动加工。

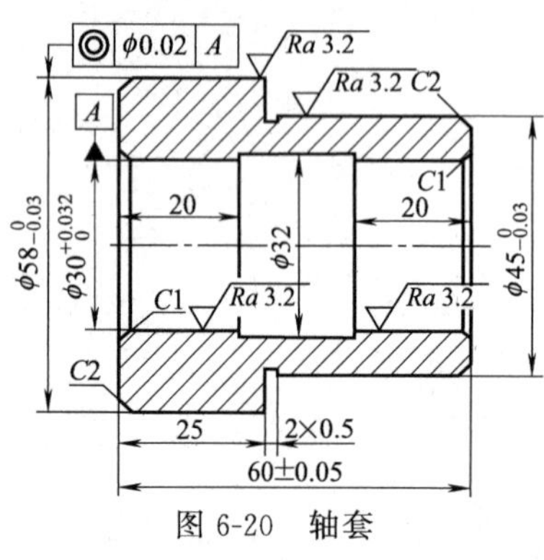

图 6-20 轴套

(5) 零件检测

按照图纸尺寸，使用游标卡尺等进行测量。如果尺寸精度、形位公差精度或表面粗糙度超差，则分析造成超差的原因，并加以排除。

6.2.4 轴套的数控车削加工

图 6-20 所示为轴套，材料为 45 钢，毛坯尺寸为 ϕ60mm×64mm 的实心棒料，图中未注表面粗糙度均为 Ra12.25μm。现要求对零件的内外轮廓进行数控加工。

(1) 确定加工方案和切削用量

该轴套零件的加工对象包括外圆台阶面、倒角、沟槽、内圆面等。其中 ϕ58mm 外圆、ϕ45mm 外圆和 ϕ30mm 内圆有较高的尺寸精度与表面粗糙度要求。ϕ58mm 外圆对 ϕ30mm 内孔轴线有同轴度为 0.02mm 的精度要求。

根据零件形状特点，此工件需要调头二次装夹才能完成加工。先装夹右端，车左端 ϕ58mm 外圆及 ϕ30mm 内孔，保证 ϕ58mm 外圆与 ϕ30mm 内孔的同轴度要求；工件调头，以 ϕ58mm 外圆为定位基准，采用软爪装夹完成右端外形加工。

该零件的加工方案见表 6-29。

表 6-29 轴套零件加工方案

工序	加工内容	加工方法	选用刀具
1	车 ϕ58mm 左端面	车削	90°粗精外圆车刀
2	钻 ϕ28mm 内孔	钻孔	ϕ28mm 麻花钻
3	粗、精车 ϕ58mm 外圆	粗、精车	90°粗精外圆车刀
4	粗、精车 ϕ30mm、ϕ32mm 内圆	粗、精车	75°主偏角镗刀
5	调头，粗、精车 ϕ30mm 内圆、齐端面	车削	90°粗精外圆车刀
6	切 2mm×0.5mm 沟槽	车削	宽 2mm 切槽刀

确定加工方案和刀具后，要选择合适的刀具切削参数，见表 6-30。

表 6-30 刀具切削参数选用表

刀具编号	刀具参数	主轴转速/(r/min)	进给率/(mm/r)	切削深度/mm
T0101	90°粗精外圆车刀	600～1200	0.05～0.1	1
T0202	ϕ28mm 麻花钻	600	0.1	—
T0303	75°主偏角镗刀	600～800	0.05	1
T0404	宽 2mm 切槽刀	600	0.07	—

(2) 建立工件坐标系

此工件可分为两个程序进行加工，在 Z 向需分两次对刀确定工件坐标原点。当装夹小端，加工大端面、外圆及内孔时，工件坐标系原点为大端面中心点，如图 6-21（a）所示；当装夹大端，加工小端面、外圆及沟槽时，工件坐标原点为小端面中心点，如图 6-21（b）所示。

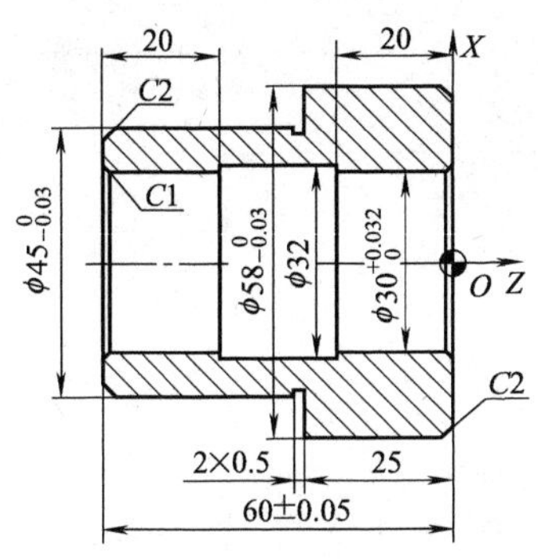
(a) 装夹小端时

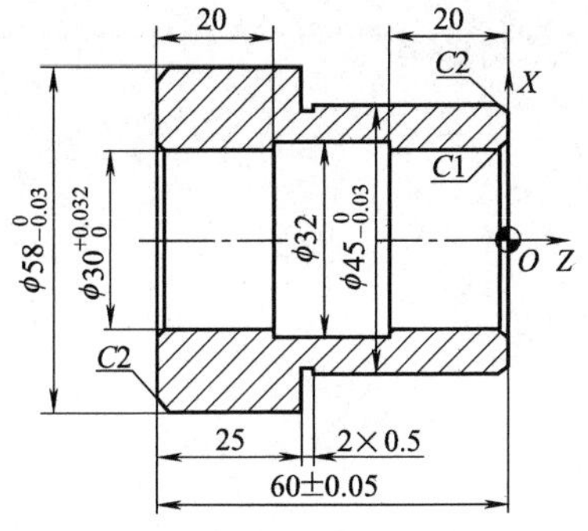
(b) 装夹大端时

图 6-21　工件坐标系及循环起点

(3) 编写加工程序

轴套需要调头装夹加工，故需要编写两个程序，其加工程序见表 6-31。

表 6-31　轴套加工的参考程序

程序内容	简要注释
O5480;(加工左端面、外圆、内孔)	程序号
T0101;	调用 1 号外圆车刀
M04 S600;	主轴反转,转速为 600r/min
G00 X65.0 Z5.0;	快速定位接近工件
G01 Z0 F0.1;	刀具与端面对齐
X−1.0;	车端面
G00 X100.0 Z150.0;	退刀至换刀点
M00;	程序停止
T0202;	换钻头
M03 S600;	主轴正转,转速为 600r/min
G00 X0 Z5.0;	钻孔起点
G74 R2.0;	钻孔循环,每次退刀 2mm
G74 Z−65.0 Q8000 F0.1;	钻通孔,每次进给 8mm
G00 X100.0 Z150.0;	回换刀点
T0101;	换外圆刀
M04 S800;	主轴反转,转速为 800r/min
G00 X65.0 Z5.0;	G90 循环起点,主轴反转
G90 X58.5 Z−30.0 F0.1;	G90 循环粗车 ϕ58mm 外圆,留精加工余量 0.5mm
G00 X54.0;	至倒角延长线
G01 Z0 F0.2	至倒角起点
X58.0 Z−2.0;	切削倒角
Z−28.0;	粗车 ϕ58mm 外圆
X62.0;	X 向退刀
G00 X100.0 Z150.0;	返回换刀点
T0303;	换内孔镗刀
M04 S600;	主轴反转,转速为 600r/min
G00 X27.5 Z5.0;	至循环起点
G71 U1 R0.5;	G71 内孔复合循环切削
G71 P10 Q20 U−0.5 W0 F0.1;	X 向留精加工余量 0.5mm,Z 向车至尺寸
N10 G01 X32.0 F0.05;	精加工首段
Z0;	至倒角起点
X30.0 Z−1.0;	车倒角
Z−24.0;	车 ϕ30mm 内孔
X32.0;	车内端面
Z−40.0;	车 ϕ32mm 内孔
N20 X30.0;	精加工末段,车内端面
M00;	程序停止
S800;	主轴转速为 800r/min
G70 P1 Q20;	精加工循环
G00 X100.0 Z150.0;	回换刀点
M05;	主轴停转
M30;	程序结束

续表

程序内容	简要注释
O5481;(工件调头装夹,加工右端面、外圆、内孔)	程序号
T0101;	调用1号外圆车刀,建立工件坐标系
M04 S600;	主轴反转,转速为600r/min
G00 X65.0 Z5.0;	刀具快速定位
G01 Z0 F0.1;	刀具对齐端面
X−1;	车端面
G00 X65.0 Z5.0;	定位至循环起点
G71 U1 R0.5;	G71循环车表面,X向切深1mm
G71 P30 Q40 U−0.5 W0 F0.1;	X向精加工余量0.5mm
N30 G01 X41.0 F0.05;	精车第一段,至倒角延长线
Z0;	至倒角起点
X45.0 Z−2.0;	车倒角
Z−35.0;	车ϕ45mm外圆
N40 X60.0;	车端面
M00;	程序停止
M05;	主轴停转
M04 S800;	主轴转速为800r/min
G70 P30 Q40;	G70外形精车循环
G00 X100.0 Z150.0;	快速退回换刀点
M05;	主轴停转
T0404;	换切槽刀
S400;	主轴转速为400r/min
G00 X65.0 Z−35.0;	定位至切槽点
G01 X57.0 F0.05;	切2mm×0.5mm槽
X60.0;	X向退刀
G00 X100.0 Z150.0;	快速返回换刀点
M05;	主轴停转
T0303;	换镗刀
M04 S600;	主轴反转,转速为600r/min
G00 X28.0 Z5.0;	至循环起点
G71 U1 R0.5;	G71循环车内孔,X向切深1mm
G71 P50 Q60 U−0.5 W0 F0.1;	X向留精加工余量0.5mm
N50 G00 X32;	精加工首段,至倒角延长线
G01 Z0 F0.05;	倒角起点
X30.0 Z−1.0;	车倒角
Z−22.0;	车ϕ30mm外圆
N60 X28.0;	精加工末段,X向退刀
M00;	程序停止
M04 S1200;	主轴反转,转速为1200r/min
G70 P50 Q60;	G70循环精车内孔
G00 X100.0 Z150.0;	退至换刀点
M05	主轴停转
M30;	程序结束

(4) 数控车削的机床操作

1) 工件装夹及找正　根据图形分析，此零件需经二次装夹才能完成加工。为保证ϕ58mm外圆与ϕ30mm内孔轴线的同轴度要求，需在一次装夹中加工完成外圆及内孔的车削。第二次采用软爪装夹定位，以精车后的ϕ58mm外圆为定位基准。采用百分表找正。

2) 输入与编辑程序

① 开机。

② 回参考点。

③ 输入程序。

④ 程序图形校验。

3）零件的数控车削加工

① 主轴正转。

② X 向对刀，Z 向对刀，设置工件坐标系。

③ 进行相应刀具参数设置。

④ 自动加工。

(5) 零件检测

按照图纸尺寸，使用游标卡尺进行测量。如果尺寸精度、形位公差精度或表面粗糙度超差，则分析造成超差的原因，并加以排除。主要测量以下项目。

① $\phi30^{+0.032}_{0}$mm 内孔的尺寸精度。

② $\phi58^{0}_{-0.003}$mm 外圆、$\phi45^{0}_{-0.003}$mm 外圆的尺寸精度。

③ $\phi58^{0}_{-0.003}$mm 外圆与 $\phi30^{+0.032}_{0}$mm 内孔之间的同轴度要求。

④ $\phi30^{+0.032}_{0}$mm、$\phi58^{0}_{-0.003}$mm 外圆、$\phi45^{0}_{-0.003}$mm 外圆的表面粗糙度。

6.2.5 薄壁套筒的数控车削加工

图 6-22 所示为薄壁套筒零件，工件材料为 HT200，毛坯为铸造件，毛坯长度为 56mm，图中未注表面粗糙度均为 $Ra3.2\mu m$。现要求对零件的内外轮廓进行数控加工。

(1) 确定加工方案和切削用量

1）图样分析　图 6-22 所示零件为薄壁零件，刚性较差，零件的尺寸精度和表面粗糙度要求都较高。该零件表面由内外圆柱面组成，其中有的尺寸有较严格的精度要求，因其公差方向不同，故编程时取中间值，即取其平均尺寸偏差。

2）加工工艺路线设计　确定加工顺序为由粗到精，留余量 0.5mm。

① 三爪卡盘夹持外圆小头，粗车内孔、大端面。

② 夹持内孔、粗车外圆及小端面。

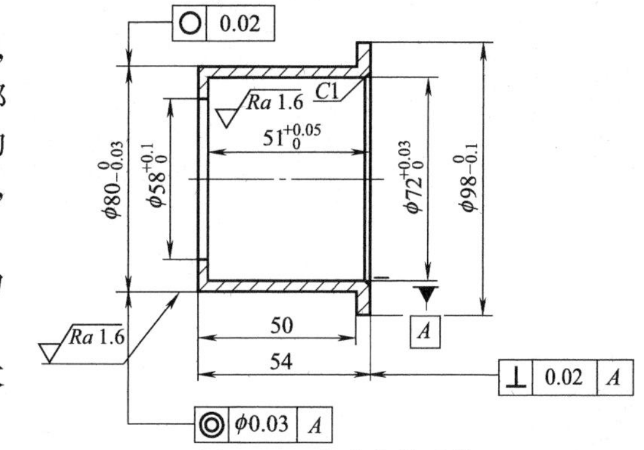

图 6-22　薄壁套筒零件

③ 扇形软卡爪装夹外圆小头，精车内孔、大端面。

④ 以内孔和大端面定位，心轴夹紧，精车外圆。

该零件的加工方案见表 6-32。

表 6-32　薄壁零件加工方案

工序	加工内容	加工方法	选用刀具
1	粗车 $\phi72$mm 内孔及大端面	车削	内孔车刀
2	粗车外圆及小端面	车削	外圆车刀
3	精车内孔及大端面	车削	内孔车刀
4	精车外圆	车削	外圆车刀

确定加工方案和刀具后，要选择合适的刀具切削参数，见表 6-33。

表 6-33　刀具切削参数选用表

刀具编号	刀具参数	主轴转速/(r/min)	进给率/(mm/r)	切削深度/mm
T0101	端面车刀	500	0.2	1
T0202	内孔车刀	600	0.1	—

(2) 建立工件坐标系

① 粗、精车内孔、大端面，以工件左端面中心线交点为工件原点，如图 6-23 所示。

② 粗、精车外圆、小端面，以工件左端面中心线交点为工件原点，如图 6-24 所示。

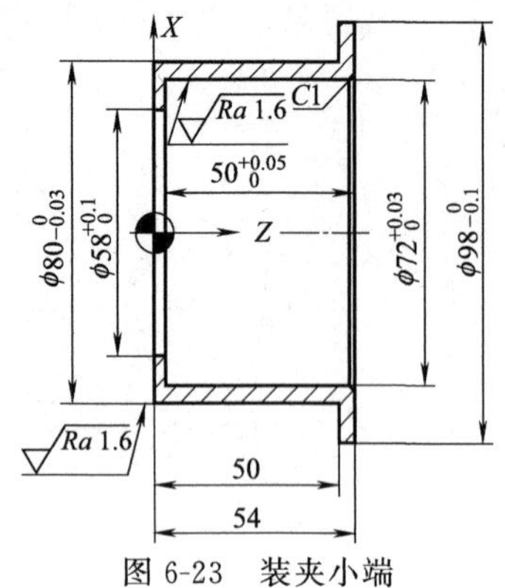

图 6-23 装夹小端

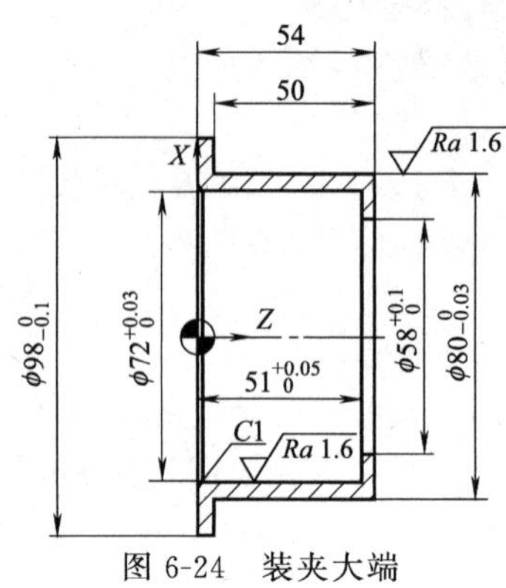

图 6-24 装夹大端

(3) 编写加工程序

加工程序如表 6-34 所示。

表 6-34 薄壁套筒加工的参考程序

程序内容	简要注释
① 粗车内孔及大端面	
O0511;	程序号
T0101;	选择刀具
M04 S500;	主轴反转,转速为 500r/min
G00 X100.0 Z55.0;	快速到达切削起点
G01 X60.0 F0.2;	粗车大端面
G00 X150.0 Z100.0 T0100;	退回换刀点,取消 1 号刀补
T0202;	换 2 号刀
G00 X74.015 Z54.5;	快速到达切削起点
G01 X72.5 Z53.0 F0.2;	车倒角
W−50.515;	车 ϕ72mm 内孔
X59.05;	车内孔端面
W−2.0;	车 ϕ58mm 内小孔
G00 X20.0;	退刀
Z60.0;	返回起刀点,取消 2 号刀补
M05;	主轴停
M02;	程序结束
② 粗车外圆及小端面	
O0512;	程序号
T0101;	换 1 号刀(端面车刀)
S600 M04;	主轴反转
G00 X82.0 Z54.5;	快速到达切削起点
G01 X54.0 F0.2;	切削端面
G00 X150.0 Z100.0 T0100;	退回换刀点,取消 1 号刀补
T0202;	换 2 号刀
G00 X81.985 Z55.0;	快速到达切削起点
G01 Z4.0 F0.2;	车 ϕ80mm 外圆
X98.95;	车外圆端面
W−4.0;	车 ϕ98mm 外圆
X150.0 Z100.0 T0200;	取消 2 号刀补
M05;	主轴停
M02;	程序结束

续表

程序内容	简要注释
③ 精车内孔及大端面 O0513；	程序号
T0101； S500 M04； G00 X100.0 Z54.0； G01 X60.0 F0.1； G00 X82.0 Z54.0； G01 X55.0 F0.15； G00 X150.0 Z100.0 T0100； T0202； G00 X79.985 Z55.0； G01 Z4.0 F0.15； X97.95； Z－2.0； X150.0 Z100.0 T0200； M05； M30；	换1号刀(端面车刀) 主轴反转 快速到达切削起点 切削端面 快速到达切削起点 切削端面 退回换刀点，取消1号刀补 换2号刀 快速到达切削起点 车ϕ80mm外圆 车外圆端面 车ϕ98mm外圆 回起刀点，取消2号刀补 主轴停 程序结束

(4) 数控车削的机床操作

为完成零件的加工，在数控机床上操作应注意以下方法和要点。

① 工件装夹及找正。根据图形分析，此零件为薄壁套筒件，可用特制的扇形软卡爪及心轴安装。

② 对刀。使用试切法对刀，在机床刀具表中设定长度补偿。

③ 加工。启动自动运行加工零件，为防止出错，最好采用单段方式加工。加工过程中，应勤测量零件，以便修正零件的加工尺寸。

(5) 零件检测

按照图纸尺寸，使用游标卡尺及内径千分尺进行测量。如果尺寸精度、形位公差精度或表面粗糙度超差，则分析造成超差的原因，并加以排除。

6.2.6 盘套类零件数控车削常见问题分析

盘套类零件在车削加工中，因受机床、工艺、操作人员技术、环境等因素的影响，会经常遇到一些质量问题影响加工质量和加工效率。其外圆车削除可产生轴类零件同样的问题外，其种类及解决措施可参见表6-19。此外，表6-35列出了常见盘套类零件其他的加工质量问题及预防措施。

表6-35 常见盘套类零件的加工质量分析

废品种类	产生原因	预防措施
孔径不合格	① 程序中坐标错误或刀具补偿不合格 ② 测量不仔细 ③ 刀具磨损 ④ 铰孔时刀具尺寸不合格或尾座偏位 ⑤ 对刀误差	① 检查并修改程序 ② 认真测量 ③ 重磨车刀 ④ 检查铰刀尺寸或调整尾座 ⑤ 重新对刀
内孔有锥度	① 内孔车刀磨损严重，主轴轴线歪斜，车身导轨严重磨损 ② 铰孔时有喇叭口，主要是尾座偏位	① 修磨车刀，找正或大修机床 ② 找正尾座或用浮动套筒
内孔粗糙	① 刀具磨损，刀杆刚度产生振动 ② 切削用量选择不合理，未加注切削液 ③ 铰刀磨损或刃口有缺陷	① 修磨车刀，采用刚性好的刀具 ② 合理选择切削用量，并充分加注切削液 ③ 刃磨或更换铰刀，并妥善保管好刀具
同轴度、垂直度超差	① 用一次装夹方法车削时，工件移位或机床精度不高 ② 心轴装夹时，心轴中心孔毛糙，或心轴本身同轴度不合格 ③ 用软爪装夹时，软卡爪车削不合格	① 装夹牢固，减小切削用量，调整机床精度 ② 研修心轴中心孔，校直心轴 ③ 软爪应在本机床上车出，直径可与工件装夹尺寸基本相同(＋0.1mm)

6.3 切槽（切断）类零件的数控车削

在数控加工中常遇到一些沟槽的加工，如外槽、内槽和端面槽等，采用数控车床编制程序对这些零件进行加工是最常用的加工方法。一般的单一切直槽或切断，采用 G01 指令即可，而对于宽槽或多槽零件，只能用子程序或复合循环指令进行加工。以下以几个典型轴类零件为例，简述其数控车削加工。

6.3.1 多槽轴的数控车削加工

图 6-25 所示为多槽轴零件，要求切削 3 个直槽，槽宽为 3mm，槽深为 3mm，工件材料为 45 钢。零件加工后的表面粗糙度均为 $Ra3.2\mu m$。

(1) 确定加工方案和切削用量

① 确定装夹方案。工件选用三爪卡盘装夹。

② 确定加工方法和刀具。图 6-25 中的槽为一般直槽，可选用刀宽等于槽宽的切槽刀，使用 G01 指令，采用直进法一次车出。加工方法与刀具选择见表 6-36。

表 6-36 切槽加工方案

加工内容	加工方法	选用刀具
切槽	车削	宽度为 3mm 的切槽刀

(2) 确定切削用量

各刀具切削参数与长度补偿值见表 6-37。

表 6-37 刀具切削参数

刀具号	刀具参数	背吃刀量/mm	主轴转速/(r/min)	进给率/(mm/r)
T0202	3mm 宽切槽刀	—	400	0.07

(3) 确定工件坐标系和对刀点

以工件右端面中心为工件原点，建立工件坐标系，如图 6-26 所示。采用手动对刀法对刀。

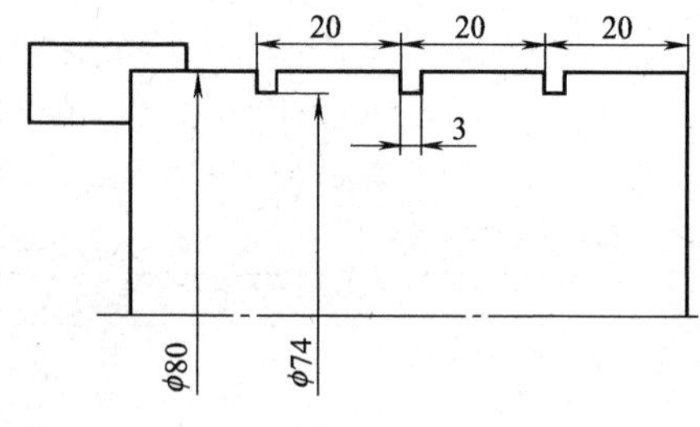

图 6-25 多槽轴

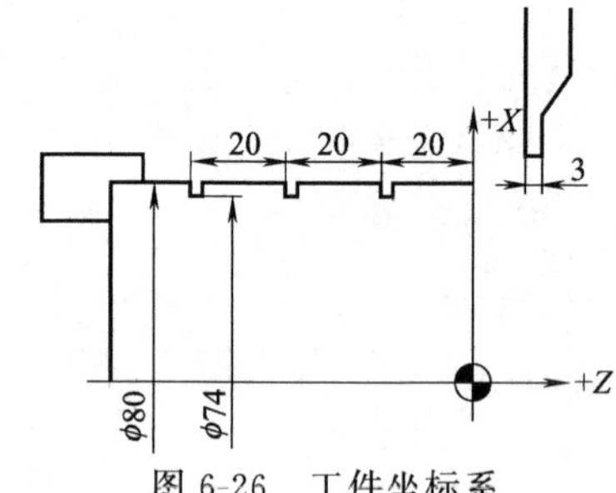

图 6-26 工件坐标系

(4) 编制程序

主程序如表 6-38 所示。子程序如表 6-39 所示。

表 6-38 主程序

程　序	说　明
O0602;	程序名
T0303;	设工件坐标系
G97 S1200 M04 M08;	主轴反转，转速为 1200r/min
G00 X82.0 Z0;	X、Z 轴快速定位
M98 P00035555;	调用子程序 O5555，切削 3 个凹槽
G00 X150.0 Z200.0;	X、Z 快速退刀，回到刀具的初始位置
M30;	程序结束

表 6-39 子程序

程序	说明
O5555;	程序名
W-20.0; G01 X74.0 F0.07; G04 X2.0; G00 X82.0; M99;	刀具左移 20mm(只能用增量) 切槽到底 槽底进给暂停 2s X 快速退刀,回到刀具的初始位置 子程序结束

(5) 数控车削的机床操作

1) 毛坯、刀具、工具、量具准备　车削加工前，应做好毛坯、刀具、工具、量具的准备工作。选用宽度为 3mm 的切槽刀；准备的量具有：0～125mm 游标卡尺、0～25mm 内径千分尺、深度尺、0～150mm 钢尺（每组 1 套）；材料：45 钢 ϕ80mm×100mm。准备好后可按以下步骤进行装夹。

① 将 ϕ80mm×100mm 的毛坯正确安装在机床的三爪卡盘上。

② 将宽度为 3mm 的切槽刀正确安装在刀架上。

③ 正确摆放所需工具、量具。

2) 程序输入与编辑

① 开机。

② 回参考点。

③ 输入程序。

④ 程序图形校验。

3) 零件的数控车削加工

① 主轴反转。

② X 向对刀，Z 向对刀，设置工件坐标系。

③ 进行相应刀具参数设置。

④ 自动加工。

(6) 零件检测

首件加工完的零件应进行自检，可使用游标卡尺、塞规等量具对零件进行检测。

6.3.2 宽槽轴的数控车削加工

图 6-27 所示为宽槽轴零件，工件材料为 45 钢，零件外圆已加工完毕。要求零件加工后的表面粗糙度均达到 Ra3.2μm。

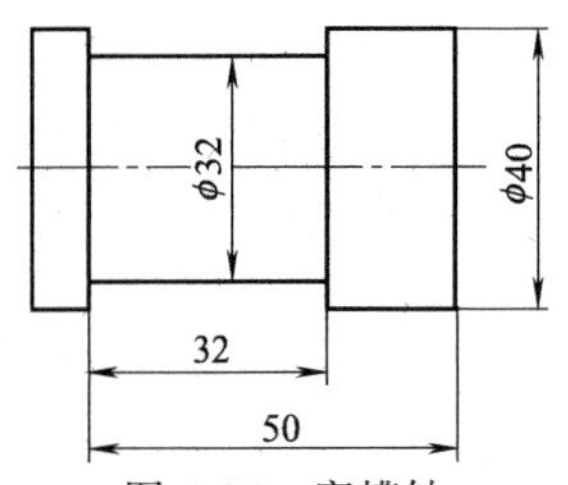

图 6-27 宽槽轴

(1) 工艺分析与工艺设计

① 确定装夹方案。工件选用三爪卡盘装夹，校正工件轴向与工作台 Z 轴向平行度，然后夹紧工件。

② 确定加工方法和刀具。加工方法与刀具选择如表 6-40 所示。

表 6-40 切宽槽加工方案

加工内容	加工方法	选用刀具
切宽槽	车削	宽度为 5mm 的切槽刀

(2) 确定切削用量

各刀具切削参数如表 6-41 所示。

表 6-41 刀具切削参数

刀具号	刀具参数	背吃刀量/mm	主轴转速/(r/min)	进给率/(mm/r)
T0202	5mm 宽切槽刀	—	400	0.1

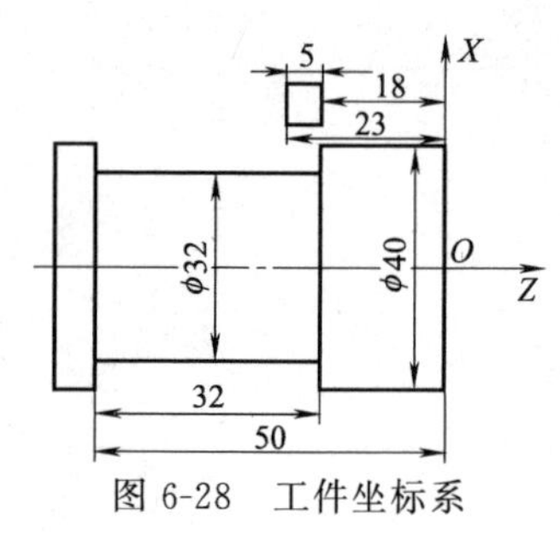

图 6-28 工件坐标系

(3) 确定工件坐标系和对刀点

加工宽槽时，取工件右端面中心作为对刀点，建立工件坐标系，如图 6-28 所示。采用手动对刀法对刀。

(4) 编制程序

编制的程序如表 6-42 所示。

(5) 零件检测

首件加工完的零件应进行自检，使用游标卡尺、塞规等量具对零件进行检测。

表 6-42 宽槽加工程序

程　序	说　明
O0604;	程序名
T0202;	设工件坐标系
G00 X42.0 Z−23.0 S300 M04;	X、Z 轴快速定位，主轴正转，转速 300r/min
G75 R1.0;	分层切削时退刀量为 1mm(半径值)，也可为 R0
G75 X32.0 Z−50.0 P4000 Q4000 F0.1;	P4000 为每层最大切深 4mm(从起点 X42 计算槽深) Q4000 为切刀 Z 向移动间距 4mm
G00 X100.0 Z100.0;	X、Z 向退刀
M30;	程序结束

6.4 螺纹件的数控车削

在数控加工中常遇到一些螺纹的加工，如外螺纹、内螺纹和端面螺纹、多头螺纹等，采用数控车床编制程序对这些零件进行加工是最常用的加工方法。根据不同的尺寸要求和加工精度要求，可以采用不同的加工方法进行加工。

数控系统提供的螺纹加工指令包括：单一螺纹指令和螺纹固定循环指令。以下以几个典型轴类零件为例，简述其数控车削加工。

6.4.1 带外螺纹的轴类零件的数控车削加工

图 6-29 所示为带有 M30×1.5 螺纹的螺纹轴零件，工件材料为 45 钢，要求编制该轴的数控车削程序，要求零件加工后的表面粗糙度均达到 $Ra3.2\mu m$。

(1) 工艺分析与工艺设计

① 图样分析。图 6-29 所示零件的加工面由端面、外圆柱面、倒角面、台阶面及螺纹组成。形状比较简单，是较典型的短轴类零件。

② 分析加工方案、加工工艺路线设计。加工顺序卡片见表 6-43。

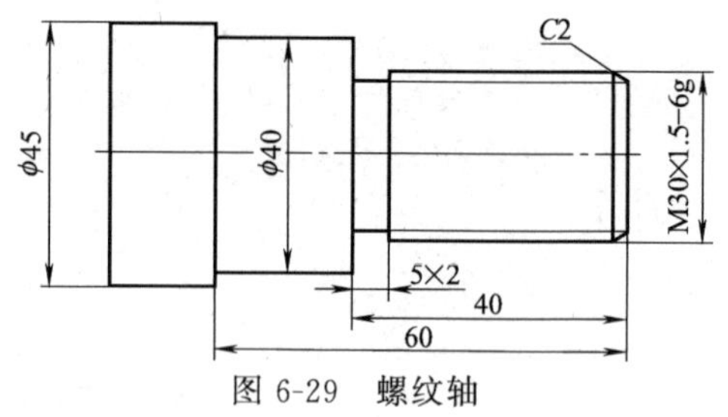

图 6-29 螺纹轴

③ 刀具选择。选择机夹可转位车刀所使用的刀片为标准角度，选择菱形刀片适合加工本工件，刀尖角选择 80°。粗精车外圆主偏角 93°，所选刀片刀尖圆弧半径为 0.4mm，切槽刀选择刀宽 3mm，螺纹刀刀尖角选择为 60°。

④ 确定切削用量。工件各切削阶段的切削用量选定如下。

粗加工：首先取 a_p=3.0mm；其次取 f=0.2mm/r；最后取 v_c=120m/min。然后计算出主轴转速，n=1000r/min，进给速度 v_f=200mm/min。

精加工：首先取 a_p=0.3mm；其次取 f=0.08mm/r；最后取 v_c=200m/min。然后计算出主轴转速，n=1500r/min，计算出进给速度 v_f=100mm/min，见表 6-44。

表 6-43 加工顺序卡片

工步序号	工步内容	确定理由	量具选用		备注
			名称	量程	
1	车端面	车平端面，建立长度基准，保证工件长度要求。车削完的端面在后续加工中不需再加工	0.02mm 游标卡尺	0～150mm	手动
2	粗车各外圆表面	较短时间内去除毛坯大部分余量，满足精车余量均匀性要求	0.02mm 游标卡尺	0～150mm	自动
3	精车各外圆表面	保证零件加工精度，按图纸尺寸，一刀连续车出零件轮廓	0.02mm 游标卡尺	0～150mm	自动
4	切槽	保证螺纹车削通透，不至于打刀	0.02mm 游标卡尺	0～150mm	自动
5	车螺纹	保证螺纹牙型角，使螺纹配合牢靠	M30×1.5-6g 螺纹千分尺	1.5mm 螺距	自动

表 6-44 切削用量卡片

工步序号	刀具号	切削速度 v_c /(m/min)	主轴转数 /(r/min)	进给量 f /(mm/r)	进给速度 v_c /(mm/min)	背吃刀量 a_p/mm
1	T0101	90	800	0.2	160	2
2	T0101	120	1000	0.1	100	0.8
3	T0202	60	500	0.05	25	—
4	T0303	200	500	1.5	750	—

(2) 确定工件坐标系和对刀点

以工件右端面中心为工件原点，建立工件坐标系，如图 6-30 所示。

(3) 编制程序

编制图 6-29 所示零件程序之前，应对零件进行适当的数学处理，主要尺寸的程序设定值计算如下。

螺纹加工前，先将加工表面加工到实际的直径尺寸。如本例尺寸为 M30×1.5-6g。可按以下公式计算。

$D=d$(外螺纹的公称直径)$-(0.1\sim0.2165)P$

计算出精车外径尺寸为 $D=30-0.15=29.85$ (mm)。

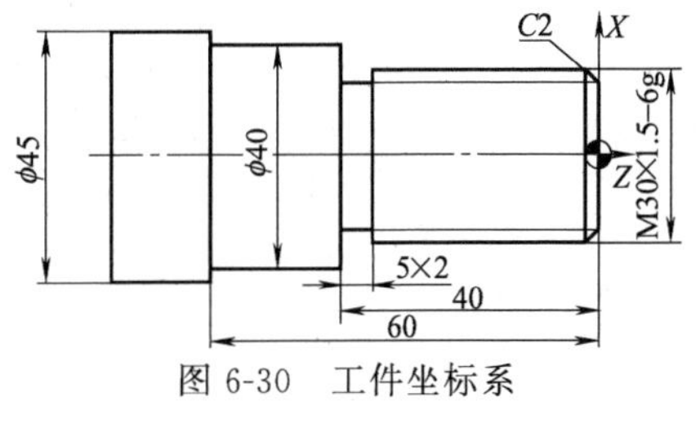

图 6-30 工件坐标系

牙高 h 可按以下公式进行估算。

切除的总余量是

$$h=(1.2\sim1.3)P=1.299\times1.5\approx1.96(\text{mm})$$

式中，h 为牙高；P 为导程。

每次螺纹切削深度为：第一刀切 0.8mm；第二刀切 0.6mm；第三刀切 0.4mm；第四刀切 0.16mm。

程序编制见表 6-45。

(4) 数控车削的机床操作

1) 毛坯、刀具、工具、量具准备

① 将 ϕ45mm×100mm 的棒料毛坯正确安装在三爪卡盘上。

② 将 93°外圆车刀正确安装在刀架 1 号刀位上；外切槽刀正确安装在刀架 2 号刀位上；外螺纹刀正确安装在 3 号刀位上。

③ 正确摆放所需工具、量具。

2) 程序输入与编辑

① 开机。

② 回参考点。

③ 输入程序。

④ 程序图形校验。

表 6-45　螺纹轴加工程序

程　　序	说　　明
O7002；	程序名
T0101；	建立工件坐标系
M04 S1000；	
G00 X100.0 Z100.0；	
X50 Z2.0；	
G71 U3.0 R0.5；	粗车
G71 P1 Q2 U0.3 W0.05 F0.2；	
N1 G00 X24.0 S1200；	
G01 X29.85 Z－2.0 F0.1；	
G01 Z－40.0；	
X40.0；	
Z－60.0；	
N2 G01 X50.0；	
G70 P1 Q2；	精车
G00 X100.0 Z100.0；	
T0202；	换切槽刀
M04 S500；	
G00 X50.0 Z－40.0；	
G01 X26.0 F0.05；	
X50.0；	
G00 X100.0 Z100.0；	
T0303；	换螺纹刀
M04 S500；	
G00 X32 Z3；	循环起点
G92 X29.05 Z37 F1.5；	第一刀
X28.45；	第二刀
X28.05；	第三刀
X27.89；G00 X100.0 Z100.0；	第四刀
M05；	
M30；	

3）数控车削加工

① 主轴正转。

② X 向对刀，Z 向对刀，设置工件坐标系。

③ 进行相应刀具参数设置。

④ 自动加工。

(5) 零件检测

首件加工完的零件应进行自检，使用游标卡尺、塞规等量具对零件进行检测。

6.4.2　带内外螺纹轴类零件的数控车削加工

图 6-31 所示为带有内外螺纹的螺纹轴零件，工件材料为硬铝，要求编制该轴的数控车削程序，除图中标注外，其余零件加工后的表面粗糙度为 Ra3.2μm。

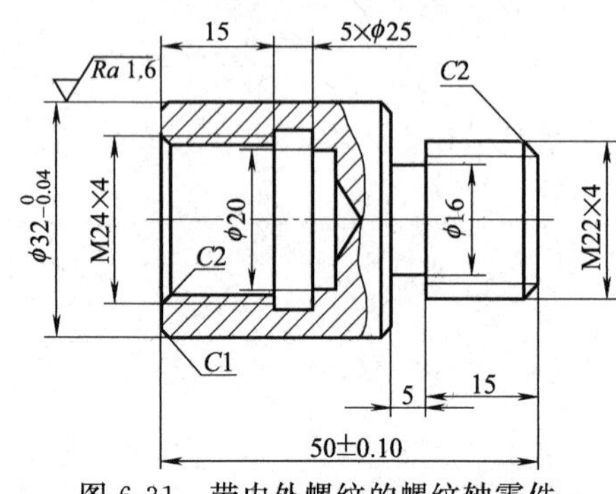

图 6-31　带内外螺纹的螺纹轴零件

(1) 工艺分析与工艺设计

① 图样分析。如图 6-31 所示的零件毛坯为 φ35mm×60mm 的硬铝，加工前先钻出 φ20mm、深度为 28mm 的预孔。

选用机床为 FANUC-0i 系统的 CK6140 型数控车床。

② 加工方案分析。由于毛坯为棒料，故用三爪自定心卡盘夹紧定位。加工方案见表 6-46。

③ 选择刀具并确定切削用量。确定加工方案和刀具后，选择合适的刀具切削参数，见表 6-47。

表 6-46 加工方案

加工步骤和内容	加工方法	选用刀具
①车左端面	端面车削	93°外圆车刀
②粗精车左端外圆	车削循环	93°外圆车刀
③粗精车内孔	车削循环	90°内孔车刀
④车左端内槽	切槽	5mm 切槽刀
⑤加工左端内螺纹	内螺纹车削	60°内螺纹刀
⑥调头切右端面至总长	端面车削	93°外圆车刀
⑦粗精车右端外圆	车削循环	93°外圆车刀
⑧加工右端外圆槽	切槽	5mm 切槽刀
⑨加工左端外螺纹	外螺纹车削	60°外螺纹刀

表 6-47 切削参数表

刀具号	刀具参数	背吃刀量/mm	主轴转/(r/min)	进给率/(mm/r)
T0101	93°外圆车刀	3	600	粗车 0.2、精车 0.1
T0202	5mm 宽切断刀	—	400	0.05
T0303	内孔刀	2	600	粗车 0.2、精车 0.1
T0404	60°内螺纹刀	—	300	4
T0505	内孔切槽刀		300	0.1
T0606	60°外螺纹刀	—	300	4

(2) 确定工件坐标系和对刀点

以工件左端面和右端面圆心为工件原点，建立工件坐标系，采用手动对刀方法，把左右端面圆心点作为对刀点，如图 6-32 所示。

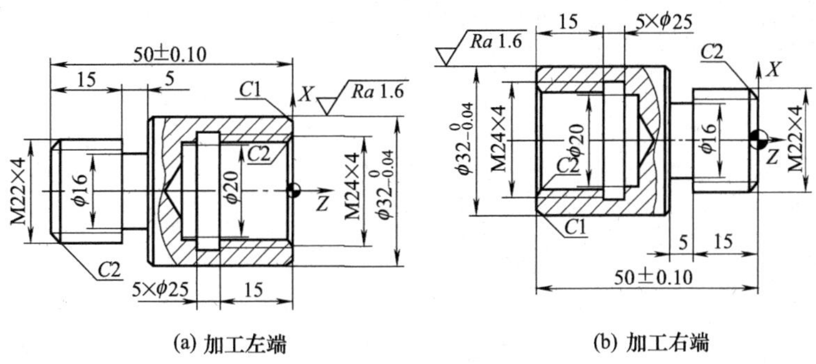

图 6-32 工件坐标系

(3) 编制程序

因零件精度要求较高，加工本零件时采用车刀的刀具半径补偿，使用 G71 进行粗加工，使用 G70 进行精加工。使用 FANUC-0i 系统编程，程序见表 6-48。

表 6-48 带内外螺纹螺纹轴加工程序

程序	说明
O7002;	程序名
T0101;	建立工件坐标系
M04 S600;	
G00 X35.0 Z0;	
G01 X−1.0 F0.1;	车左端面
G00 X35.0 Z2.0;	
G71 U3.0 R0.5;	粗车左端面外圆
G71 P1 Q2 U0.5 W0.2 F0.2;	
N1 G00 G42 X25.98;	
G01 X31.98 Z−1.0 F0.1;	

续表

程　　序	说　　明
N2 G40 Z－35.0；	
G70 P1 Q2；	
G28；	精车
M05；	
T0303；	
M04 S600；	换内孔刀
G00 X17.5 Z2.0；	
G71 U2.0 R0.5；	
G71 P3 Q4 U－0.5 W0.2 F0.2；	粗车内孔
N3 G00 G41 X27.67；	
G01 Z0 F0.1；	
X19.67 Z－2.0；	
Z－20.0；	
X20.0；	
N4 G40 W－1.0；	
G70 P3 Q4；	
G28；	精车内孔
M05；	
T0505；	
M04 S400；	换内切槽刀
G00 X15.0 Z2.0；	
Z－20.0；	
G01 X25.0 F0.05；	
X15.0；	切内槽
Z2.0；	
G28；	
M05；	
T0404；	换内螺纹刀
M04 S300；	
G00 X20.0 Z2.0；	切螺纹
G76 P010060 Q100 R50；	
G76 X24.0 Z－16.0 P2599 Q500 F4.0；	
G28；	
M05；	
M30；	
调头	
O0002；	
T0101；	建立工件坐标系
M03 S500；	
G00 X42.0 Z0.0；	
G01 X－1 F0.1；	切端面
G00 X42.0 Z2.0；	
G71 U3.0 R0.5；	粗车外圆
G71 P1 Q2 U0.5 W0.2 F0.2；	
N1 G00 G42 X19.6，	
G01 Z0 F0.1；	
X21.6 Z－2.0；	
Z－20.0；	
X27.98；	
X31.98 Z－22.0；	
N2 G40 Z－5.0；	
G70 P1 Q2；	精车
G28；	
M05；	
T0202；	换切槽刀
M04 S400；	
G00 X33.0 Z－20.0；	定位
G01 X16.0 F0.05；	切槽
X33.0；	
G28；	
T0606；	换外螺纹刀
G00 X24.0 Z2.0；	
G76 P010060 Q100 R50；	切螺纹
G76 X16.804 Z－15.0 P2599 Q500 F4.0；	
G28；	
M05；	
M30；	

(4) 零件检测

首件加工完的零件应进行自检，使用游标卡尺、R规等量具对零件进行检测。

6.4.3 带梯形螺纹轴类零件的数控车削加工

图6-33所示为带梯形螺纹的螺纹轴零件，工件材料为45钢，毛坯为ϕ40mm×180mm棒料，要求编制该轴的数控车削程序，要求零件加工后的表面粗糙度均为Ra3.2μm，图中未注尺寸公差为IT12。

(1) 工艺分析与工艺设计

图6-33所示零件为梯形螺纹轴，外形由圆柱、圆角和梯形螺纹组成。根据零件结构，可采用以下加工工艺方案。

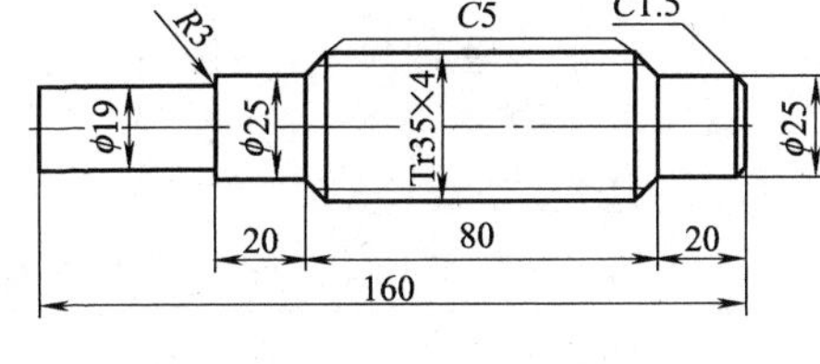

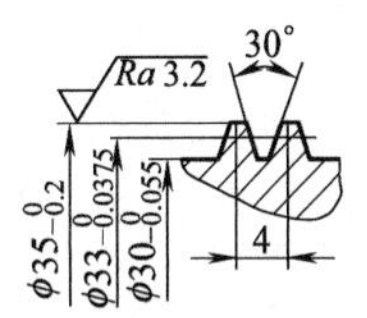

图6-33 梯形螺纹零件

1）用45°端面刀手动切削右端面，并钻中心孔A2/4.25。

2）一夹一顶装夹，棒料伸出卡爪外165mm，用90°机夹正偏刀加工外圆，外径留0.8mm精车余量，轴向留0.4mm精车余量。

3）外圆粗车、精车用同一把刀。

4）用梯形螺纹车刀加工时，应采用左右切削法。方案见表6-49。

表6-49 内外螺纹零件加工方案

加工内容	加工方法	选用刀具
切削右端面	手动	用45°端面刀
钻中心孔	手动	A型中心孔钻
粗车 精车	留0.8mm精车余量,轴向留0.4mm精车余量	90°机夹正偏刀
车螺纹	左右切削	螺纹车刀

5）车削螺纹的顺序

① 沿径向X进刀车至接近中径处，退刀后在轴向Z左右进刀车削两侧至给定的尺寸。

② 沿径向X留出精车量进刀车至接近底径尺寸，退刀后在轴向Z左右进刀车削两侧至给定的尺寸。

③ 沿径向X精车至零件底径公差尺寸，退刀后在轴向Z左右进刀车削两侧至零件规定的公差尺寸。

6）刀具选择。加工时，选用以下车刀。

① 有断屑槽的90°机夹正偏刀。

② 45°端面刀。

③ 梯形螺纹车刀其主切削刃宽度磨成1.0mm，牙型角30°（并用齿形样板严格检验）。

④ 中心钻。切削参数见表6-50所示。

表6-50 刀具切削参数选用表

刀具号	刀具参数	背吃刀量/mm	主轴转速/(r/min)	进给率/(mm/r)
T0101	90°外圆车刀	3	600	粗车0.2、精车0.1
T0202	梯形螺纹	—	500	0.05

(2) 确定工件坐标系和对刀点

以工件右端面圆心为工件原点，建立工件坐标系，采用手动对刀方法，把右端面圆心作为对刀点，如图6-34所示。

(3) 编制程序

编制图6-33所示零件程序之前，应对零件进行适当的数学处理，主要尺寸的程序设定值

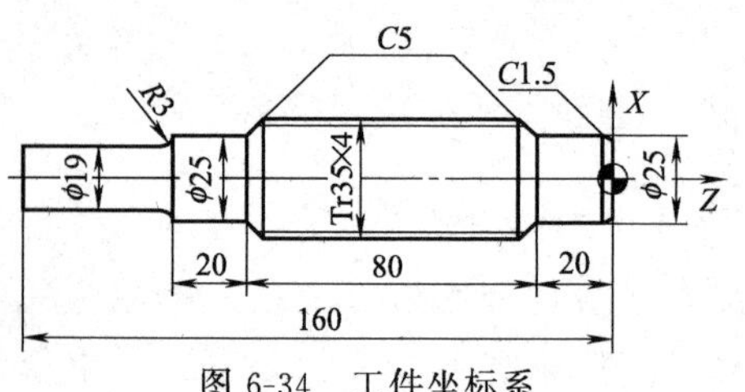

图 6-34　工件坐标系

计算如下。

① 计算牙槽底宽度：$W=0.336P-0.536a_c$。牙顶间隙 a_c 查《金属切削手册》，取值为 0.25mm，$P=4$mm，即 $W=0.336\times4-0.536\times0.25=1.21$（mm）。

② 计算每次进刀与左右让刀尺寸。梯形螺纹车刀主切削刃的宽度为 1.0mm，而牙槽底宽度为 1.21mm。所以，Z 向左右让刀的距离为（1.21－1.0）/2＝0.21/2＝0.105（mm）。

③ 计算牙的深度：$h_3=0.5P+a_c=0.5\times4+0.25=2.25$（mm）。

表 6-51 给出了编制梯形螺纹的数控车削程序。

表 6-51　车削梯形螺纹程序

程　　序	说　　明
O7001；	程序名
T0202；	调 2 号梯形螺纹刀，确定坐标系
M04 S500；	主轴反转，转速为 500r/min
Z－18.0 M08；	
G00 X38.0；	快速到车梯形螺纹循环点，切削液开
G92 X34.5 Z－102.0 F4.0；	第 1 次 X 径向进刀至中径尺寸
G92 X34 Z－102.0 F4.0；	
G92 X33.5 Z－102.0 F4.0；	
G92 X33.0 Z－102.0 F4.0；	
G00 X38.0；	快速退至梯形螺纹径向循环点
Z－18.005；	Z 负向偏移 0.005mm
G92 X34.5 Z－102.0 F4.0；	
G92 X34.0 Z－102.0 F4.0；	第 2 次 Z 负向偏移进刀至中径尺寸
G92 X33.5 Z－102.0 F4.0；	
G92 X33.0 Z－102.0 F4.0；	
G00 X38.0；	快速退至梯形螺纹径向循环点
Z－17.095；	Z 正向偏移 0.005mm
G92 X34.5 Z－101.0 F4.0；	
G92 X33.5 Z－101.0 F4.0 ；	
G92 X33.0 Z－101.0 F4.0；	第 3 次 Z 正向偏移进刀至中径尺寸
G00 X38.0；	快速到第 1 次车梯形螺纹循环点
Z－18.0；	
G92 X32.5 Z－102.0 F4.0；	
G92 X32.0 Z－102.0 F4.0；	
G92 X31.5 Z－102.0 F4.0；	第 4 次 X 径向进刀至 φ31.5mm 尺寸
G00 X38.0；	快速退至梯形螺纹径向循环点
Z－18.008；	Z 负向偏移 0.008mm
G92 X32.5 Z－102.0 F4.0；	
G92 X32.0 Z－102.0 F4.0；	
G92 X31.5 Z－102.0 F4.0；	第 5 次 Z 负向偏移进刀 φ31.5mm 尺寸
G00 X38.0；	快速退至梯形螺纹径向循环点
Z－17.092；	Z 正向偏移 0.008mm
G92 X32.5 Z－102.0 F4.0；	
G92 X32.0 Z－102 F4.0；	
G92 X31.5 Z－102.0 F4.0；	第 6 次 Z 正向偏移进刀 φ31.5mm 尺寸
G00 X38.0；	快速到第 1 次切梯形螺纹循环点
Z－18.0；	
G92 X31.0 Z－102.0 F4.0；	
G92 X30.5 Z－102.0 F4.0；	第 7 次 X 径向进刀至 φ30.5mm 尺寸
G00 X38.0；	快速退至梯形螺纹径向循环点
Z－18.01；	Z 正向偏移 0.1mm
G92 X31.0 Z－102.0 F4.0；	
G92 X30.5 Z－102.0 F4.0；	第 8 次 Z 负向偏移进刀 φ30.5mm 尺寸
G00 X38.0；	快速退至梯形螺纹径向循环点
Z－17.09；	Z 负向偏移 0.1mm
G92 X31.0 Z－102.0 F4.0；	
G92 X30.5 Z－102.0 F4.0；	第 9 次正向偏移进刀 φ30.5mm 尺寸
G00 X38.0；	
Z－18.0；	快速到第 1 次切梯形螺纹循环点
G92 X30.0419 Z－102.0 F4.0；	第 10 次精车到零件尺寸公差值
G00 X38.0 ；	快速退至梯形螺纹径向循环点
Z－18.0105；	Z 负向偏移 0.0105mm
G92 X30.0 419 Z－102.0 F4.0；	第 11 次 Z 负向偏移精车到公差值
G00 X38.0；	快速退至梯形螺纹径向循环点
Z－17.0895；	退刀 Z 正向偏移 0.0105mm
G92 X30.0419 Z－102.0 F4.0；	第 12 次 Z 正向偏移精车到公差值
G00 X100.0；	
Z100 M09；	退刀到程序起点位置
M02；	

(4) 零件检测

首件加工完的零件应进行自检，使用游标卡尺、螺纹塞规等量具对零件进行检测。

6.4.4 变导程螺纹件的数控车削加工

图 6-35 (a)、图 6-35 (b) 分别为两种不同种类的变导程梯形螺纹零件，工件材料为 45 钢，要求螺纹加工后的表面粗糙度均为 $Ra3.2\mu m$，图中未注尺寸公差为 IT12，要求编制该轴的数控车削程序。

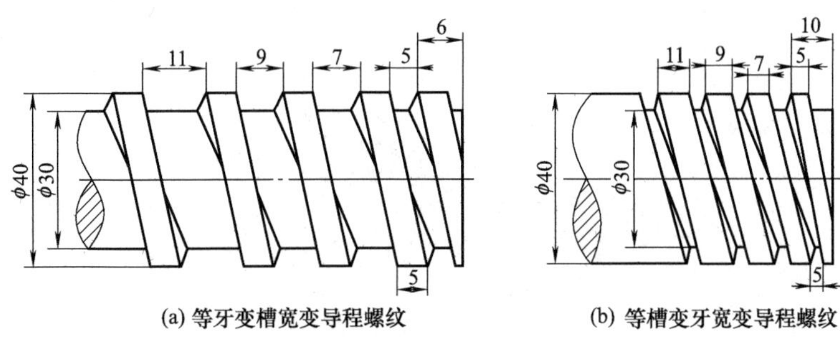

图 6-35 变导程螺纹

(1) 工艺分析与工艺设计

① 图样分析。图 6-35 (a) 所示是等牙变槽宽变导程螺纹。图 6-35 (b) 所示是等槽变牙宽变导程螺纹。

② 加工工艺方案设计。对于内槽表面是一个螺旋面的变导程螺纹，可以通过成型刀具或加工中使 X 轴向尺寸按要求变化保证内槽螺旋面。变导程丝杠要进行多次重复切削，采用直进法分层切削螺纹加工方案见表 6-52。

表 6-52 变导程螺纹加工方案

加工内容	加工方法	选用刀具
粗车外圆 精车外圆	留 0.8mm 精车余量，轴向留 0.4mm 精车余量	90°机夹正偏刀
车螺纹	分层切削	螺纹车刀

③ 刀具选择和确定切削用量。由于要加工螺纹的螺距较大，因此主轴转速要低，否则，机床进给会失步。刀具切削参数选用见表 6-53。

表 6-53 刀具切削参数选用表

刀具编号	刀具参数	主轴转速/(r/min)	进给率/(mm/r)	切削深度/mm
T0101	90°机夹正偏刀	500	0.2	3
T0202	5mm 方牙螺纹车刀	100	—	0.3
T0303	2mm 方牙螺纹车刀	100	—	0.2

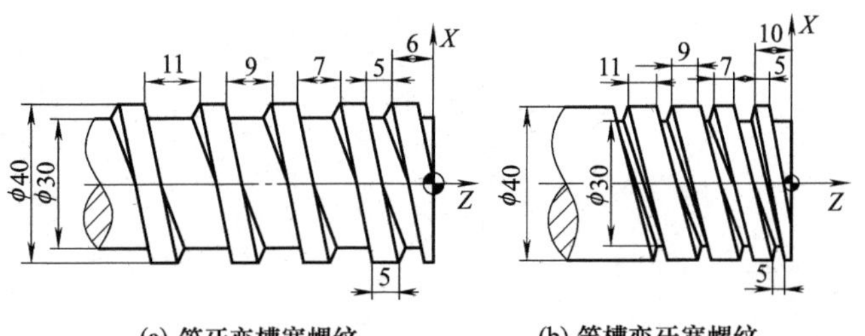

图 6-36 工件坐标系

(2) 确定工件坐标系和对刀点

以工件右端面圆心为工件原点，建立工件坐标系，采用手动对刀方法，把右端面圆心点作为对刀点，如图 6-36 所示。

(3) 编制程序

1) 图 6-35 (a) 所示等牙变槽宽螺纹可采用宏程序指令进行切削，数控加工程序如表6-54所示。

表 6-54 等牙变槽宽螺纹程序

程　序	说　明
O7001；	程序名
N1 T0303；	采用方牙螺纹车刀，刀宽 2mm
N5 S100 M04；	主轴反转，转速为 100r/min
N10 ＃2＝5；	起始螺距设置为 5mm
N15 ＃1＝39.8；	螺纹大径为 39.8mm
N20 G00 X＃1 Z5.0；	快速移动至起点
N25 G34 X＃1 Z－60.0 F＃2 K2.0；	变螺距切削 K2.0 表示每转螺距增加 2mm
N30 G00 X42.0；	
N35 Z4.0；	
N40 ＃1＝＃1－0.2；	每刀切削深度 0.2mm
N45 IF[＃1GE301 G0T0 20；	螺纹小径大于等于 30mm 时返回 N20 程序段
N50 ＃2＝＃2＋0.2；	起始螺距增加 0.2mm
N55 IFE＃2LE6l G0T0 20；	起始螺距小于等于 6mm 时返回 N20 程序段
N60 G00 X100.0；	
N65 Z100.0；	刀具返回换刀点
N70 M05 M30；	

2) 图 6-35 (a) 所示的等槽变牙宽螺纹切削可采用 G34 指令加工。编制程序时，应注意以下几点。

① 螺纹切削起点位置的确定。工件坐标系原点设定在工件右端面中心，变导程螺纹工件上的第一个导程标注是 10mm，故刀具起刀点到端面的距离应该等于 8mm (第一个导程－导程变化量)。

② 变导程螺纹切削程序段为：G34 Z－60.0 F8.0 K2.0；

表 6-55 为螺纹主程序 [图 6-35 (a) 所示加工外圆略]，表 6-56 为子程序。

表 6-55 等槽变牙宽主程序

程　序	说　明
O7001；	程序名
T0202；	设工件坐标系
S100 M04；	主轴反转，转速为 100r/min
G00 X39.7 Z8.0；	X、Z 轴快速定位到螺纹加工起点
M98 P0066；	调用螺纹加工子程序
G00 X39.4 Z8.0；	每次 X 向递进 0.3mm，重复调用螺纹加工子程序
M98 P0066；	螺纹半精加工
……	
G00 X30.06 Z8.0；	
M98 P0066；	
G00 X30.02 Z8.0；	
M98 P0066；	
G00 X30.0 Z8.0；	螺纹精加工
M98 P0066；	
G00 X100.0 Z100.0；	刀具返回换刀点
M05；	
M30；	

表 6-56　等槽变牙宽子程序

程　　序	说　　明
O0066;	程序名
G34 Z－60.0　F8.0　K2.0; G01 X41.0; G00 Z8.0; M99;	 X 向退刀 Z 向返回加工起点

(4) 零件检测

首件加工完的零件应进行自检，使用游标卡尺等量具对零件进行检测。

6.4.5　螺纹件数控车削常见问题分析

螺纹件在车削加工中，因受机床、工艺、操作人员技术、环境等因素的影响，会经常遇到一些质量问题影响加工质量和加工效率。表 6-57 列出了螺纹车削常见质量问题及解决措施。

表 6-57　螺纹车削常见质量问题及解决措施

常见问题	产 生 原 因	解 决 方 法
螺纹牙型角超差	①车刀刀尖角刃磨不准确 ②车刀安装不正确 ③车刀磨损严重	①重新刃磨车刀 ②车刀刀尖对准工件轴线，使车刀刀尖角角平分线与工件轴线垂直 ③及时换刀，用耐磨材料制造车刀，提高刃磨质量，降低切削用量
螺距超差	计算和编程错误	仔细检查计算，改正错误
螺距周期性误差超差	①机床主轴或机床丝杠轴向窜动太大 ②主轴、丝杠径向圆跳动太大 ③中心孔圆度超差、孔深太浅或与顶尖接触不良 ④工件弯曲变形	①调整机床主轴和丝杠，消除轴向窜动 ②按技术要求调整主轴、丝杠径向圆跳动 ③中心孔锥面和标准顶尖接触面不少于 85%，机床顶尖不要太尖，以免和中心孔底部相碰；两端中心孔要研磨，使其同轴 ④合理安排工艺路线，降低切削用量，充分冷却
螺距累积误差超差	①机床导轨对工件轴线的平行度超差或导轨的直线度误差 ②工件轴线对机床丝杠轴线的平行度超差 ③丝杠副磨损超差 ④环境温度变化太大 ⑤切削热、摩擦热使工件伸长，而冷却后测量时工件缩短 ⑥刀具磨损太严重 ⑦顶尖顶力太大，使工件变形	①调整尾座使工件轴线和导轨平行，或刮研机床导轨，使直线度合格 ②调整丝杠或机床尾座使工件和丝杠平行 ③更换新的丝杠副 ④工作地点要保持温度在规定范围内变化 ⑤合理选择切削用量和切削液，切削时加大切削液流量和压力 ⑥选用耐磨性强的刀具材料，提高刃磨质量 ⑦车削过程中经常调整尾座顶尖压力
螺纹中径几何形状超差	①中心孔质量低 ②机床主轴圆柱度超差 ③刀具磨损大	①提高中心孔质量，研或磨削中心孔，保证圆度和接触精度 ②调整主轴，使其符合要求 ③提高刀具耐磨性，降低切削用量，充分冷却
螺纹牙型表面粗糙度参数值超差	①刀具刃口质量差 ②精车时进给太小产生刮挤现象 ③切削速度选择不当 ④切削液的润滑性不佳 ⑤机床振动大 ⑥刀具前、后角太小 ⑦工件切削性能差 ⑧切削刮伤已加工面	①降低各刃磨面的粗糙度参数值，减小刀尖圆弧半径 ②使切削厚度大于刀尖圆弧半径 ③合理选择切削速度，避免加工时积屑瘤产生 ④选用有极性添加剂的切削液或采用动(植)物油极化处理，以提高油膜的抗压强度 ⑤调整机床各部位间隙，采用弹性刀杆，硬质合金车刀刀尖适当装高 ⑥适当增加前、后角 ⑦车螺纹前增加调质工序 ⑧改为径向进刀

续表

常见问题	产生原因	解决方法
扎刀和打刀	①刀杆刚性差 ②车刀安装高度不当 ③进给量太大 ④进刀方式不当 ⑤机床各部位间隙太大 ⑥车刀前角太大，径向切削分力将车刀推向切削面 ⑦工件刚性差	①刀头伸出刀架的长度应不大于1.5倍的刀杆高度，采用弹性刀杆，内螺纹车刀刀杆选较硬的材料，并淬火35～45HRC ②车刀刀尖应对准工件轴线，硬质合金车刀高速车螺纹时，刀尖应略高于轴线；高速钢车刀低速车螺纹时，刀尖应略低于工件轴线 ③降低进给量 ④改径向进刀位斜向或轴向进刀 ⑤调整车床各部位间隙，特别是减小车床主轴和拖板间隙 ⑥减小车刀前角 ⑦改进工件装夹方式
螺纹乱牙	①螺纹起刀位置或终点位置设定不对 ②程序中的螺距 F 值不是相同的值 ③数控系统故障	①仔细校验程序，将程序中的起刀点和终点坐标设定正确 ②校验程序，将螺距值设定正确 ③排除数控系统故障

第7章

SIEMENS系统的数控车削编程与操作

7.1 SIEMENS 系统的编程指令及应用

除日本富士通公司 FANUC 数控系统在中国得到广泛应用外，SIEMENS 数控系统在中国也获得了非常广泛的使用，它由西门子（中国）有限公司自动化与驱动集团（SIEMENS A&D）在中国推广。它的主流产品主要有 SINUMERIK 802S、802C、802D 以及 810D、840D 等。其中 802D 是与德国同步推出的新产品，适用于全功能型数控车床，实现四轴驱动。840D 是采用全数字模块化数控设计的高端数控产品，用于复杂数控机床。810D 是控制轴数可达六轴的高度集成数控产品。802C/S 则是面向中国企业推出的经济型数控系统，具有较高的性价比和强大的功能，802C 是伺服驱动版本，802S 是步进驱动版本。以下以 SINUMERIK 802C 数控系统为例，讲解其编程与操作。

与 FANUC 数控系统一样，SIEMENS 数控系统的编程指令主要有以下内容。

(1) 常用 G 功能字

表 7-1 给出了西门子 802C 系统准备功能指令表。

表 7-1　西门子 802C 系统准备功能指令表

指令名	含　义	指令名	含　义
G0	快速移动	G56	第三可设定零点偏置
G1	直线插补	G57	第四可设定零点偏置
G2	顺时针圆弧插补	G53	按程序段方式取消可设定零点偏置
G3	逆时针圆弧插补	G60	准确定位
G5	中间点圆弧插补	G64	连续路径方式
G33	恒螺距的螺纹切削	G9	准确定位,单程序段有效
G4	延时暂停	G601	在 G60、G9 方式下精定位
G74	回参考点	G602	在 G60、G9 方式下粗定位
G75	回固定点	G70	英制尺寸
G158	可编程的偏置	G71	公制尺寸
G25	主轴转速下限	G90	绝对尺寸
G26	主轴转速上限	G91	增量尺寸
G17	选择 *XY* 平面	G94	进给率 *f*,单位 mm/min
G18	选择 *XZ* 平面	G95	主轴进给率 *f*,单位 mm/r
G40	刀尖半径补偿方式的取消	G96	恒定切削速度(*f* 单位 mm/r,*s* 单位 m/min)
G41	调用刀尖半径补偿,刀具在轮廓左侧移动	G97	删除恒定切削速度
G42	调用刀尖半径补偿,刀具在轮廓右侧移动	G450	圆弧过渡
G500	取消可设定零点偏置	G451	等距线的交点,刀具在工件转角处不切削
G54	第一可设定零点偏置	G22	半径尺寸
G55	第二可设定零点偏置	G23	直径尺寸

注：1. 西门子系统直接使用简写方式给出 G1 之类的指令。
2. 系统包含 G450 等由三位数字构成的指令。
3. 西门子系统具有某些 APT 语言的特征，程序中可能出现全部由字母组成的指令，如“RET”。

(2) M指令

802C系统的M指令与其他系统没有大的区别，同样包括M0（程序停止）、M1（程序有条件停止）、M2（程序结束）、M3（主轴正转）、M4（主轴反转）、M5（主轴停止）、M8（切削液开）、M9（切削液关）。此外，系统还提供了M41～M45指令，用于主轴齿轮变换。比如，某机床有四级机械齿轮挡位选择，分别对应转速20～260r/min、250～600r/min、330～870r/min、840～2000r/min。对应的M指令分别为M41、M42、M43、M44。当需选择600r/min时，应在给出主轴转速字的同时给出M43指令，相应的程序段为“S600 M3 M43”。系统使用M17指令代表子程序结束返回指令，也可以使用“RET”表示该功能。

(3) 编程规则

采用SIEMENS数控系统编程时应注意以下编程规则。

① 以下指令状态是未经修改的系统启动默认状态。主要包括：G1（直线插补）、G18（*XZ*平面）、G40（刀具半径补偿取消）、G500（取消可设定零点偏置）、G60（准确定位）、G601（在G90、G9方式下精准定位）、G71（公制尺寸）、G95（转进给方式）、G450（圆弧过渡）、G23（直径尺寸）。

② 在同一程序段中允许出现多个G指令或M指令。但同一行中的M指令最多不允许超过5个，且不允许出现同一组的G代码。

③ 程序命名规则。西门子数控系统的程序的命名由“文件名”＋“.”＋“扩展名”组成。文件名可以由“字母”或“字母＋数字”组成，文件名中不能带有除字母和数字外的其他字符，并通过指定扩展名为“MPF”或是“SPF”来区分文件是主程序还是子程序。例如“××1.MPF”表示文件名为“××1”的主程序，MPF为缺省文件名。调用子程序时，直接在程序中给出子程序名即可，如“××2 P3”表示调用文件名为“××2.SPF”的子程序三次。其中P地址可缺省，缺省表示调用一次。

(4) G指令详解

表7-2给出了常用G指令的使用方法。

表7-2 常用G指令

指令代码	栏目	简介
G2 (G3) G5	功能	圆弧插补
	格式	G2(G3) X×× Z×× I×× K××(终点坐标和圆心坐标方式) G2(G3) X×× Z×× CR=××(终点坐标和半径方式) G2(G3) AR=×× I××K××(圆弧张角和圆心坐标方式) G2(G3) X×× Z××AR=××(终点坐标和圆弧张角方式) G5 X××Z×× IX=××KZ=××(中间点圆弧插补方式)
	说明	圆弧插补指令各参数之间的关系参见下图 终点坐标和圆心坐标方式与其余数控系统没有大的区别，*I*、*K*仍表示圆心坐标相对于圆弧起点的增量坐标 终点坐标和半径方式中，*CR*表示圆弧的半径坐标，任意西门子数控系统编程语言具有部分APT语言的特征，程序段中不能省略“=” 圆弧张角和圆心坐标方式及终点坐标和圆弧张角方式中，*AR*表示圆弧的张角(圆心角)，单位为度(°) 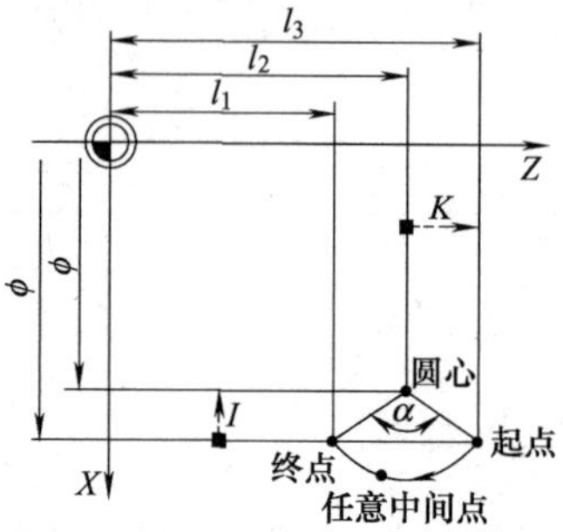 l_3 l_2 l_1 Z K ϕ ϕ 圆心 α I 起点 终点 X 任意中间点 中间点圆弧插补方式需要已知圆弧起点和终点之间的任一点的坐标值，式中的*X*、*Z*仍代表圆弧终点的坐标，*IX*和*KZ*表示圆弧中间点的坐标

续表

指令代码	栏目	简　　介
G4	功能	延时暂停
	格式	G4 F××或 G4 S××
	说明	*F* 指暂停时间，单位为 s；*S* 指主轴转数
G33	功能	恒螺距螺纹切削
	格式	G33 Z×× K××(加工圆柱螺纹)
		G33 X×× Z×× K(I)××(加工圆锥螺纹)
		G33 X×× I××(加工端面螺纹)
		G33 Z×× K×× SF=××(加工多线螺纹)
	说明	G33 指令加工圆柱螺纹时，*K* 指螺距 编程： 圆柱螺纹 G33　Z×× K××
		G33 指令加工圆锥螺纹时，*K*、*I* 均指螺距。当锥度小于 45°时，使用 *K* 表示螺距；当锥度大于 45°时，使用 *I* 表示螺距；当锥角等于 45°时，可使用 *K* 或 *I* 中任一个表示螺距 编程： 圆锥螺纹 G33 X×× Z×× K×× (螺距 *K*，因为 *Z* 轴位移较大) G33 X×× Z×× I××　锥度大于 45° (螺距 *I*，因为 *X* 轴位移较大)
		G33 指令加工端面螺纹时，*I* 指螺距 端面螺纹 G33 X×× I××
		G33 指令加工多线螺纹时，必须在程序段中使用指令指定每条螺旋线的切入点，即在程序段中插入 SF 字来指定螺旋线的切入点 例如，加工双线圆柱螺纹指令为 G33 Z×× K×× SF=0(第一道螺纹)，G33 Z×× K××SF=180(第二道螺纹)
		G33 指令可用于加工多段连续螺纹。多段连续螺纹指在不同锥度的工件表面的连续螺纹，其示意图如下
G74 (G75)	功能	返回参考点(固定点)
	格式	G74(G75) X×× Z××
	说明	用 G74(G75)指令可实现在程序中回参考点(固定点)的功能，每个轴的动作方向和速度存储在机床数据中 固定点是指存储在机床数据中的一个特定位置，比如作为换刀位置的某个固定点，它不会产生偏移 G74(G75)需要一独立程序段，并按程序段方式有效 在 G74(G75)之后的程序段中，原先"插补方式"组中的 G 指令(GO，G1，G2 等)将再次生效 程序段中 X 和 Z 下编程的数值不识别。换句话说就是 G74(G75)指令后可以编写一个数值，但该数值不起任何作用
G96	功能	启用恒线速度功能
	格式	G96 S×× LIMS=××
	说明	*S* 指线速度的指定值，单位为 m/min；LIMS 指主轴转速上限，单位为 r/min 其他相关指令： G97——关闭恒线速度功能 G25——指定主轴转速下限，格式：G25 S×× G26——指定主轴转速上限，格式同 G25

续表

指令代码	栏目	简　介
G71 (G70)	功能	公制尺寸(英制尺寸)
	格式	G71(G70)
	说明	系统根据所设定的状态把所有的几何值转换为公制尺寸或英制尺寸(这里的刀具补偿值和设定零点偏置值也作为几何尺寸)。同样,进给率 f 的单位分别为 mm/min 或 in/min 机床出厂设定 G71 为开机默认状态
G158	功能	可编程的零点偏置
	格式	G158 X×× Z××
	说明	G158 指令可以将工件当前编程坐标系的零点偏移到一个新的位置,在某些特定结构下使用可以简化计算 使用 G158 指令建立了新的编程坐标系后,可以使用不带任何坐标字的 G158 指令恢复原先的编程坐标系

以下对其中的部分功能进行详细说明。

1）倒角及倒圆　使用轴移动指令切削时，可在指令中插入倒角或倒圆指令，以实现拐角处的自动倒角或倒圆过渡。即在直线轮廓之间、圆弧轮廓之间以及直线轮廓和圆弧轮廓之间插入直线或圆弧过渡。图 7-1 给出了两种典型的倒角及倒圆过渡方式。

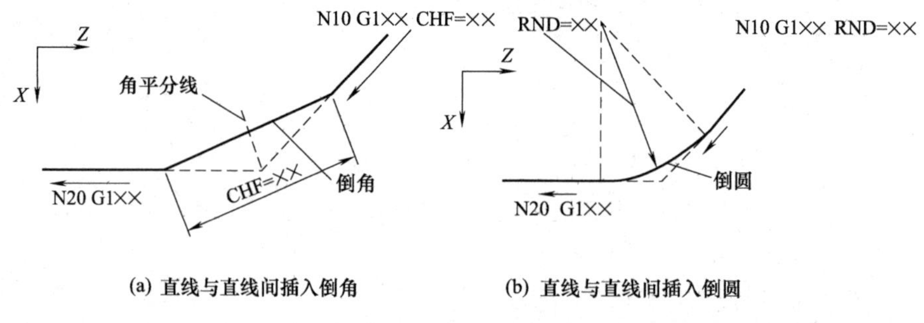

(a) 直线与直线间插入倒角　　(b) 直线与直线间插入倒圆

图 7-1　典型倒角及倒圆过渡方式

2）G158　使用可编程的零点偏置 G158 指令编制如图 7-2 所示程序。如下所示。

```
……
N50 G158 Z－10        ；可编程零点偏移
……
N90 G158              ；可编程零点偏移取消
```

3）刀具与刀具补偿　选用刀具及进行刀具补偿时，应注意以下使用要点。

① 西门子数控系统将描述刀具位置补偿和刀具半径补偿所需的各个参数（包括刀具长度、刀尖圆弧半径等）存放在单独的数据存储单元中。对应于每一把刀具可以有多个不同的刀具补偿存储单元，即“刀补号”，西门子系统一般称为“刀沿号”，也可以称为“D 号”。

O′　O　10

图 7-2　G158 指令应用
O—偏移前的编程坐标系原点；
O'—偏移后的坐标系原点

每把刀具最多可设定 18 个“D 号”。比如调用带 1 号刀补的 1 号刀具，写为“T1D1”，同样带 5 号刀补的 3 号刀具，写为“T3D5”。要注意的是，“D 号”是从属于刀具的，只能调用刀具自身的“D 号”，而不可以调用其他刀具的“D 号”。

② 刀具调用的其他格式。在刀具调用时，若不指定刀具及刀具补偿，系统将按当前刀具和缺省刀补号执行程序，若刀具的补偿号为“DO”则取消刀具补偿。

③ 由于刀具刀补号建立后已包含了刀具半径补偿信息，所以在采用刀具圆弧半径指令编

程时，无需再指定刀具半径补偿字，即在程序中可以直接使用 G41 或 G42 指令。

7.2 计算参数及应用

数控加工程序中的程序字一般是由字母和两位数字组成的，在程序中必须给每个程序字的数值部分赋以确定的值，这样才能完全确定程序的功能及刀具的动作路径。可以使用计算参数（也称为变量、宏指令）来代替程序字中的数值。在运行带有参数的程序段之前，必须给参数赋以确定的值。在程序中使用计算参数功能可以有以下运用方式。

在程序中使用计算参数求取特定点的坐标数值。对于某些必须通过图样已标注尺寸间接求出的尺寸数值，往往需要事先通过 CAD 软件的 CAGD（计算机辅助图形设计）功能或是数学方式求出这些点的坐标数值。也可以通过数控系统提供的数学计算功能和计算参数在程序中求得这些点的坐标。

并不是所有的数学曲线都可以由插补指令来完成，比如绝大多数数控系统仅仅提供了直线和圆弧插补功能。如果加工对象的轮廓是其他曲线（比如加工一个椭圆的手柄），则需要根据曲线拟合的数学模型，使用数控系统提供的计算参数和程序跳转指令编制出各种曲线的数控加工程序。

对于某些具有相同特征的常用结构（形状类似尺寸可能不同），为避免编程的重复，可以将加工此类结构的程序段编制在子程序当中，其中描述此结构的尺寸变量通过计算参数来编制。在实际加工中遇到此类结构时，即可以给计算参数赋值后直接调用该子程序。

使用计算参数或宏指令功能定制指令。在某些数控系统中，其具有的复合循环指令在编程中非常有用，但在另一些系统却没有此功能。这时就需要使用数控系统的强大的宏功能来定制出适用的复合循环指令，这实际上也是对数控系统的控制软件的二次开发。

由于 CAD 软件的普及，实际使用中已不用在程序中来运算求出特征值。但作为一个数控技术操作运用人员，懂得各种计算参数功能的应用仍是十分必要的。

（1）关于 SINUMERIK 802C 计算参数的一般说明

1）计算参数的地址范围　系统使用字母“R”后跟数字来表示变量地址号，如 R10、R199 等。一共有 250 个计算参数可供使用，用户可以自由使用的参数地址号为 R0～R99，另有 R100～R249 常用于系统定义的固定循环的传递参数。

2）计算参数的赋值　在使用计算参数编程时，往往需要首先给某些参数变量（作为已知条件存在）赋值，比如将－30.33 赋值给 R70（R70＝－30.33）。

3）使用计算参数对除 N、G、L 以外的地址字赋值

例如：N10 R1＝100；

N20 G1 X＝R1 F0.2；

上两段程序相当于执行“G1 X100 F0.2;”。

4）数学运算符

① 数学运算符：“+”“−”“*”“/”“( )”。

② 数学函数表达式见表 7-3。

表 7-3　计算参数的数学函数表达式

函数地址	含义	示例	备注
SIN( )	正弦	R1＝SIN(30)	单位为(°)
COS( )	余弦	R2＝COS(R3)	单位为(°)
TAN( )	正切	R4＝TAN(R5)	单位为(°)
SQRT( )	平方根	R6＝SQRT(R7)	—
ABS( )	绝对值	R8＝ABS(R9)	—
TRUNC( )	取整	R10＝TRUNC(R11)	—

③ 数学函数的优先级。计算参数的数学运算遵循通常的数学规则，即圆括号内的运算优先进行，乘法和除法运算优先于加法和减法运算。

④ 数学运算的编程示例。

N10 R1=R1+1；　　　　　　　　由原来的 R1 加上 1 后得到新的 R1

N20 R1=R2+R3　R4=R5-R6　R7=R8 * R9　R10=R11/R12；

N30 R13=SIN（25.3）；　　　　　R13 等于 25.3°的正弦值

N40 R14=R1 * R2+R3；　　　　　乘法和除法运算优先于加法和减法运算，执行此行相当于执行 R14=(R1 * R2)+R3

N50 R14=R3+R2；　　　　　　　与 N40 同样

N60 R15=SQRT（R1 * R1+R2 * R2）；R15=$\sqrt{R1^2+R2^2}$

（2）程序跳转语句及其应用

1）跳转标记符　跳转标记符用于标记程序中所跳转的目标程序段，用跳转功能可以实现程序运行分支。

① 说明。标记符可以自由选取，但必须由 2～8 个字母或数字组成，其中开头两个符号必须是字母或下划线。

跳转目标程序段中标记符后面必须为冒号，标记符应位于程序段段首，如果程序段有行号，则标记符紧跟着行号。

在一个程序段中，标记符不能含有其他意义。

② 编程举例

N10 MARKE1：G1 X20　　；MARKE1 为标记符，跳转目标程序段有行号

……

TR789：G0 X10 Z20　　　；TR789 为标记符，跳转目标程序段没有行号

2）绝对跳转　绝对跳转主要用于数控程序运行时按导入的顺序依次执行程序段，但也可通过插入跳转指令改变其执行顺序。跳转目标只能是有标记符的程序段，且此程序段必须位于该程序内。绝对跳转指令必须占用一个独立的程序段。

① 功能字。

GOTOF——向前跳转（向程序结束的方向跳转）

GOTOB——向后跳转（向程序开始的方向跳转）

② 编程举例。

……

GOTOF MMX1

……

N90 MMX1：　GO X100 Z150　　；MMX1 即为跳转标记符

3）有条件跳转　用 IF 条件语句表示有条件跳转。如果满足跳转条件（也就是条件表达式的真值不等于零），则进行跳转，跳转目标只能是有标记符的程序段，且该程序段必须在此程序之内。

有条件跳转指令要求一个独立的程序段。在一个程序中可以出现多个条件跳转指令。

使用了条件跳转指令后，有时会使程序得到明显的简化。

① 编程格式。

IF 条件 GOTOF Label　　；向前跳转

IF 条件 GOTOB Label　　；向后跳转

② 比较运算符。

比较运算符见表 7-4。

可用上述比较运算表示跳转条件。计算表达式也可用于比较运算中。

表 7-4　比较运算符

运算符	意义	运算符	意义
＝＝	等于	＜	小于
＜＞	不等于	＞＝	大于或等于
＞	大于	＜＝	小于或等于

比较运算的结果有两种：一种为“满足”；另一种为“不满足”。“不满足”时，该运算结果值为零。

③ 比较运算编程举例。

R1＞1　　　　　　　　；R1 大于 1

1＜R1　　　　　　　　；1 小于 R1

R6＞＝SIN（R7＊R7）　；R6 大于或等于 SIN（R7＊RT）

④ 有条件跳转编程举例。

N10 IF R1 GOTOF MARKE1；R1 不等于零时，跳转到 MARKE1 程序段

N100 IF R1＞1 GOTOF MARKE2；R1 大于 1 时，跳转到 MARKE2 程序段

N1000 IF R45＝＝R7＋1 GOTOB MARKE3；R45 等于 R7 加 1 时，跳转到 MARKE3 程序段

一个程序段中有多个条件跳转：

N20 IF R1＝＝1 GOTOB MA1 IF R1＝＝2 GOTOF MA2…

注意：第一个条件实现后就进行跳转。

(3) 计算参数编制非圆数学曲线的原理

当采用不具备非圆曲线插补功能的数控系统编制加工非圆曲线轮廓的零件时，往往采用短直线或圆弧去近似替代非圆曲线，这种处理方式称为拟合处理。拟合线段中的交点或切点称为节点。

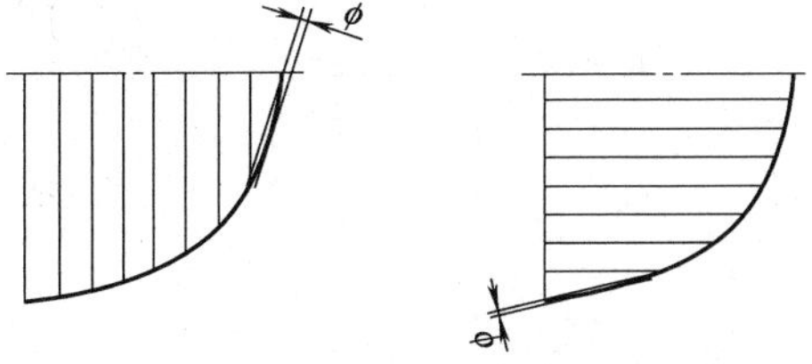

图 7-3　非圆曲线等步距短直线拟合
ϕ—最大拟合误差

非圆曲线拟合的方法很多，主要包括等步距法、等误差法等。其中等步距法短直线拟合由于数学算法和程序编制都比较简单，因此应用比较广泛。

非圆曲线的拟合实质是将曲线离散后，用短直线或圆弧来替代，因此必然存在一定的拟合误差。从图 7-3 中可以看出，对于等步距法短直线拟合，减小步距可以提高拟合精度。此外，将直线拟合用圆弧来替代也可以提高拟合精度。

(4) 计算参数编程示例

如图 7-4 所示为锥头零件，其轮廓由抛物面、圆柱面、双曲面组成。本例仅编制零件的精加工程序，实际加工时，可以先去除粗切毛坯。采取 X 向等距离散的方式，根据精度要求，将图中抛物面和双曲面的 X 轴的步距均设定为 0.05mm。通过选择 X 轴的步距，将抛物面、双曲面分为若干线段后，利用其数学方程式分别计算轮廓上各点的 Z 坐标，直到 $Z=-16$（对抛物面）或 $Z=-35$（对双曲面）时，结束相应轮廓的拟合加工。

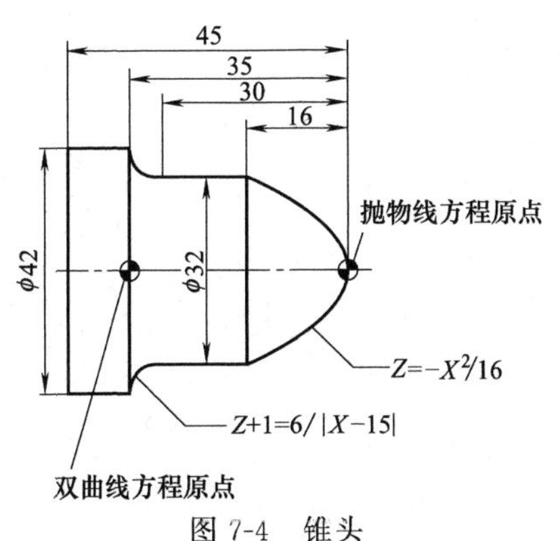

图 7-4　锥头

编程示例（仅精加工）如下。

```
EX01. MPF
TID1                    ；90°外圆精车刀
G0 X0 Z1 S800 M3 M43
```

```
G1 Z0 F0.1 M8
R8=0 R9=0                   ；参数赋值，R8 为 X 坐标条件变量，R9 为 Z 坐标计算变量
MA1：G1 X=2 * R8 Z=R9              ；抛物线加工循环体
R8=R8+0.05
R9=-R8 * R8/16              ；X 向半径量转换后的抛物线 Z 坐标计算方程
IF R8< =16 GOTOB MA1        ；抛物线加工条件跳转
Z-30
R8=16 R9=5                  ；双曲线起点坐标参数赋值
MA2：G1 X=2 * R8 Z=R9-35 F0.1
R8=R8+0.05
R9=6/(R8-15)-1              ；X 向半径量转换后的双曲线 Z 坐标计算方程
IF R8< = 21 GOTOB MA2       ；双曲线加工条件跳转
G1 X42 Z-45
G74 X0 Z0
M2
```

7.3 多重复合循环

与 FANUC 数控系统一样，西门子数控系统也具有固定循环指令，它是在程序段中指定完成循环所需的各项参数（比如外形加工循环粗切时每层的切深），循环指令使用 G 代码编程的方式实现。而西门子系统与其他系统的循环指令工作方式有一定的区别，它使用计算参数指定循环所需的各项参数，并调用能实现指定功能的循环宏程序来实现复合循环加工。

(1) 西门子 802C 系统标准循环

西门子 802C 系统的标准循环功能见表 7-5。

表 7-5 西门子 802C 系统的标准循环功能列表

指令	功能	指令	功能
LCYC82	钻孔、沉孔加工	LCYC93	凹槽切削
LCYC83	深孔钻削	LCYC94	凹凸切削(E 形和 F 形，按 DIN 标准)
LCYC840	带补偿夹具内螺纹切削	LCYC95	毛坯切削
LCYC85	镗孔	LCYC97	螺纹切削

图 7-5 数控转塔刀架

(2) 关于循环的说明

LCYC82、LCYC83、LCYC840、LCYC85 指令主要用于采用转塔刀架装夹钻镗类刀具加工内孔（数控转塔刀架如图 7-5 所示），切削动作方式与数控铣床相应指令类似。LCYC94 用于加工符合德国国标的 E 形和 F 形退刀槽。以上循环本书不作具体阐述。LCYC95 用于对工件形状粗、精加工，LCYC93 用于加工凹槽，LCYC97 用于螺纹复合循环加工，以下主要对这三个复合循环进行介绍。

(3) 循环参数应用规则

① 参数使用。循环中所使用的描述参数为 R100～R249。调用一个循环之前，必须对该循环所使用的参数赋值。循环结束后，这些参数的值保持不变，因此同一程序中，使用多个循环时，对取值相同的参数无须重新赋值。

② 内部计算参数。使用加工循环时，用户必须事先确认保留参数 R100～R249 只被用于加工循环，而不被程序中其他地方所使用。循环使用 R250～R299 作为内部计算参数。

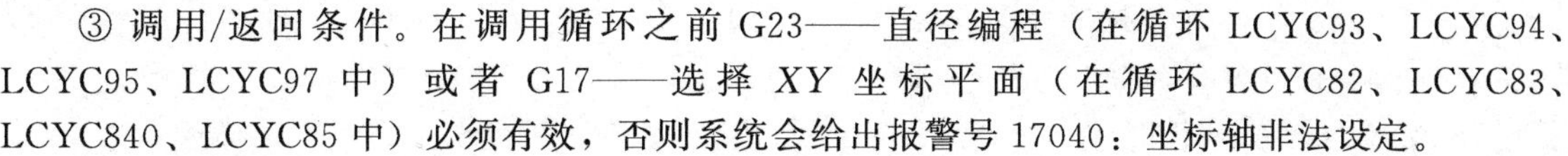

③ 调用/返回条件。在调用循环之前 G23——直径编程（在循环 LCYC93、LCYC94、LCYC95、LCYC97 中）或者 G17——选择 *XY* 坐标平面（在循环 LCYC82、LCYC83、LCYC840、LCYC85 中）必须有效，否则系统会给出报警号 17040：坐标轴非法设定。

如果在循环中没有用于设定进给值、主轴转速和主轴方向的参数，则零件程序中必须设定这些值。

循环结束后，G0、G90、G40 一直有效。

④ 循环中的刀补应用。循环开始前，必须激活刀补号，精加工循环时，程序自动启用刀具半径补偿。

(4) 毛坯切削循环指令 LCYC95

毛坯切削循环指令 LCYC95 可以在坐标轴平行方向上加工由子程序描述的零件轮廓，通过参数的选择进行纵向、横向，以及内、外轮廓的加工。在此循环中，还可以通过参数选择对轮廓进行粗加工、精加工和综合加工，并且可以在任意位置调用此循环（前提是保证刀具进刀不发生碰撞）。

1）指令使用的计算参数　LCYC95 使用的参数见表 7-6。

表 7-6　LCYC95 使用参数列表

参数	含义及数值范围	参数	含义及数值范围
R105	加工类型，数值 1～12	R110	粗加工时的退刀量
R106	精加工余量，无符号	R111	粗切进给率
R108	切入深度，无符号	R112	精切进给率
R109	粗加工切入角，在端面加工时该值必须为零		

2）关于参数的详细说明　各参数的详细说明如下。

R105——加工方式（取数值 1～12）：主要包括纵向加工/横向加工、内部加工/外部加工、粗加工/精加工/综合加工。其中纵向加工指的是分层进刀方向沿 *X* 轴，横向加工指的是分层进刀方向沿 *Z* 轴，其具体参数值代表的加工方式见表 7-7。

表 7-7　LCYC95 切削加工方式

数值	纵向加工/横向加工	内部加工/外部加工	粗加工/精加工/综合加工
1	纵向	外部	粗加工
2	横向	外部	粗加工
3	纵向	内部	粗加工
4	横向	内部	粗加工
5	纵向	外部	精加工
6	横向	外部	精加工
7	纵向	内部	精加工
8	横向	内部	精加工
9	纵向	外部	综合加工
10	横向	外部	综合加工
11	纵向	内部	综合加工
12	横向	内部	综合加工

R106——精加工余量。通过 R106 所给出的值确定工件的精加工余量。精加工轮廓按子程序描述的轮廓向实体外偏置 R106 指定的值，系统不区分 *X*、*Z* 向的精加工余量。如果 R106 等于 0，则无精加工过程。

R108——设定用户指定的粗加工时每层的切削深度。

R109——粗加工时的进刀方向按照此参数给定的角度进行，此参数推荐为零。进行端面加工时，不可以成角度进给，该值必须设为零。

R110——坐标轴平行方向的每次粗加工之后，都必须从轮廓处退刀，然后用 G0 返回至起始点。R110 用于指定用户指令的退刀量。

R111、R112——粗、精加工的进给率。是否需要这两个参数与 R105 所指定的值有关，比如 R105=1 时，参数 R112 无效。

3）轮廓的子程序定义　在一个子程序中，对待加工的工件轮廓进行编程，循环通过变量_CNAME 名下的子程序来调用相应的轮廓加工子程序。

轮廓由直线或圆弧组成，并可以在其中使用圆角（RND）和倒角（CHA）指令。编程中的圆弧段最大可以为四分之一圆。

轮廓中不允许出现根切，即沿刀具主要切削方向工件尺寸必须单调增或减。

轮廓的编程方向必须与精加工时所选择的加工方向相一致。

4）LCYC95 的指令动作执行过程　LCYC95 的指令动作执行过程如下。

① 粗切削。

a. 用 G0 方式从初始点至循环加工起始点（系统内部计算）。

b. 按照参数 R109 下的编程角度进行深度进给。

c. 在坐标轴平行方向用 Gl 以粗切进给率切削至粗切削交点。

d. 用 G1/G2/G3 方式按粗切进给率进行粗加工。

e. 在每个坐标轴方向按参数 R110 中所编程的退刀量退刀，并用 G0 返回。

f. 重复以上过程，直至加工到最后深度。

② 精加工。

a. 用 G0 按不同的坐标轴分别回循环加工起始点。

b. 用 G0 在两个坐标轴方向上同时回轮廓起始点。

c. 在坐标轴平行方向用 G1 以粗切进给率切削至粗切削交点。

d. 用 G1/G2/G3 方式按精切进给率进行精加工。

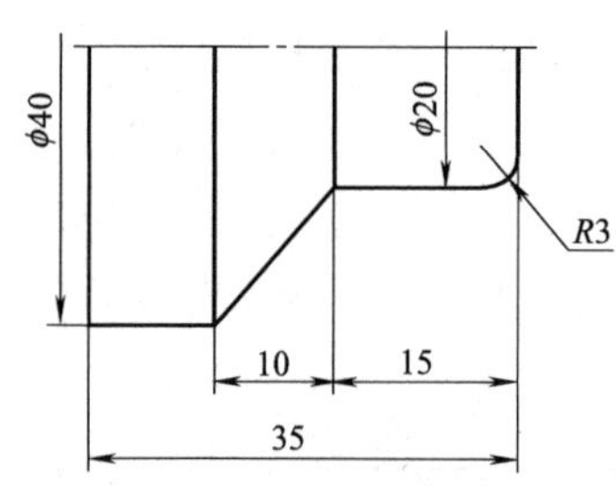

图 7-6　LCYC95 外部纵向综合加工

5）LCYC95 指令运用示例　如加工如图 7-6 所示轴（毛坯尺寸 ϕ40mm 已加工），采用外圆的纵向综合加工，其数控车削程序如下。

```
EX1. MPF（包含有循环调用语句的主程序）
T1D1;                                        93°外圆车刀
G0 X50 Z10 S500 M3 M43 M8;                   安全起始点
_CNAME= "EX11";                              轮廓子程序名 EX11. SPF
R105=9 R106=0.6 R108=4 R109=0;               精加工余量 0.6mm，最大切深 4mm，进刀角度 0°
R110=1 R111=0.4 R112=0.25;                   退刀量 1，粗切进给率 0.4mm，精切进给率 0.25mm
LCYC95;                                      调用轮廓循环加工
G74 X0 Z0;
M2;
EX11. SPF（描述工件轮廓的子程序）;
G0 X35 Z1;
G1 Z0;
G3 X20 Z-3 CR=3;
G1 Z-15;
X40 Z-25;
Z-35;
RET;
```

又如加工如图 7-7 所示短轴（毛坯尺寸 ϕ60mm 已加工），采用外圆的横向综合加工，其数控车削程序如下。

```
EX2. MPF
T1D1      ；93°外圆车刀
G0 X70 Z10 S500 M3 M43 M8；
_CNAME＝“EX21”；
R105＝10 R106＝0.5 R108＝2；
R109＝0  R110＝1；
R111＝0.3 R112＝0.15；
LCYC95；
G74 X0 Z0；
M2；
EX11. SPF（描述工件轮廓的子程序）
G0 X62 Z－8；
G1 X36；
G3 X30 Z－5 CR＝3；
G1 Z－2；
X24 Z1；
RET；
```

图 7-7 LCYC95 外部横向综合加工

再如加工如图 7-8 所示短套（毛坯尺寸 ϕ40mm 已加工，已钻底孔 ϕ20mm），采用内孔纵向综合加工，其数控车削程序如下。

```
EX3. MPF
T2D1      ；盲孔镗刀
G0 X10 Z10 S500 M3 M43 M8；
_CNAME＝“EX31”；
R105＝11 R106＝0.4 R108＝3；
R109＝0  R110＝1；
R111＝0.3 R112＝0.15；
LCYC95；
G74 X0 Z0；
M2；
EX31. SPF（描述工件轮廓的子程序）
G0 X35 Z1；
G1 X30 Z－1.5；
Z－15；
G3 X20 Z－20 CR＝5；
RET；
```

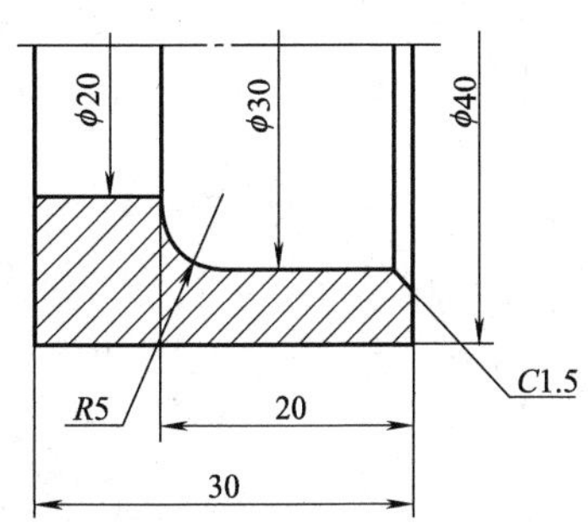

图 7-8 LCYC95 内部纵向综合加工

(5) 切槽复合循环指令 LCYC93

在圆柱形工件上，不管是进行纵向加工还是进行横向加工，均可以利用切槽循环对称加工出切槽，包括外部切槽和内部切槽。

1）指令使用的计算参数 LCYC93 使用的参数见表 7-8。

2）关于参数的详细说明 各参数的详细说明如下。

R100：指定 X 向切槽起始点直径。

R101：指定 Z 轴方向切槽起始点。

R105：其具体参数值代表的加工方式见表 7-9。

表 7-8 LCYC93 使用的参数列表

参数	含义及数值范围	参数	含义及数值范围
R100	横向坐标轴起始点	R114	槽宽,无符号
R101	纵向坐标轴起始点	R115	槽深,无符号
R105	加工类型,数值 1～8	R116	槽侧面斜度,无符号,范围:0°～89.999°
R106	精加工余量,无符号	R117	槽口倒角
R107	刀具宽度,无符号	R118	槽底倒角
R108	切入深度,无符号	R119	槽底停留时间

注：1. 表 7-8 中所列参数可通过图 7-9 进行进一步的理解。

2. 西门子数控系统具有循环图形直接输入功能，即在输入循环指令时，可以使用系统提供的实时提示功能，本例中为了与系统显示保持一致，采用的是后置刀架示意图。

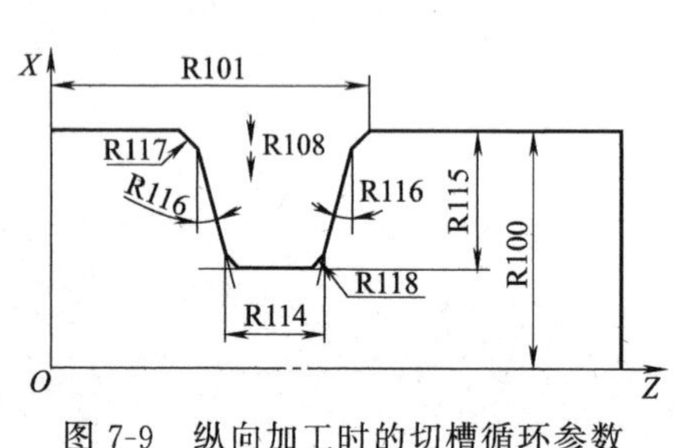

图 7-9 纵向加工时的切槽循环参数

表 7-9 切槽方式

数值	纵向加工/横向加工	内部加工/外部加工	起始点位置
1	纵向	外部	左边
2	横向	外部	左边
3	纵向	内部	左边
4	横向	内部	左边
5	纵向	外部	右边
6	横向	外部	右边
7	纵向	内部	右边
8	横向	内部	右边

R106：指定槽的精加工余量。

R107：定义刀具宽度。实际所用的刀具宽度必须与参数设定值一致，以保证加工出的槽的形状符合编程者意图。刀具宽度必须小于槽的最小宽度。

R108：对较深的槽的切削，参数 R108 有重要意义，通过在 R108 中指定的进刀深度将整个槽的切深分成多个切深进给。在每次切深后，刀具上提 1mm，以便断屑。

R114：指定槽底的宽度值（不考虑倒角）。

R115：指定切槽的深度。

R116：指定槽侧面的斜度，单位为度（°）。取值为零时，表示加工矩形槽。

R117：确定槽口的倒角。

R118：确定槽底的倒角。

R119：用于设定合适的槽底停留时间。

3）指令动作过程 切槽复合循环指令 LCYC93 的动作过程如下。

① 用 G0 方式回循环起始点。

② 切深进给：G1 方式切深进给，G0 方式切宽进给。

③ 用调用循环之前所设定的进给值从两边精加工整个轮廓，直至槽底中心。

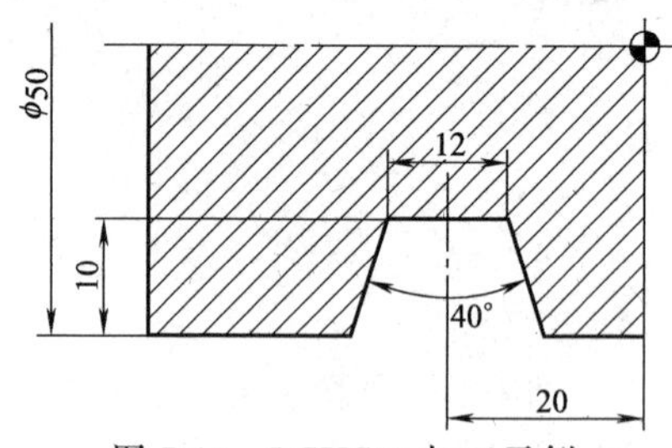

图 7-10 LCYC93 加工示例

4）LCYC93 指令应用示例 如图 7-10 所示零件，其切槽部分的数控车削程序如下。

EX4. MPF

T3D1； 调用刀宽为 4mm 的外切槽刀，右刀尖为刀位点

G0 X60 Z－20 F0. 1 S350 M3 M43 M8；指令切槽进给率 0. 1，注意本指令与 G0 无关

R100＝50 R101＝－10. 36 R105＝5 R106＝1；

R107＝4 R108＝5；

R114=12 R115=10 R116=20 R117=0 R118=0 R119=1；

LCYC93；

G74 X0 Z0；

M2；

(6) 螺纹加工复合循环指令 LCYC97

用螺纹切削循环可以按纵向或横向加工形状为圆柱体或圆锥体的外螺纹或内螺纹，并且既能加工单头螺纹也能加工多头螺纹。切削进刀深度可自动设定。

左旋螺纹/右旋螺纹由主轴的旋转方向确定，它必须在调用循环之前的程序中设定。在螺纹加工期间，进给倍率修调功能和主轴倍率修调功能无效。

1）指令使用的计算参数　LCYC97 使用的参数见表 7-10。

表 7-10　LCYC97 使用的参数列表

参数	含义及数值范围	参数	含义及数值范围
R100	螺纹起始点直径	R109	空刀导入量，无符号
R101	纵向轴螺纹起始点	R110	空刀退出量，无符号
R102	螺纹终点直径	R111	螺纹深度，无符号
R103	纵向轴螺纹终点	R112	起始点偏移，无符号
R104	螺纹导程值，无符号	R113	粗切削次数，无符号
R105	加工类型，数值 1 或 2	R114	螺纹头数，无符号
R106	精加工余量，无符号		

通过图 7-11 可以对螺纹切削参数有进一步的理解。

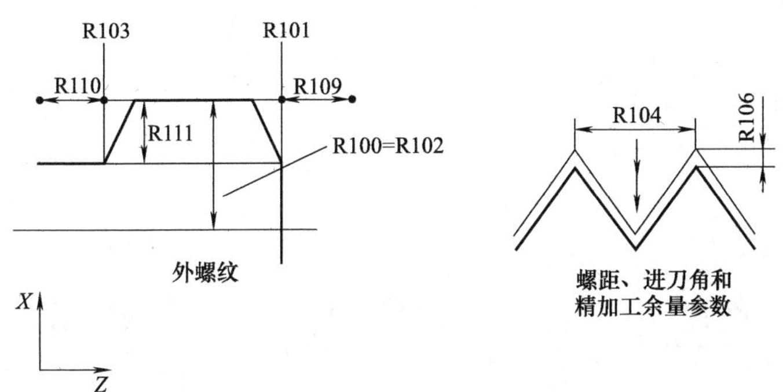

图 7-11　螺纹切削参数示意图

注：本例中为了与系统显示保持一致，采用的是后置刀架示意图。

2）参数详细说明

R100：螺纹起始点直径参数。

R101：纵向轴螺纹起始点参数。对圆柱螺纹，R101 为 Z 向起点坐标。

R102：螺纹终点直径参数。对圆柱螺纹，该值与 R100 相等。

R103：纵向轴螺纹终点参数。

R104：螺纹导程值参数。对单头螺纹为螺距，该值无符号。

R105：加工方式参数。用于确定加工外螺纹还是内螺纹：若 R105=1，则为外螺纹加工；若 R105=2，则为内螺纹加工。该参数不允许出现其他值。

R106：精加工余量参数。用于设定螺纹的精加工余量。

R109、R110：空刀导入量和空刀退出量参数。参数 R109 和 R110 用于循环内部计算空刀导入量和空刀退出量，循环中编程起始点提前一个空刀导入量，编程终点延长一个空刀退出量。

R111：螺纹深度参数（半径值）。用于确定螺纹的切削深度。

R112：起始点偏移参数。在该参数下指定一个角度值，由该角度确定车削件圆周上第一个螺纹线的切入点位置。该值一般取零即可。

R113：粗切削次数参数。R113 确定螺纹加工中粗切削次数，循环根据参数 R106 和 R111 自动计算出每次切削的进刀深度。

R114：螺纹头数参数。该参数确定螺纹头数。

3）纵向螺纹和横向螺纹的判别　循环自动地判别是纵向螺纹加工还是横向螺纹加工。如果圆锥角小于或等于 45°，则按纵向螺纹加工，否则按横向螺纹加工。参见本章 G33 指令。

4）LCYC97 指令动作过程　LCYC97 指令动作过程如下。

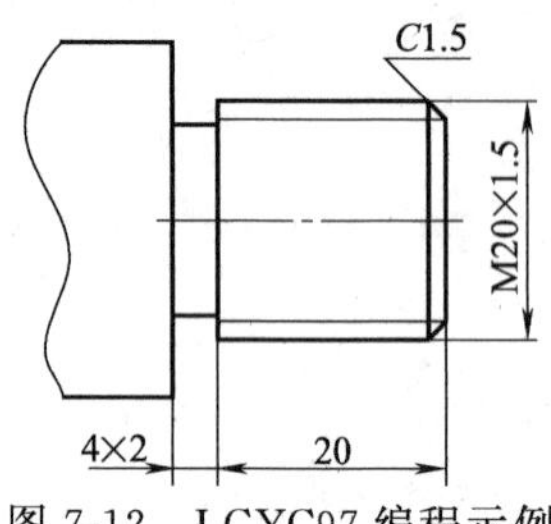

图 7-12　LCYC97 编程示例

① 用 G0 方式回第一条螺纹线空刀导入量的起始处。

② 按照参数 R105 确定的加工方式进行粗加工进刀。

③ 根据编程的粗切削次数重复进行螺纹切削。

④ 用 G33 切削精加工余量。

⑤ 其他螺纹线的加工与上面所述类似。

5）LCYC97 编程示例　如图 7-12 所示零件，螺纹实际大径及退刀槽已加工，其螺纹切削段的加工程序如下。

```
EX5. MPF
……
(以下为螺纹切削段，螺纹实际大径及退刀槽已加工)
T4D1;
G0 X50 Z20 S300 M42;
R100=20 R101=0 R102=20 R103=-20 R104=1.5;
R105=1  R106=0.3 R109=6 R110=2 R111=1.136 R112=0;
R113=5 R114=1;
LCYC97;
……
```

7.4　SIEMENS 系统的数控车削编程实例

(1) 梯槽螺纹轴的数控车削

图 7-13 所示梯槽螺纹轴，毛坯为 ϕ40mm 棒料，材料为 45 钢。加工后要求全部表面表面粗糙度为 $Ra3.2\mu m$，图中未注尺寸公差为 IT12。该零件的数控车削程序如下。

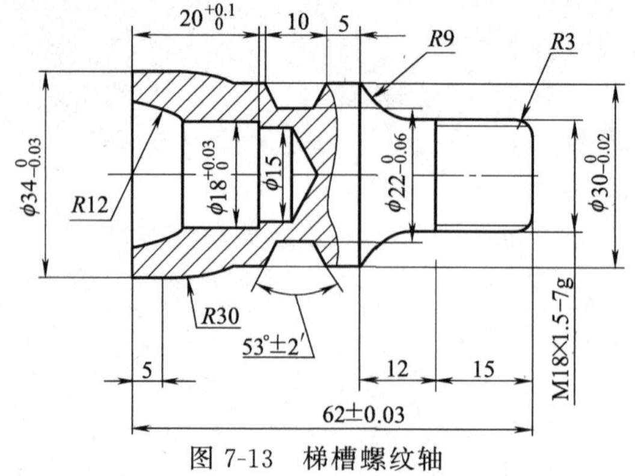

图 7-13　梯槽螺纹轴

```
EX6. MPF (加工工件外形)
T1D1; 90°外圆粗车刀
```

```
G0 X50 Z10 S800 M3 M43 M8;
_CNAME= "EX61";                          轮廓子程序名 EX61.SPF
R105=1 R106=0.6 R108=4 R109=0;           精加工余量 0.6mm，最大切深 4mm，进刀角度 0°
R110=1  R111=0.3  R112=0.15;             退刀量 1，粗切进给率 0.4，精切进给率 0.25
LCYC95;                                  调用轮廓循环加工（仅粗加工）
G74 X0 Z0;
M5 M9;
M0;                                      程序暂停，主轴齿轮级手动换挡
T2D1 S1000 M3 M44;                       93°外圆精车刀
G0 X50 Z10 M8;
G96 S70 LIMS=1600;                       启用恒线速度功能，限制主轴最高转速为 1600r/min
R105=5;                                  指定毛坯切削循环的切削加工方式为外部纵向精
                                         加工
LCYC95;                                  调用轮廓精加工循环
G74 X0 Z0;
M5 M9;
M0;                                      程序暂停，主轴齿轮级手动换挡
T3D1 S300 M3 M42;                        刀宽为 4mm 的外切槽刀
G0 X50 Z10 F0.1 M8;                      指定切槽进给率为 0.1mm/r
R100=30 R101=-32 R105=5 R106=0.4;
R107=4 R108=5;
R114=5.8 R115=4 R116=27 R117=0 R118=0 R119=1;
LCYC93;
G74 X0 Z0;
T4D1;                                    60°三角螺纹刀
G0 X50 Z10;
R100=18 R101=0 R102=18 R103=-15 R104=1.5;
R105=1 R106=0.3 R109=6 R110=0 R111=1.136 R112=0;
R113=5 R114=-1;
LCYC97;
G74 X0 Z0;
T3D1;
G0 X42 Z-66;
G1 X0 F0.08;                             切断
G0 Z-64;
G74 X0 Z0;
M2;
EX61.SPF (外廓子程序)
G0 X12 Z1;
G1 Z0;
G3 X18 Z-3 CR=3;
G1 Z-18.51;
G2 X30 Z-27 CR=9;
G1 Z-47;
```

```
G3 X34 Z－57 CR＝30;
G1 Z－66;
X42;
RET;
```

掉头装夹，钻 ϕ15mm 底孔。

```
EX7. MPF（内型腔加工程序）
T5D1 S600 M3 M43;                    盲孔镗刀
G0 X15 Z10 M8;
_CNAME＝"EX71";
R105＝11  R106＝0.4;
R108＝3 R109＝0;
R110＝1 R111＝0.3;
R112＝0.15;
LCYC95;
G74 X0 Z0;
M2;
EX71. SPF（型腔轮廓子程序）
G0 X24 Z1;
G1 Z0;
G3 X18 Z－7.94 CR＝12;
G1 Z－20;
X15;
RET;
```

(2) 锥螺纹轴的数控车削

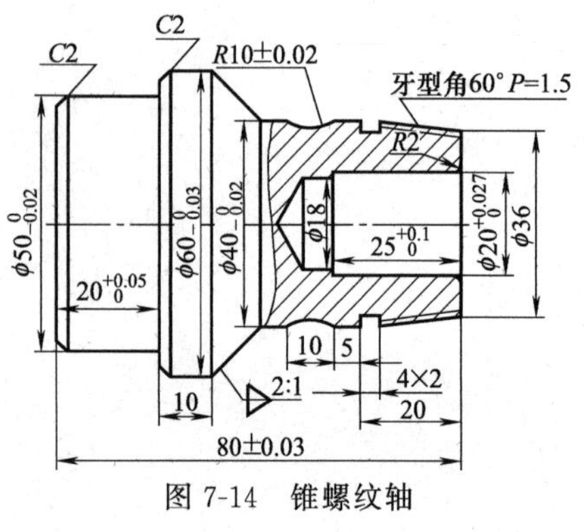

图 7-14 锥螺纹轴

图 7-14 所示锥螺纹轴，毛坯为 ϕ65mm 棒料，材料为 45 钢。加工后要求全部表面表面粗糙度为 $Ra3.2\mu m$，图中未注尺寸公差为 IT12。该零件（工件左侧 ϕ50mm 已加工，作为右端加工夹持面，ϕ60mm 外圆和 ϕ18mm 底孔均已加工）的数控车削程序如下。

```
EX8. MPF                              93°外圆车刀
T1D1;
G0 X80 Z10 S1000 M3 M44 M8;
_CNAME＝"EX81";
R105＝9 R106＝1 R108＝4 R109＝0;
R110＝1 R111＝0.3 R112＝0.15;
LCYC95;
G74 X0 Z0;
T2D1;                                 35°菱形车刀
G0 X41 Z－25;
G2 G91 X0 Z－10 CR＝10 F0.15;         粗切凹圆弧，增量方式动作
G0 Z10;
G1 X－1;
G2 X0 Z－10 CR＝10;                   精切凹圆弧
```

```
G0 G90 X80;
G74 X0 Z0;
T3D1;                              盲孔镗刀
G0 X23 Z1;
G1 Z0 F0.05;
G2 G91 X-4 Z-2 CR=2;
G1 G90 Z-25 F0.15;
X17;
G0 X0;
G1 X24 F0.4;
G2 X20 Z-2 CR=2;
G1 Z-25;
X17;
G0 Z10;
G74 X0 Z0;
M5 M9;
M0;
T4D1;                              刃宽4mm的外切槽刀
G0 X41 Z-20 S300 M3 M42 M8;
G1 X36 F0.05;
G4 F1;
G1 X41 F0.3;
G74 X0 Z0;
T5D1;                              60°螺纹刀
G0 X60 Z10;
R100=36 R101=0 R102=40 R103=-16;
R104=1.5 R105=1  R106=0.6;
R109=5 R110=2 R111=1.136;
R112=0 R113=5 R114=1;
LCYC97;
G74 X0 Z0;
EX81.SPF;
G0 X36 Z1;
G1 Z0;
X40 Z-16;
Z-40;
X60 Z-50;
X61;
RET;
```

7.5 SIEMENS系统界面的操作

不同版本的SIEMENS系统，其操作界面是有所不同的，其操作也略有区别，图7-15所示为SINUMERIK 802C操作面板的布局。

(1) 操作面板上的功能按钮和按键介绍

如图 7-15 所示，SINUMERIK 802C 操作面板的布局简洁合理，其上按钮分各类功能区域。

① 显示功能区域。

：用于加工显示。无论在何级菜单下，按下此键即可回到主加工界面。

：上级菜单返回键。用于从下级菜单返回到其上级菜单。

：菜单软键。软键的功能由不同的操作功能方式决定。

：菜单扩展键。如同级菜单选项超出五个，则在屏幕右下方出现“▶”，表示当前有不同级菜单未显示，此时按下此键即可显示出未显示的同级菜单。

：区域转换键。无论何种界面，按下此键即显示出包括“加工”“参数”“程序”“通讯”“诊断”的主菜单。

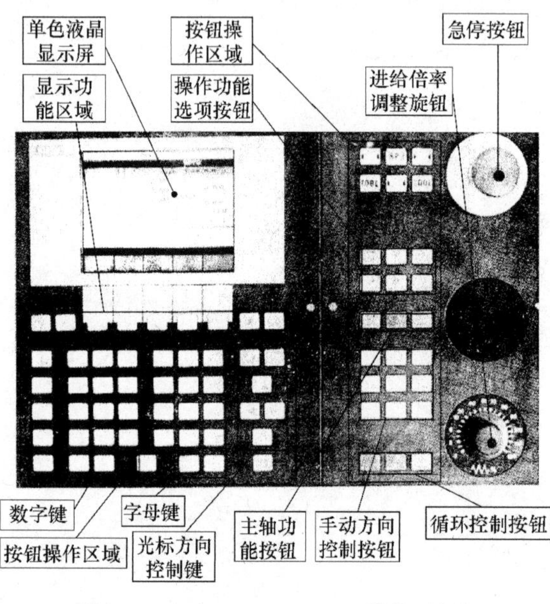

图 7-15　SINUMERIK 802C 操作面板

② 按键操作区域。

：空格键。

：回车键。

：选择/转换键。

：上挡键，类似于 Shift 键。

：垂直菜单键。

：报警应答键。

：光标控制键之向下，上挡为向下翻页功能。

：删除键（或称为退格键）。

③ 按钮控制区域（仅介绍操作功能选择选项按钮）。

[VAR]：步距选择功能。用于设置手动（点动）进给或手轮进给时的进给量。

JOG：手动控制方式。

Ref Point：回参考点。

Auto：自动加工。

Single Block：以单程序段运行方式进行自动加工。

MDA：手动单段输入（同 MDI）。

(2) 系统功能

西门子 802C 数控系统开机后，首先会在屏幕右上角显示“700016”报警，其含义为“伺服控制未启用”。机床必须在伺服加载报警号消除的情况下才可启用，按下厂商定义功能按钮中的伺服加载按钮，此时对应的发光二极管点亮，表示该按钮被选中，同时报警号消除，机床进给部分受控。有关报警信息的处理会在后面的内容中详细讲解。

西门子 802C 数控系统提供了六个操作功能选项按钮（单段和步距选择功能其实只是操作功能的一个子选项），主要可以实现手动、自动、MDA、回参考点四大功能。一个完整的数控系统功能还包括程序编辑、DNC、参数设置等，这些功能本系统通过软菜单功能实现，即在任意功能状态下，按下显示功能区域中的“”键，便会在屏幕下方的软菜单上显示出“加工”“参数”“程序”“通讯”“诊断”的主菜单。其中“加工”用于显示当前机床操作信息，包括机床坐标、主轴及进给的当前状态等；“参数”用于设置刀具补偿、存储型坐标系以及P参数等内容；“程序”用于程序的编辑；“通讯”用于与外部计算机交换数据；“诊断”功能主要用于显示机床维护和调试信息，包括对机床“有显示故障”的简单说明。菜单功能操作一般应在“JOG”状态下进行。表7-11所示为不同的菜单功能下对应的操作软键状态。

表7-11　SINUMERIK 802C软键功能表

主功能		菜单位置	软键1	软键2	软键3	软键4	软键5
加工	Auto方式	当前页	程序控制	语句区放大	搜索	工作坐标	实际值放大
		下页	各轴进给	执行外部程序	G功能区放大	—	M功能区放大
	MDA方式	当前页	—	语句区放大	—	—	—
		下页	各轴进给	—	G功能区放大	—	M功能区放大
	JOG方式	—	手轮	—	各轴进给	工作坐标/机床坐标	实际值放大
参数		—	R参数	刀具补偿	设定数据	零点偏置	—
程序		当前页	程序	循环	—	选择	打开
		下页	新程序	拷贝	删除	更名	内存信息
通讯		当前页	输入启动	输出启动	RS232	错误登记	显示
		下页	执行外部程序	—	—	—	—
诊断		当前页	报警	—	维修信息	测试	机床数据
		下页	屏幕更亮	屏幕更暗	语言转换	—	—

1）回参考点操作　系统开机后要求首先进行回参考点操作，如图7-16所示。

在屏幕上方显示当前状态为“手动REF”。此时使用进给控制按钮“+X”“+Z”执行回参考点功能。方法是按下“+X”键直至在屏幕上*X*坐标后的圆圈出现已回参考点标志。回参考点后，*X*、*Z*坐标均显示为零。

从其他工作状态回参考点，只需按下操作功能选项中的“Ref Point”按钮即可。

2）手动控制状态　选择操作功能选项“JOG”按钮即进入手动操作状态。在此状态下显示机床的当前信息，包括机床坐标系坐标、当前加工程序、当前主轴转速和倍率、当前进给速度和倍率、当前刀具号和刀沿号等，如图7-17所示。

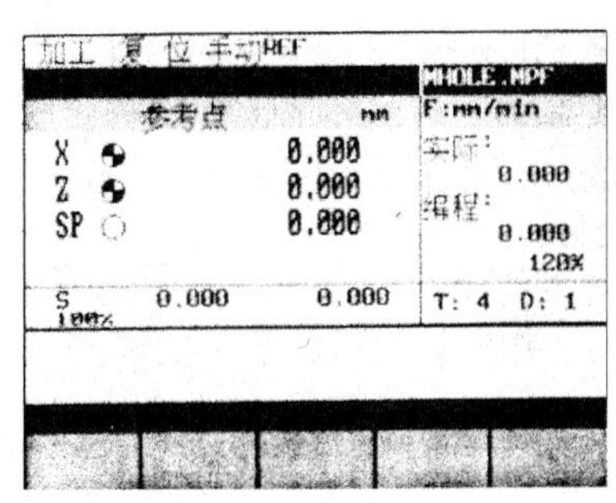

图7-16　回参考点后的屏幕显示

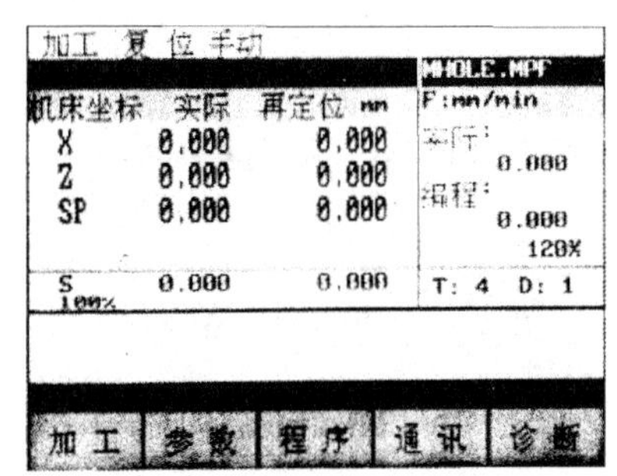

图7-17　手动控制状态

手动控制状态下可以使用按钮控制区域中的主轴功能类按钮、进给功能类按钮，以及厂商定义的TOOL（自动转刀按钮）、COOL（冷却液开关按钮）等进行机床的手动操作，主轴倍率和进给倍率可以通过倍率旋钮调节（主轴倍率调整旋钮为选配功能）。

在手动状态下，按下区域转换键后显示出“加工”“参数”“程序”“通讯”“诊断”主菜单，如图7-17所示，继续选择“加工”下方的对应软键后即显示出“手轮、□、各轴进给、工作坐标、实际值放大”的下级菜单功能（见表7-11），其中第一位软键功能选择当前手轮作用轴，一般机床仅配有一个手摇脉冲发生器，即指手轮，可以用它控制任意轴的运动，但事先必须指定当前手轮的作用轴。第二位软键功能空缺。第三位“各轴进给”对应“插补进给”，此功能与自动方式有关，用于指定 G00 指令的动作方式。第四位“工作坐标”对应“机床坐标”，用于当前坐标系显示切换。第五位“实际值放大”用于对当前坐标放大显示。

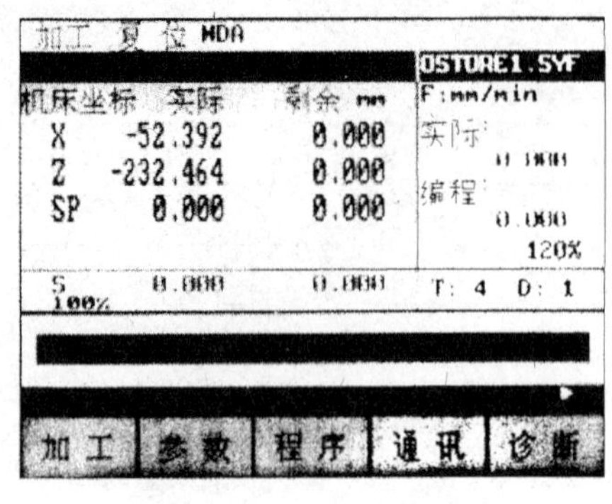

图 7-18 MDA 控制方式

3）MDA 控制方式（单程序段直接输入控制） 按下操作功能选项“MDA”按钮即进入此工作方式，如图 7-18 所示，此时可以在光标显示行内输入程序行，按循环启动键执行。注意在未设定工作坐标系之前使用 MDA 方式控制刀架动作时，应使用增量方式以避免意外，此外，切换到其他方式（如 JOG）后，在 MDA 方式下设定的主轴控制状态不再有效。

4）点动（增量）控制方式 此方式与 JOG 方式相关，当系统处于 JOG 方式时，按下处于操作功能选项按钮中的步距选择［VAR］按钮后，在屏幕右上角显示“1000INC”的字样，如图 7-19 所示，代表当前步距为 1000 个脉冲当量（脉冲当量指数控装置每发出一个进给脉冲对应的机床坐标轴移动距离）。脉冲当量为 0.001mm 时，此步距为 1mm，再次按下［VAR］键会使当前步距在 1000ING、100ING、10ING、1INC 和无步距五种方式中切换，分别对应 1mm、0.1mm、0.01mm、0.001mm 和 JOG 状态。

点动方式下选择相应的手轮控制轴后，手摇脉冲发生器起控制作用。

5）程序的编辑 在 JOG 工作状态下，按选主菜单中的“程序”对应软键即进入程序编制界面，如图 7-20 所示。

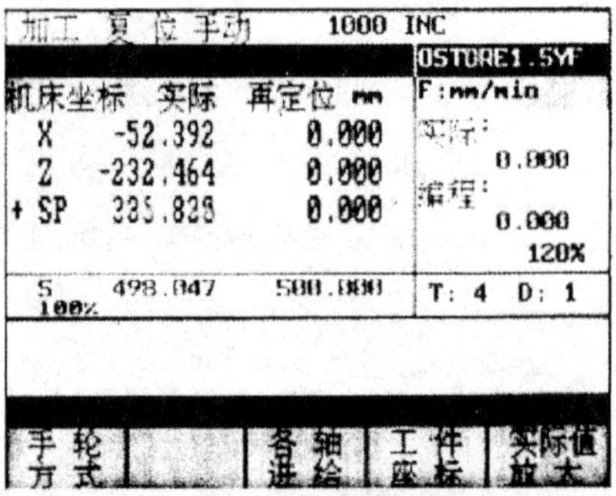

图 7-19 点动步距设置

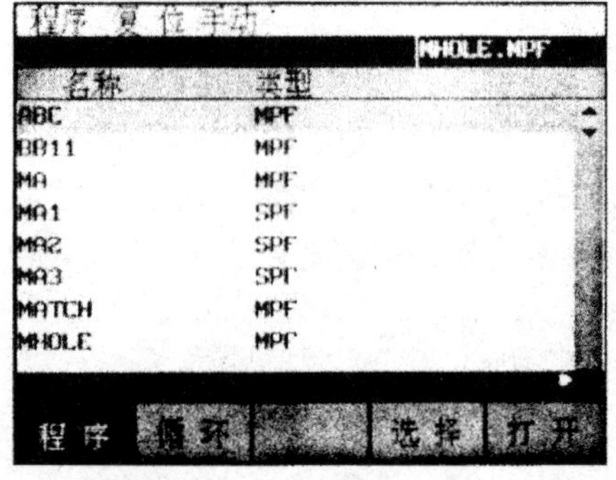

图 7-20 程序编辑界面

在此功能下，当前菜单和下页菜单中包括程序、循环、选择、打开、新程序、拷贝、删除、改名、内存信息共 9 个功能选择。

① 程序。显示用户程序列表。

② 循环。显示系统内部循环列表。

③ 选择。将光标选定的程序置为当前加工程序。

④ 打开。将程序列表中光标选定的程序打开。注意打开程序并不代表该程序被选定为当前加工程序，打开程序只起到查看程序的功能。

⑤ 新程序。建立一个新的程序。新程序建立时不输入扩展名即使用缺省扩展名（MPF）。建立子程序必须加扩展名（SPF）。在新程序输入状态下可以使用复合循环（图样直接输入）方式编程。从图 7-21 可以看出，在程序编辑界面上，菜面选项显示为 LCYC95 等复合循环，当程序中需要使用复合循环功能编程时，可以直接输入各个需要的参数，但由于复合循环编程

使用参数较多，用户难以准确输入。为了方便编程，系统还提供了复合循环图样直接输入功能，如图 7-22 所示。

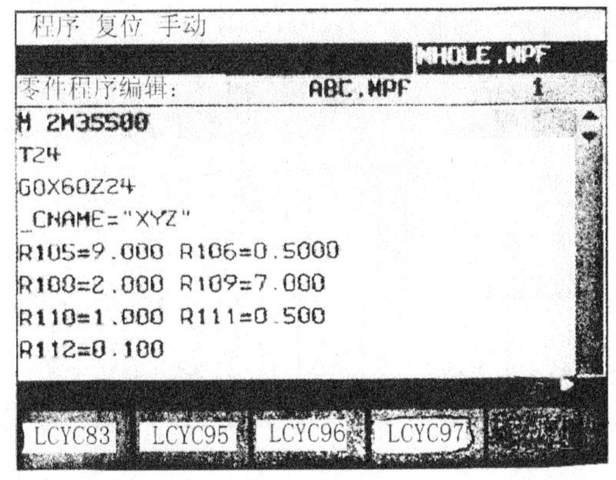

图 7-21　程序输入界面

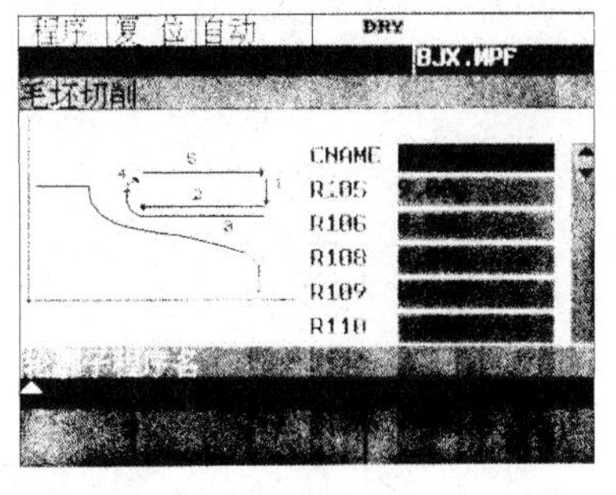

图 7-22　复合循环图样直接输入

图样直接输入是指在程序输入中需要使用系统提供的复合循环功能时，可以直接选择屏幕下方对应的循环功能软键（如 LCYC95），系统即出现如图 7-22 所示界面，此时可根据所显示的图形和文字帮助功能，在参数框中输入相应的数值，直接生成复合循环相关程序段。

注意误按下复合循环对应软键后不可再进行确认，应按返回上级菜单键取消循环直接输入，否则会在程序中产生无用甚至错误的程序段。

6）自动方式　按下操作功能选项中的 Auto 键即进入自动控制方式。此时界面上显示“自动”字样。在屏幕右上角会出现当前自动工作方式的状态说明。确认加工程序为当前选定程序后，按下循环启动键执行自动加工。自动加工运行中，进给倍率调节旋钮和主轴倍率调节旋钮有效。

在自动工作方式下，点选“加工”主菜单下的“程序控制”软键，会出现图 7-23 所示的界面，在此界面下可以对自动方式运行控制方式进行设置。主要包括以下内容。

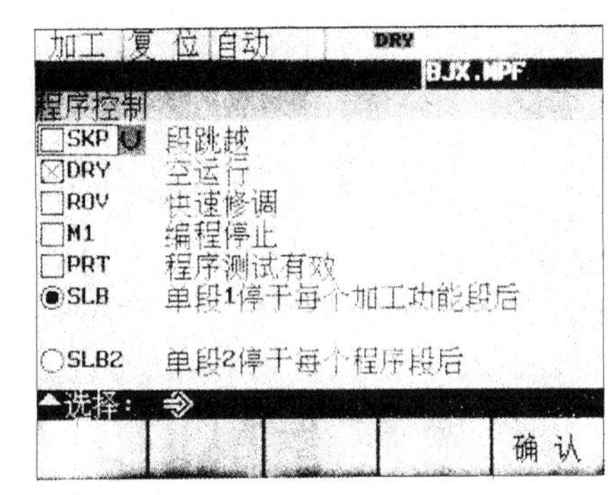

图 7-23　自动加工控制状态设置

SKP——选择性加工。指自动运行时对带有选择性加工标识的程序段跳过不执行（选择性加工标识指在程序段前加“/”）。

DRY——空运行。机床进给伺服装置将以在系统数据设定中设定的空运行速度执行程序，而不按程序中给定的进给速度执行程序。此功能主要用于检验程序的正确性，但由于其动作速度一般设定较快，须注意安全避免碰撞，必要时可设置编程原点远离工件。

PRT——程序测试有效。在程序测试状态下运行程序时不会有任何进给指令发送给进给伺服装置。很多初学者在使用本系统时不能操纵机床做进给运动，系统显示无伺服报警，其实基本就是程序测试状态被启用，当前操作界面右上角出现 PRT 字样。取消此状态即能使机床正常操作。

(3) 参数设置

在 JOG 方式下选择主菜单中“参数”后，出现参数设置界面。此界面包括“R 参数”“刀具补偿”“设定数据”“零点偏置”四个方面的设置功能。在此界面下进行设定必须打开系统口令。

① 刀具补偿（如图 7-24 所示）。在刀具补偿界面中，下级菜单包括以下内容。

“＜＜D”：刀沿号向前。如当前刀沿号为 2，按此功能键后则出现 1 号刀沿编辑界面。

"＞＞D"：刀沿号向后。

"＜＜T"：刀具号向前。

"＞＞T"：刀具号向后。

"搜索"：用于查找其他已有刀具。

"复位刀沿"：使用当前刀沿清零。

"新刀沿"：给当前刀具增加新的刀沿。

"删除刀具"：删除已有刀具。

"新刀具"：建立新的刀具。对应界面如图 7-25 所示，注意西门子数控系统通过 T 型来确定刀具类型，刀具类型由三位数字决定，首位为 5 代表车刀；首位为 1 代表铣刀；首位为 2 表示钻头。图中 T 型为 500，表示新建刀具为车刀。

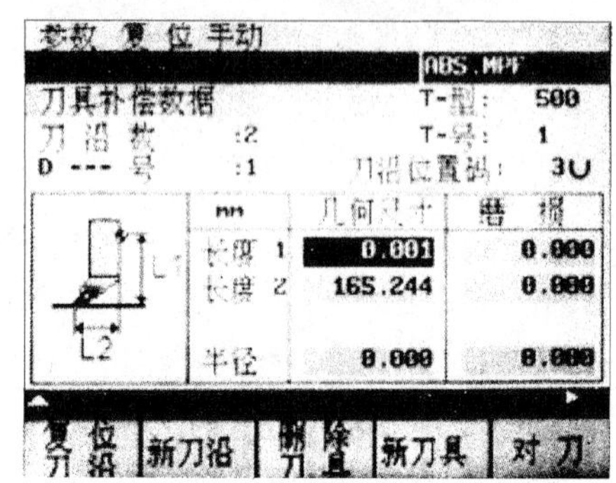

图 7-24 刀具补偿界面

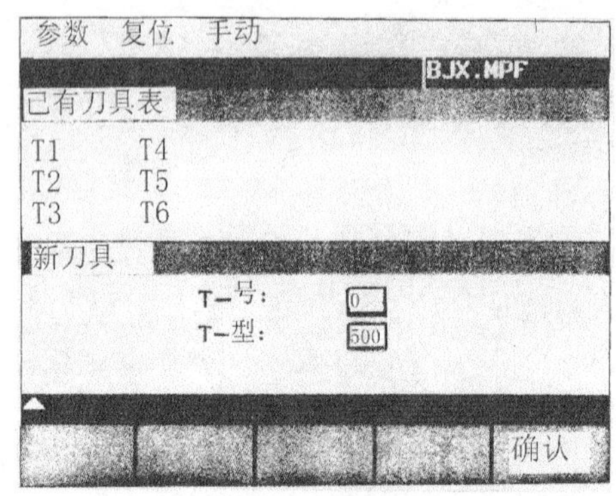

图 7-25 新刀具的建立

"对刀"：用于设定刀具补偿参数。

② R 参数。用于设定计算参数的缺省值。

③ 设定数据。用于设定与机床动作相关的缺省参数，如图 7-26 所示。要调整手动状态下的主轴缺省转速值，则可在设定数据中对主轴转速进行设定，图中当前主轴转速值为 200r/min。

④ 零点偏置的设置。G54 等存储型零点偏置的设定如图 7-27 所示，通过 G54 指令能使编程原点平移到规定的坐标处，G54 指令本身不是移动指令，它只是记忆坐标偏置。

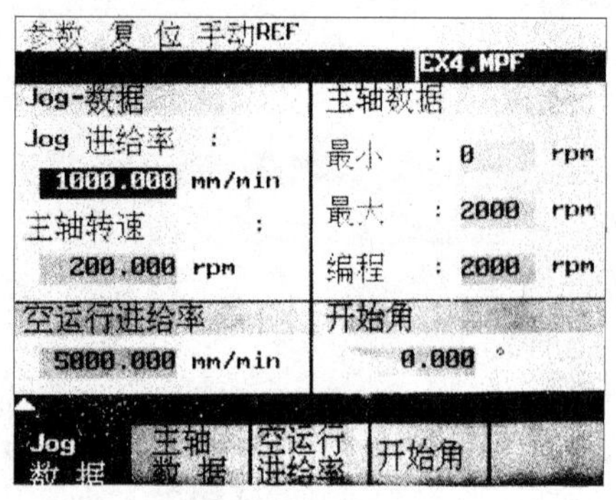

图 7-26 设定数据

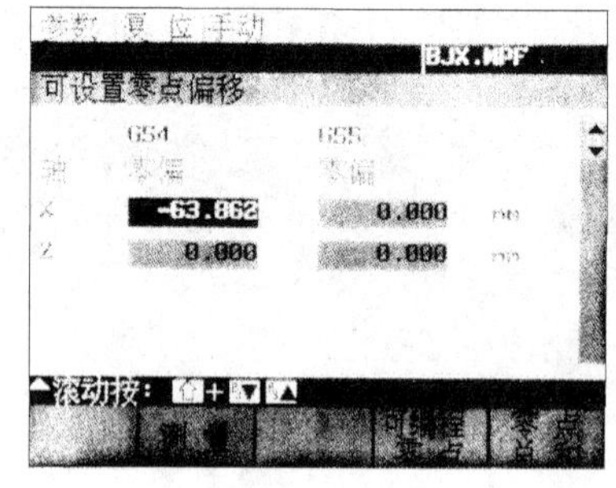

图 7-27 存储型零点偏置设定

(4) 试切法对刀

在加工程序执行前，必须调整每把刀的刀位点，使其尽量重合于某一理想基准点，采用试切法对刀可采用以下步骤进行。

① 工件试切削外圆后，测出当前外圆尺寸。

② 进入参数-刀具补偿界面，如图 7-28 所示。"长度 1"表示 X 向刀具位置补偿值；"长度 2"表示 Z 向刀具位置补偿值；"半径"表示刀尖圆弧半径补偿值。

③ 查找所设定的刀具号和刀沿号。若无所需刀具或刀沿则新建刀具或刀沿。

④ 进入对刀界面，如图 7-28 所示。将光标移至偏移行，输入测量出的工件直径，按“计算”对应功能软键后确认。注意此操作必须在 JOG 状态下进行。

⑤ 试切工件端面，同样进入图 7-28 界面，点选“轴+”功能将当前设定轴换为 Z 轴，确认偏移行中显示数据为零（将编程坐标系原点设定在工件的试切端面上），按“计算”键后“确认”。

⑥ 在直接刀补界面中输入刀尖圆弧半径补偿值。

⑦ 经过上述操作后，在程序或 MDA 方式下调用带刀沿号的刀具即建立起关于该刀具的编程坐标系。

(5) 系统的诊断功能

系统在诊断功能中对机床报警内容有简单的说明，并提供了常规处理方法作参考，以便于操作人员使用和维护机床。比如，系统开机时显示的 700016 报警，点选主菜单下的诊断功能后，会出现图 7-29 所示界面。

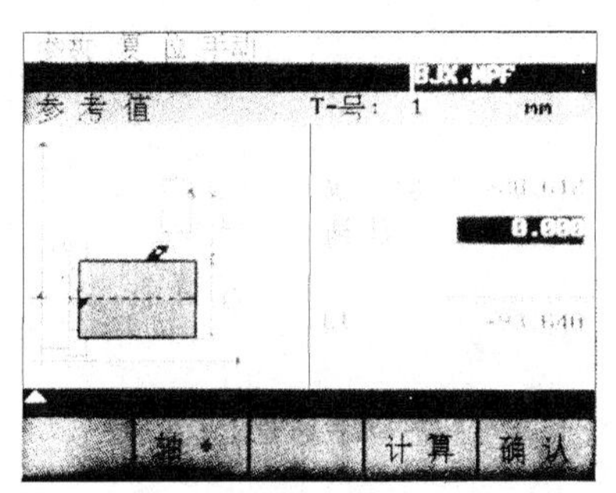

图 7-28　对刀功能界面

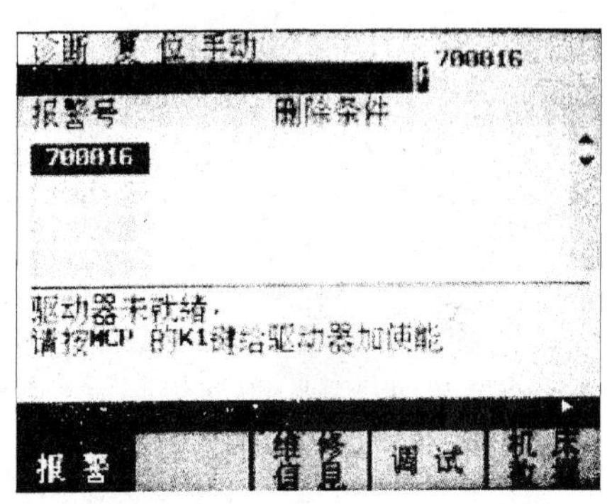

图 7-29　报警信息显示界面

直接与操作人员相关的诊断功能内容还包括图 7-30 所示的菜单，通过它可以调整液晶显示屏的亮度。此外，修改参数、刀补等信息需在诊断功能下打开系统口令，初学者应在指导人员的支持下打开口令，并及时关闭。

(6) 操作步骤参考

以下给出了西门子 802C 数控系统加工零件的操作步骤。

① 开机并按下伺服加载键取消 700016 报警后，执行机床回零动作。

② 手动装夹工件、刀具，并通过尾座手动加工相关工艺孔或型孔。

③ 建立加工程序所使用的刀具号和刀沿号。

④ 试切法对刀，建立工件的编程坐标系。也可使用存储型零点偏置功能设置编程坐标系。

图 7-30　屏幕亮度的调节

⑤ 手动状态下建立新程序，并输入程序内容。在程序编辑状态下输入程序，经校验后设置为当前加工程序。也可通过西门子提供的 PCIN 软件，将外部计算机中的程序通过串行通信口传入系统。

⑥ 单段方式程序试切削。也可预先经过偏离编程坐标系后，空运行检验程序，特别是复合循环的走力动作，或者使用程序校验功能对程序进行语法和走刀位置的运行检查。

⑦ 根据试切削的加工过程及结果调整程序。

⑧ 单段方式首件切削。

⑨ 产品正式加工。

参考文献

[1] 崔兆华主编．数控车工（中级）[M]. 北京：机械工业出版社，2006.
[2] 彭效润主编. 数控车工（中级）[M]. 北京：中国劳动社会保障出版社，2007.
[3] 《职业技能培训 NES 系列教材》编委会. 车工技能. 第 3 版. [M]. 北京：航空工业出版社，2008.
[4] 高晓萍，于田霞主编. 数控车床编程与操作 [M]. 北京：清华大学出版社，2011.
[5] 徐国权等. 数控加工技术 [M]. 北京：中国劳动社会保障出版社，2005.
[6] 顾力平主编. 数控机床编程与操作（第二版　数控车床分册）[M]. 北京：中国劳动社会保障出版社，2005.
[7] 谭斌主编. 数控车床的编程与操作实践 [M]. 北京：中国劳动社会保障出版社，2005.
[8] 许峰主编. 数控加工操作技法与实例 [M]. 上海：上海科学技术出版社，2009.
[9] 钱东东. 实用数控编程与操作 [M]. 北京：北京大学出版社，2007.
[10] 胡如祥. 数控加工编程与操作 [M]. 大连：大连理工大学出版社，2006.
[11] 程艳，贾芸. 数控加工工艺与编程 [M]. 北京：中国水利水电出版社，2010.
[12] 王双林等. 数控加工编程与操作 [M]. 天津：天津大学出版社，2009.
[13] 数控技能教材编写组. 数控车床编程与操作 [M]. 上海：复旦大学出版社，2008.
[14] 杨琳. 数控车床加工工艺与编程 [M]. 北京：中国劳动社会保障出版社，2005.
[15] 韩鸿鸾. 数控加工工艺学 [M]. 北京：中国劳动社会保障出版社，2005.
[16] 关颖. FANUC 数控车床 [M]. 沈阳：辽宁科学技术出版社，2005.
[17] 蔡兰，王霄. 数控加工工艺学 [M]. 北京：化学工业出版社，2005.
[18] 王令其，张恩弟. 数控加工技术 [M]. 北京：机械工业出版社，2007.
[19] 罗春华，刘海明. 数控加工工艺简明教程 [M]. 北京：北京理工大学出版社，2007.
[20] 王彪，张兰. 数控加工技术 [M]. 北京：北京林业出版社，2006.
[21] 王爱玲主编. 数控编程技术 [M]. 北京：机械工业出版社，2006.
[22] 陈江进，雷黎明. 数控加工工艺 [M]. 北京：中国铁道出版社，2013.